百年家書

——习之堂藏传统家书精品百种

周春健　谭巧云　编著

广州出版社
广州新华出版发行集团

图书在版编目（CIP）数据

百年家书：习之堂藏传统家书精品百种 / 周春健，谭巧云编著 .—广州：广州出版社，2020.8

ISBN 978-7-5462-3034-4

Ⅰ . ①百… Ⅱ . ①周… ②谭… Ⅲ . ①家庭道德—中国②书信集—中国 Ⅳ . ① B823.1 ② I26

中国版本图书馆 CIP 数据核字 (2020) 第 098307 号

百年家书——习之堂藏传统家书精品百种

Bainian Jiashu Xizhitang Cang Chuantong Jiashu Jingpin Baizhong

出版发行　广州出版社
（地址：广州市天河区天润路 87 号 9、10 楼
邮政编码：510635　网址：www.gzcbs.com.cn）

编　　著　周春健 谭巧云

责任编辑　李素娟

责任校对　魏晓婷 薛轲予 黄焕姗

排版设计　广州榕汇文化传播有限公司

印　　刷　广州一龙印刷有限公司
（地址：广州市增城区荔新九路43号1幢自编101房
邮政编码：511340）

规　　格　787 毫米 ×1092 毫米 1/16

印　　张　17

字　　数　300 千

版　　次　2020 年 8 月第 1 版

印　　次　2020 年 8 月第 1 次

书　　号　ISBN 978-7-5462-3034-4

定　　价　68.00 元

题辞

家书是家教、家风的重要载体，是家庭教育的重要方式，自古以来受到人们的重视。无论是清代的《曾国藩家书》，还是近现代的《梁启超家书》《傅雷家书》等，均对国人的家庭教育产生了很大影响。

2016 年 12 月，习近平主席在会见第一届全国文明家庭代表时指出："中华民族历来重视家庭。正所谓'天下之本在家'。尊老爱幼、妻贤夫安，母慈子孝、兄友弟恭，耕读传家、勤俭持家，知书达礼、遵纪守法，家和万事兴等中华民族传统家庭美德，铭记在中国人的心灵中，融入中国人的血脉中，是支撑中华民族生生不息、薪火相传的重要精神力量，是家庭文明建设的宝贵精神财富。"在这次讲话中，习近平主席便大力倡导全社会要注重家庭，注重家教，注重家风。

现代社会科技发达，节奏加快，人们早已习惯了使用手机微信交流，于"书写"这一传统方式却慢慢被淡忘，家人之间情感的表达也愈来愈粗糙，愈来愈易逝。其实传统颇值得我们驻足回眸，用心品味。正如诗人木心所言："从前的日色变得慢，车、马、邮件都慢，一生只够爱一个人。//记得早先少年时，大家诚诚恳恳，说一句，是一句……"

"习之堂儒学馆"自创立以来，一贯注重对中华优秀传统文化的继承与弘扬，收藏学人手札、传统书信逾千种。2019 年 5 月以来，曾于中山大学成功举办"爝火不息——习之堂藏老讲义百种特展"，受到社会广泛关注。

兹从"习之堂"藏品中，精心挑选清末民国以来的传统家书百余种，以见百余年来中华文明风气之演进，以见普通家庭之血缘亲情及家教家风。所选诸家，虽非尽为名流，情感却更真实；虽非皆属书者，辞翰不输方家。出版此书，是弘扬中华优秀传统文化的重要方式，对于推进新时代中国特色社会主义先进文化建设，应当具有特殊的意义。

百种家书，据其内容，厘为五类：一曰"父兮生我，母兮鞠我"，主要表现父母对儿女之教导关爱，以及儿女对父母之孝顺敬重，以强调"父子有亲"之伦理意义；二曰"凡今之人，莫如兄弟"，主要表现兄弟姐妹之间血缘上之手足情深及在事业上之相互扶持，以强调“兄友弟恭”之伦理意义；三曰“君子之道，造端夫妇”，主要表现夫妇之间相濡以沫、相敬如宾之亲情与态度，并强调婚姻、家庭在社会构成中之重要地位；四曰“立身行道，家奉严君”，主要表现作为子女后辈，当永远铭记先人教导，立身行道，慎终追远，努力营就好各自家庭和事业；五曰“先严手泽，躬行传承”，则主要收录先君（讳云亭）当年致吾书信以及吾致小女书信数通，以见一家三代家庭文化之传承。每种家书，皆附原件图片，并作简要评语，不易辨识者则通释全文。

本书的出版，衷心感谢广州出版社李素娟老师的鼓励与支持！2019年底，我曾在广州图书馆做过一次“品读《诗经》中的鸟兽草木”的讲座。李老师对这一选题颇感兴趣，曾来“习之堂”约我写一部名物学角度的《诗经》读本，未料谈及将于2020年4月在广州图书馆举办的“家家咸正”家书展时，当即决定先出这本家书集子。从定选题、报计划、签合同、作整理，到最后正式面世，计划仅用四个月时间，效率不可谓不高！在此，谨对广州出版社老师们的慧眼与魄力表示敬意！

从选题策划到作品遴选，从配文解说到电脑录入，内子巧云皆费心力。本书的出版，是我与内子的又一次合作，亦是“习之堂儒学馆”作为家庭博物馆的又一次充分践行。

本书是“习之堂丛书”的第一种，之后将会有系列图书陆续推出，希望得到读者诸君的继续关注。初心如磐，未来可期！

最后补充一句，也算是为我近年来的着意收藏找寻某种“正当性”。吾之创办“习之堂”，非仅出于对于“古物”的爱好，更在于一种“怀古”情怀的哲学追寻。用哲学家陈少明先生的话说，观鉴古物，是一种对历史的生命情感体验；怀古情怀，其实质是一种价值哲学层面的精神追求。

己亥除月

春健于习之堂

凡 例

一、全部信札分为五类，每类基本按时间先后顺序排列，唯第一类“父兮生我，母兮鞠我”又分上、下两部分，上部为父母致儿女信函，下部为儿女致父母信函。

二、本书所收信札，绝大多数属于家书。第四类“立身行道，家奉严君”虽有多通并非家人之间通信，但因信函内容皆为承传家学、弘扬先辈德业，故亦择典型者收录之。

三、所有信札皆附原件高清图片，每通或每种（一人多通者可算一种）皆作简要点评，或考证相关史实，或阐发信函意义。

四、为便于了解书信内容，绝大多数配有释文，并据文意作适当分段；少数未配释文者，则摘录书信中值得关注之重点语句。

五、所作释文，悉用简体。原文中之古今字、异体字、俗体字等，酌予保留；个别不规范字形，悉改正体。

六、清末民国以来，某些用词习惯与今日语言规范有不合者，如“俭查—检查”“遂然—虽然”“修养—休养”“开消—开销”等，为尊原貌，悉保留原文，读者须多加留意。

七、原件文字阙文、漫漶处或手写文字潦草不易辨识者，加“□”标明。

八、原文可能有脱文者，据文意，补充相关文字，并加“〔 〕”标明。

九、其余校勘成果或需特别说明者，以脚注形式添加注释文字。

庭雖見知之。今將新來。入家遂意。後隨總信。陸如
吾也。亦如未家。待身時也。我覺此言。心境大快。我
當如時待之。真聚家庭。斯其時也。如的學之要年
東有后遠。校最宜远遠。新質。不致蘇於舊情。如
身祖明學讀意路。於昨如校昨日上課。校內手續。於以
往加討校內規則。學金以膳宿費按月繳。書籍記。樣費
須以當日值此學之意。難得機會。不致空荒。遂令讀
書。惟願其努力遂乎生志。書算勤向案頭學
立身益也。賴此見善。願身於之身情切。门庭之也

二月…日

…書

孟子言五伦，『父子有亲』乃居首位。《诗经·蓼莪》有云，『哀哀父母，生我劬劳』『父兮生我，母兮鞠我』，正表达父母养育儿女之艰辛。此类家书计五十三通，皆父母与儿女之间通信，从中既可见父母对儿女之教导关爱，又可见儿女对父母之孝顺敬重。家风正则民风淳，民风淳则社稷安，信哉斯言！

一

父兮生我，母兮鞠我

父谢朝顺致长文小儿

一通

约清末

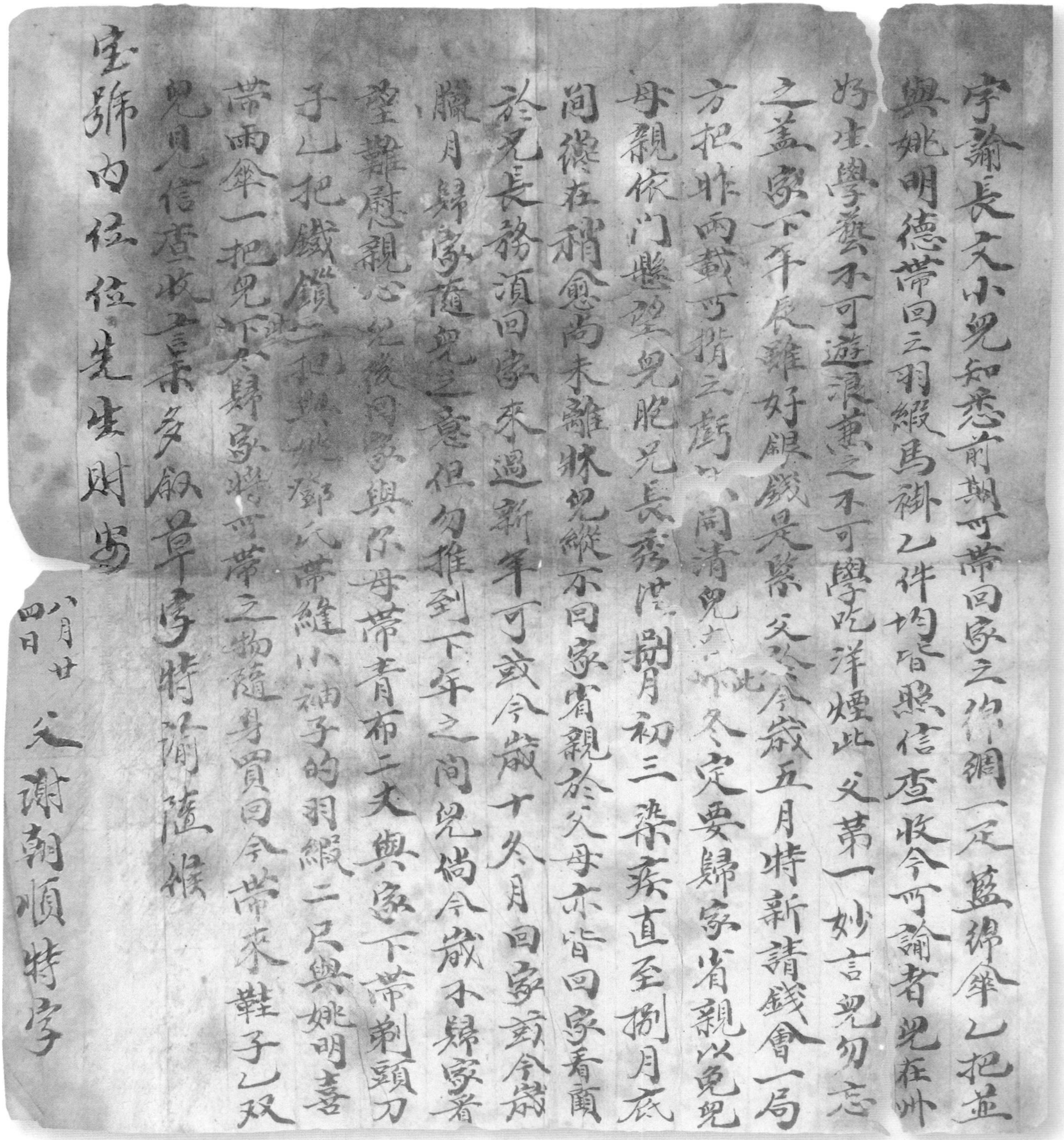

字諭長文小兒知悉前期可帶回家之紗綢一疋藍綿傘乙把並與姚明德帶回三羽緞馬褂乙件均已照信查收今可諭者兒在州好生學藝不可遊浪兼之不可學吃洋煙此父第一妙言兒勿忘之蓋家下年辰雖好銀錢是緊父於今歲五月特新請錢會一局方把昨兩載可揹之虧[illegible]尚清兒於此冬定要歸家省親以免兒母親依门懸望兒胞兄長秀[illegible]捌月初三染疾直至捌月底尚纔在稍愈尚未離牀兒縱不回家省親於父母亦皆回家看[illegible]於兄長務須回家來過新年可或今歲十冬月回家或今歲臘月歸家隨兒之意但勿推到下年之一向兒倘今歲不歸家着望難慰親心此後回家與兒母帶青布二丈與家下帶剃頭刀子乙把鐵鎖二把與姚鄧氏帶縫小袖子的羽緞二尺與姚明喜帶雨傘一把兒下次歸家將可帶之物隨身買回今帶來鞋子乙双兒見信查收言不多叙草字特諭隨候

寶號內位位先生財安

八月廿四日　父謝朝順特字

此札似作于清末，儿长文在外学艺，父谢朝顺致信告诫“好生学艺，不可游浪，兼之不可学吃洋烟”；又于信中反复叮咛小儿新年回家，以“慰亲心”。“依门悬望”的母亲，染疾卧床的兄长，家书行行无别语，只道早还乡。殷殷亲情，令人动容。

释　文

字谕长文小儿知悉：

前期所带回家之绵绸一匹，蓝绵伞一把，并与姚明德带回之羽缎马褂一件，均皆照信查收。今所谕者，儿在州好生学艺，不可游浪，兼之不可学吃洋烟。此父第一妙言，儿勿忘之。盖家下年辰虽好，银钱是紧。父于今岁五月，特新请钱会一局，方把昨两载所揹之亏□开清。儿在此冬定要归家省亲，以免儿母亲依门悬望。儿胞兄长秀洪捌月初三染疾，直至八月底间才在稍愈，尚未离床。儿纵不回家省亲于父母，亦皆回家看顾于兄长，务须回家来过新年。可或今岁十冬月回家，或今岁腊月归家，随儿之意，但勿推到下年之间。儿倘今岁不归家看望，难慰亲心。

儿后回家，与尔母带青布二丈，与家下带剃头刀子一把、铁锁二把，与姚邓氏带缝小袖子的羽缎二尺，与姚明喜带雨伞一把。儿此冬归家，将所带之物随身买回。今带来鞋子一双，儿见信查收。言未多叙，草字特谕。

随候，

宝号内位位先生财安。

八月廿四日

父 谢朝顺 特字

父亲致勋儿

一通

约清末

此札乃父亲在外，致信勋儿，叙说家事。函中言及“尔哥”“尔嫂”“尔母亲”“定姊”诸亲人，可知其牵挂之广；又特意嘱托勋儿，“所送伊礼物，前函已提明，望与尔母亲酌夺可也。尔嫂面前不必直言，免得盗气，弄得家不和也”，可感为父者主导、治理家庭之不易。

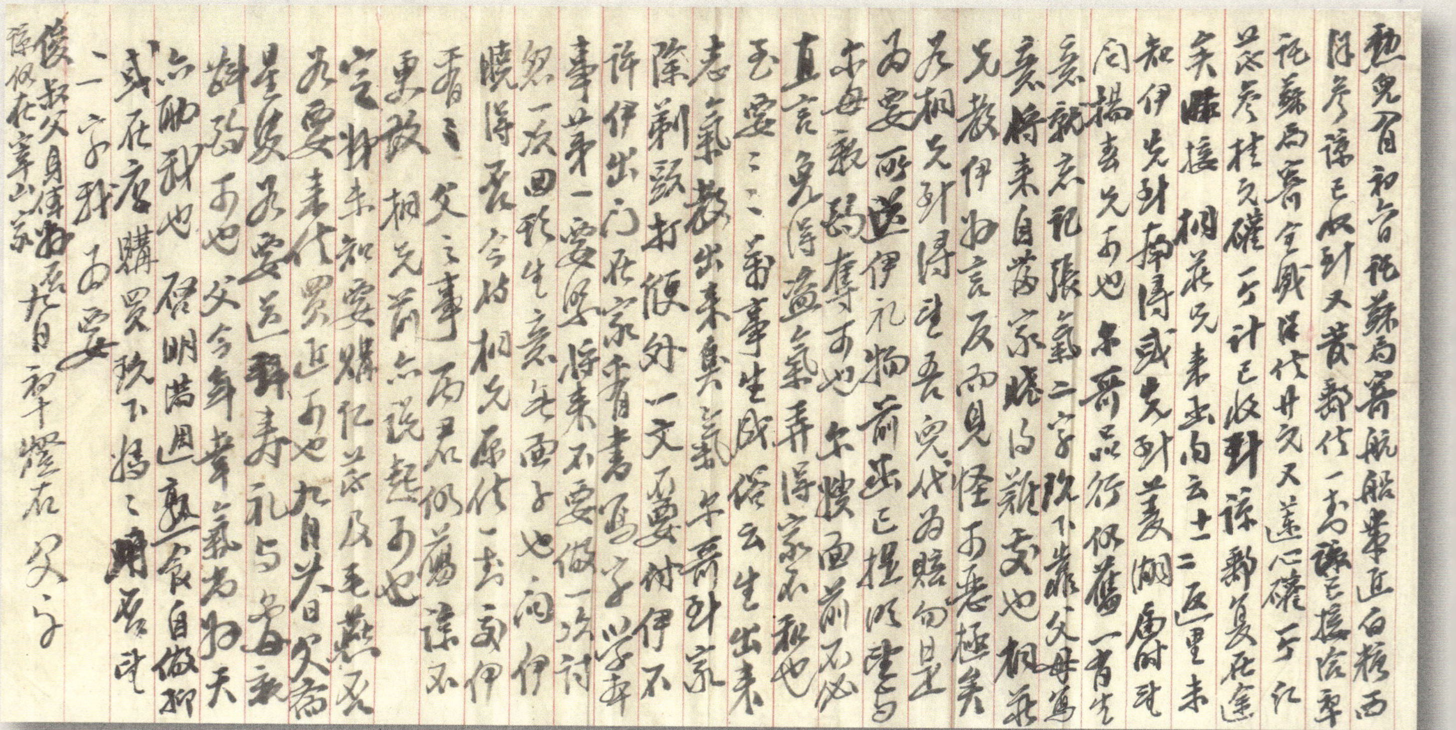

释 文

勋儿：

八月初六日托苏局寄航船带近，白糖、西洋参谅已收到。又发邮信一封，谅已接洽。卒托苏局寄全盛洋信廿元，又莲心罐一个、红芪参、桂元罐一个，计已收到，谅邮复在途矣。昨接桐庄兄来函，内云十一二返里，未知伊先到南浔或先到菱湖？届时望问杨春兄可也。

尔哥品行仍旧，一有生意就忘记“张气”二字。现下靠父母写意，将来自当家，晓得难处也。桐庄兄教伊好言反而见怪，可恶极矣。如桐兄到浔，望吾儿代为赔勿是为要。所送伊礼物，前函已提明，望与尔母亲酌夺可也。

尔嫂面前不必直言，免得盗气，弄得家不和也，至要至要！万事生成，俗云：“生出来志气，教出来臭气。”尔哥到家，除剃头打缠外，一文不要付伊，不许伊出门。在家看书写字学本事，第一要紧。将来不要做一次讨怨一次，回头生意无面子也，问伊晓得否？今将相兄原信一封交伊看看，父之事，丙君仍旧，谅不更改。桐兄前亦说起可也。

定姊未知要购红芪及毛燕否？如要，来信买近可也。九月廿八日，父斋星凌，如要送拜寿礼，与尔母亲斟酌可也。父今年幸气尚好，天亦助我也。

启明满周，熟食自做，抑或在店购买玩下。妈妈用否？望一一字我为要。

俊叔父身体好否？谅仍在宰山家。

九月初十 灯右 父 字

玉蘭女兒 父

又恐不能赴并因你母從陰六月間臥病至今未愈請醫服藥亦未見效現在不請醫診治將你外祖母請到咱家服侍你母緩爲調養俟過節後如何情形再爲達知

你祖母同你嬸母弟妹等於陰八月初五日僱大蓆棚車由丰回口因你六嬸母教劉文運捎口信叫你祖母赶快回家等語所以初二僱車初五日就走因此早未與你叔父等去信臨行特與景兰寄去一信諒想收到不知伊等何時赴臨县今與你由郵局滙去法幣洋貳拾圓

此洋是你外祖母存放咱家洋四十元先在段喜祥處浮存無利現今存在咱家了你將此洋預爲備辦一切應用之物免得臨期忙碌或赶節後你母病愈父能進京亦未可定臨時再達囑你好好保身爲要此知

父手示 九月

父亲致玉兰女儿

四通

清末民国

四通书信，父对女所言皆为家庭琐事，尤多提及玉兰之母病情。虽为严父，对女儿，情感亦极细腻。每通皆叮嘱女儿“好好保养自己身体为要”“万不要忧思过虑”，又特嘱女儿与女婿“二人互相疼爱，和好的对待”。父亲对女儿性情极为了解，乃教导女儿云：“汝本性乃是诚寔忠厚、心直口快之人，……无论对待家人外人，喜怒不现于色，对人问答总该和颜悦色……”由此可感慈父之柔情也。

释　文 / 第一通

玉兰女儿：

父又恐不能赴并，因你母从阴六月间卧病，至今未愈。请医服药，亦未见效。现在不请医诊治，将你外祖母请到咱家服侍，你母缓为调养，俟过节后如何情形，再为达知。你祖母同你婶母弟妹等，于阴八月初五日雇大席棚车由来回口。因你六婶母教刘文运捎口信，叫你祖母赶快回家等语，所以初二雇车，初五日就走，因此早未与你叔父等去信。临行时与景兰寄去一信，谅想收到，不知伊等何时赴临县？

今与你由邮局汇去法币洋贰拾圆，此洋是你外祖母存放咱家。洋四十元，先在段喜祥家浮存，无利，现今存在咱家了。你将此洋预为备办一切应用之物，免得临期忙碌。或赶节后你母病愈，父能进并亦未可定，临时再达嘱。你好好保身为要。此知。

父　手示

九月

玉蘭知悉：吾於舊曆八月初十、十四收到汝兩信，內情今明悉。惟汝母之病仍未大好，

節前請得汪筱庵先生服藥亦無效，節後由謝氏医院配的西藥水服用，現在服

藥水略覺見效，但是吾不能遠離，以致不得到并看汝，殊深罣念。吾又近日瀉肚，每日清早一二

次，大約無妨。汝母之病原係由舊七月初間所得，亦因經濟困難所致。汝大舅之丈人借過咱洋卅三元，

汝亦知情。至汝大舅故後三年未付利洋，今年有咱正在窮收之際，無法籌借，才令汝母進城討債，欠款人要

言定一筆了事，另少給利洋，汝母亦情願一筆完事，同人說合共欠咱洋五十餘元，說四十餘元完事，少付咱

十元。汝母因用款在急，一概應承，但四十餘元不能一筆付清，現付一半，秋收再付一半，臨付款又無洋給，只得頂洋，

汝母亦應承，不過又多去了幾天，便洋因此受被獲人受驚吃虧，因此而得，迄今未愈，花洋若干請医

服藥，人受痛苦，此皆年運不佳，以去此事先前不與汝通信，怕汝聽信著急，今詳瞞汝，不過將

一切细情達汝知之。現在汝母病大約無妨，不過多花錢，既破財當退災，諒趕月底可以出门。汝見信萬不可憂

心，好好保養自己身体為要，或有別傷耳聞，不可深信，恐有謊言誤語，吾所言者盡是實話。

切記一月內之修養，不可失意為是。

汝萬不要憂思過慮。玉坡之弟向　为哉近好

不另作函，叙述怀吾

父淯手　十月五日

释　文 / 第二通

玉兰知悉：

吾于旧历八月初十、十四，收到汝两信，内情尽明。惟你母之病，仍未大好。节前请得汪筱庵先生，服药无效，节后由郁氏医院配的西药水服用。现在服药水，略觉见效。但是吾不能远离，以致不得到并看汝，殊深为念。吾又近日泻肚，每日清早一二次，大约无妨。

汝母之病，原系由旧六月初间所得，亦因经济困难所致。汝大舅之丈人借过咱洋卅三元，汝亦知情。至汝大舅故后，三年未付利洋。今年六月，咱正在用款之际，无法筹借，才令汝母进口讨债。欠款人要言定一笔了事，为少给利洋，汝母亦情愿一齐完事。同人说合，共欠咱洋伍拾余元，说四十余完事，少付咱十元。汝母因用款在急，一概应承。但四十余元不能一笔付清，现付一半，秋收再付一半，临付款又无洋，给货顶洋。汝母亦应承不过，又多出几元价洋。因此货被获，人受惊，钱吃亏，因此而得，迄今未愈。花洋若干，请医服药，人受痛苦。此皆年运不佳，以出此事。

先前不与汝通信，怕汝闻信着急，今谅瞒汝不过，将一切细情达汝知之。现在虽病，大约无妨，不过多花钱。既破财，当退灾，谅赶月底可以出门。汝见信万不可忧心，好好保养自己身体为要。或有别得耳闻，不可凭信，恐有谎言误语。吾所言者尽是实话，汝万不要忧思过虑，至嘱至嘱。并问力哉近好！

（切记一月内之修养，不可大意为是。）

不知你四叔赴怀否？

父　谕

于十月五日

释　文 / 第三通

玉兰视知：

自汝结婚后，吾日日盼望佳音，一直盼至冬月初十日，始收到你的来信。吾阅悉后，知你夫妇心投意合，随觉心身和畅，寔有无限快乐。如尔夫妇皆在左右，当将满腔烦闷完全消灭矣。所谓吾之腰腹，已经全愈，惟咳嗽吐痰尚未大好，亦不要紧，此乃吾体弱畏寒之故耳。但望尔夫妇互相疼爱，始终和好，吾就放心多多矣。

汝自幼心高性傲，多不服人指说，现今务要凡事和顺，受人指说，莫令外人耻笑。汝本性乃是诚寔忠厚、心直口快之人，不知者当不合意，就存恼怒之心。嗣后无论对待家人外人，喜怒不现于色，对人问答总该和颜悦色。即有不合意之事，亦要笑脸相陪，不惹人烦恼。吾言毋违，是吾所盼望焉。至于一切事故，俟吾明春到并再为细述。此知。

现在家中就是吾与你母二人，每日吾自上街买物，遇天冷真不好受，奈何奈何！

父 手示

于冬月十三日

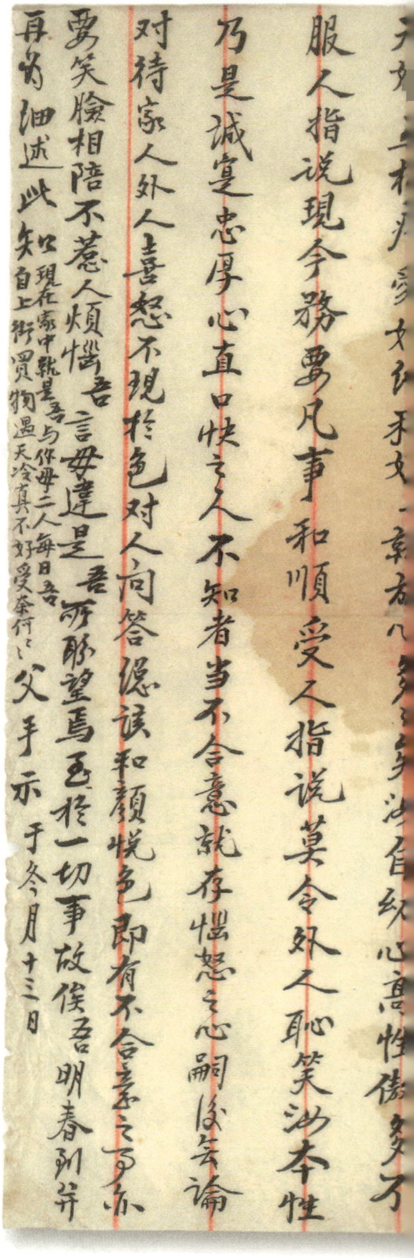

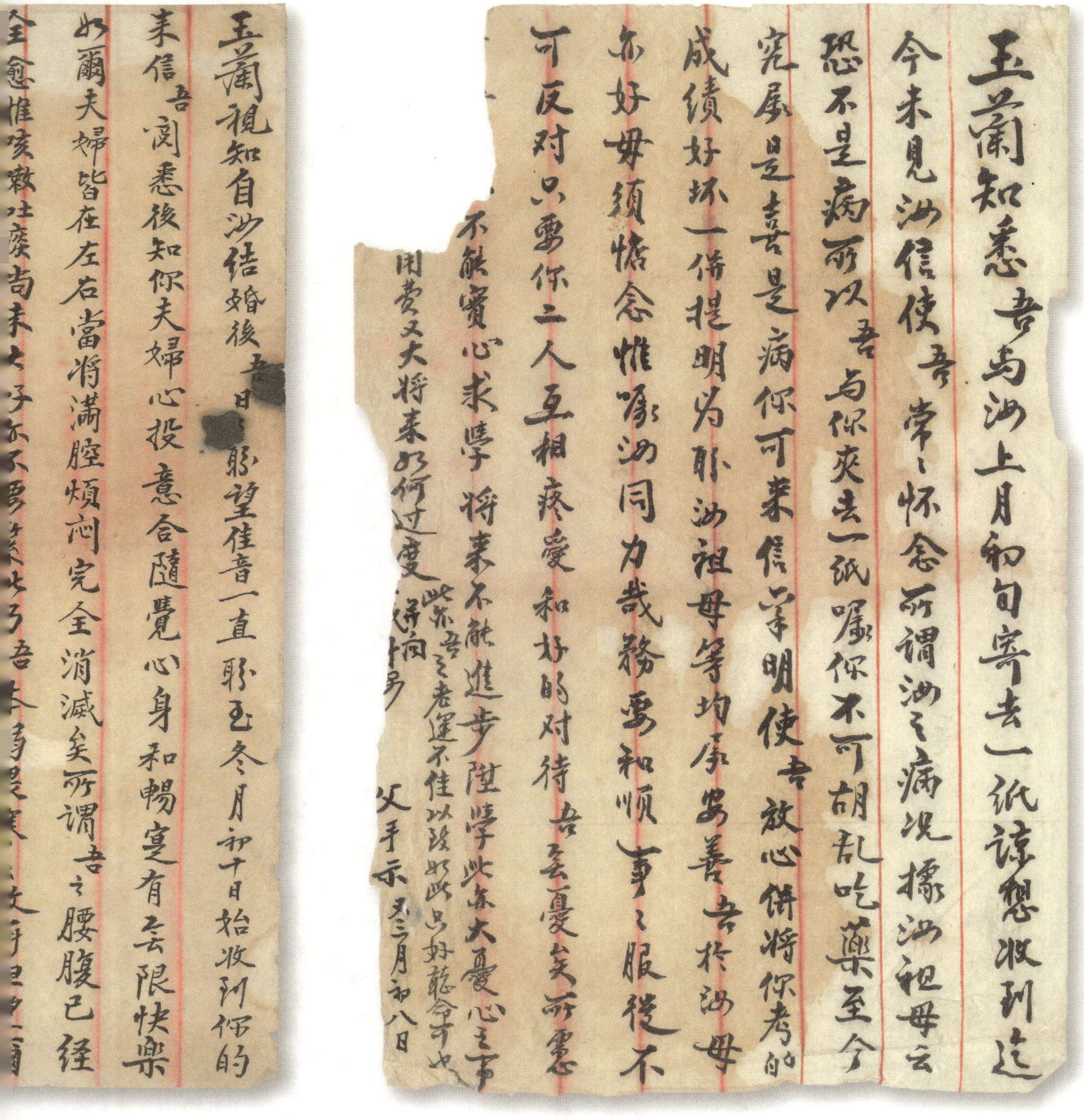

释　文 / 第四通摘句

吾于汝母亦好，毋须惦念。惟嘱汝同力哉务要和顺，事事服从，不可反对。只要你二人互相疼爱，和好的对待，吾无忧矣。

岳丈聘三致力哉贤婿

三通

清末民国

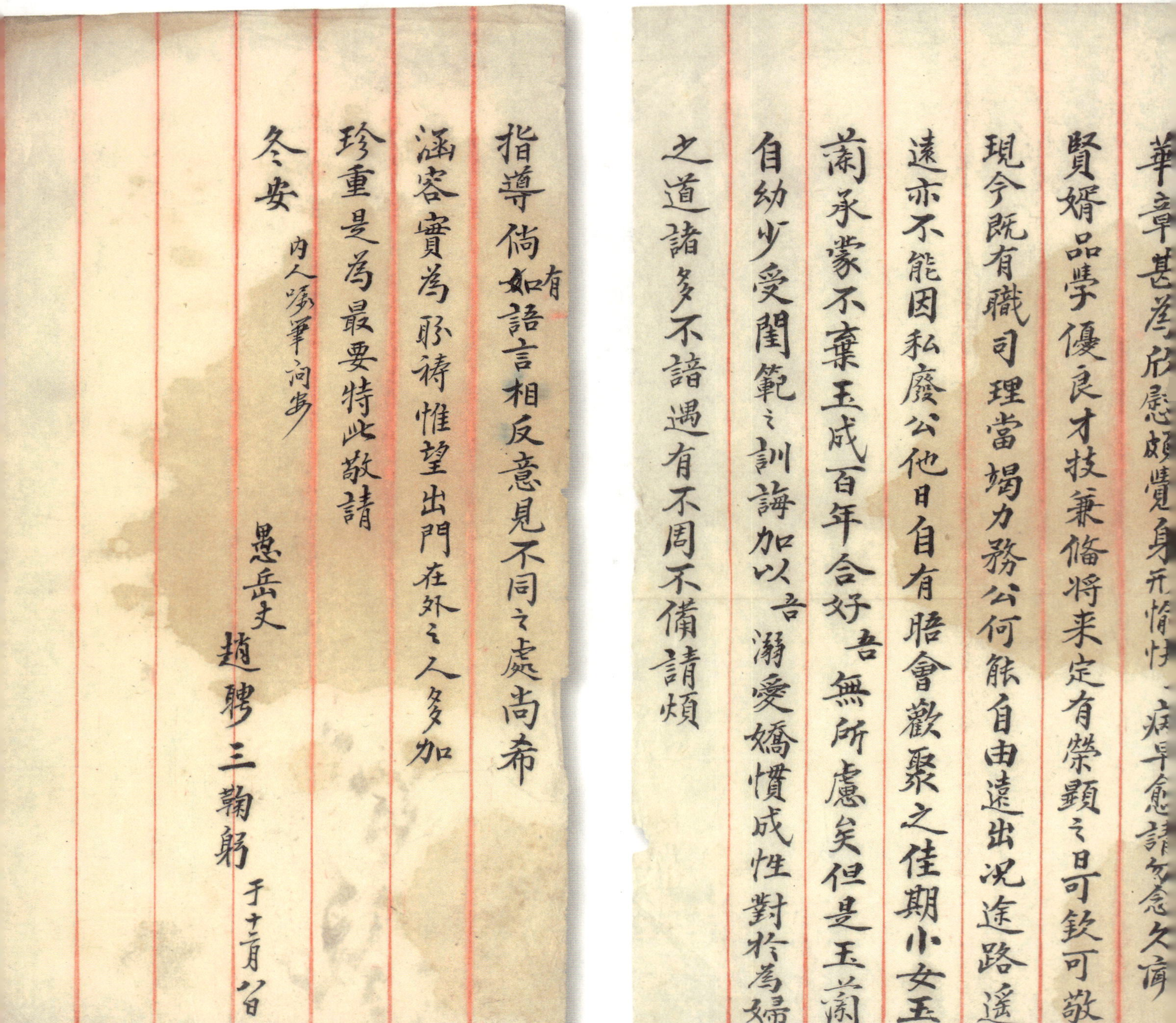

華章甚爲欣慰頗覺身形愉快、病早愈請勿念久滯

賢婿品學優良才技兼備將来定有榮顯之日可欽可敬現今既有職司理當竭力務公何能自由遠出況途路遙遠亦不能因私廢公他日自有晤會歡聚之佳期小女玉蘭承蒙不棄玉成百年合好吾無所慮矣但是玉蘭自幼少受閨範之訓誨加以吾溺愛嬌慣成性對於爲婦之道諸多不諳遇有不周不備請煩

指導倘有如語言相反意見不同之處尚希

涵容實爲盼禱惟望出門在外之人多加

珍重是爲最要特此敬請

冬安

內人囑筆問安

愚岳丈

趙聘三鞠躬

于十一月廿日

“不痴不聋，难为家翁”，家长与晚辈之间的关系颇难处理。赵聘三以岳丈身份致函其婿力哉，抬头称“贤婿英鉴”，落款称“愚岳丈”，谦逊典雅，诚知礼之人也。首通信札，其时女儿和女婿似刚成家，故于女婿较为客气，嘱婿一定“竭力务公”“不能因私废公”，可见岳父亦正直规范之人也。

信中又嘱女婿、女儿，“惟望你二人始终和好，互相疼爱”；又言女儿“自幼少受闺范之训诲，加以吾溺爱，娇惯成性，……倘有语言相反、意见不同之处，尚希涵容，实为盼祷。惟望出门在外之人，多加珍重，是为最要”，实为父亲对女儿真挚之爱，亦属善于为“家翁”者矣。

力哉賢壻英鑒兹於冬月初十日接誦

释　文 / 第一通

力哉贤婿英鉴：

兹于冬月初十日接诵华章，甚为欣慰，颇觉身形愉快。吾病早愈，请勿念。久闻贤婿品学优良，才技兼备，将来定有荣显之日，可钦可敬。现今既有职司，理当竭力务公，何能自由远出？况途路遥远，亦不能因私废公。他日自有晤会欢聚之佳期。

小女玉兰，承蒙不弃，玉成百年合好，吾无所虑矣。但是玉兰自幼少受闺范之训诲，加以吾溺爱，娇惯成性，对于为妇之道诸多不谙，遇有不周不备，请烦指导。倘有语言相反、意见不同之处，尚希涵容，实为盼祷。惟望出门在外之人，多加珍重，是为最要。特此敬请，

冬安！

内人嘱笔问安！

愚岳丈 赵聘三 鞠躬

于十二月八日

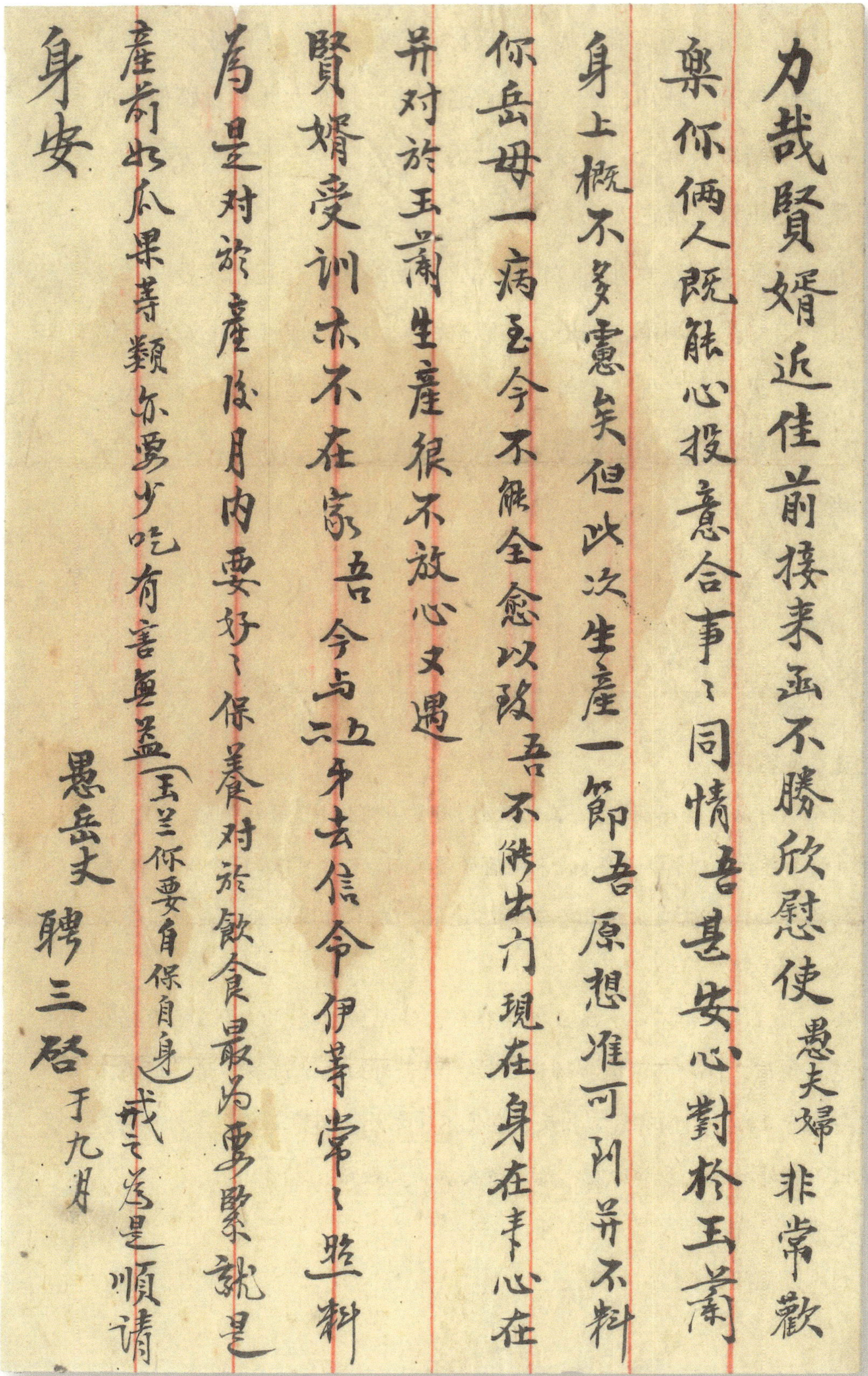

力哉賢婿近佳前接来函不勝欣慰使 愚夫婦 非常歡
樂你倆人既能心投意合事事同情吾甚安心對於玉蘭
身上概不多慮矣但此次生產一節吾原想准可以并不料
你岳母一病至今不能全愈以致吾不能出门現在身在津心在
并对於玉蘭生產很不放心又遇
賢婿受训亦不在家 吾 今与二五弟去信令伊等常常照料
為是对於產後月内要好好保養对於飲食最為要緊就是
產前如瓜果等類亦要少吃有害無益（玉兰你要自保自身）戒戒為是 順請
身安

愚岳丈 聘三 啓 于九月

释　文 / 第二通

力哉贤婿近佳：

前接来函，不胜欣慰，使愚夫妇非常欢乐！你俩人既能心投意合，事事同情，吾甚安心！

对于玉兰身上，概不多虑矣。但此次生产一节，吾原想准可到并，不料你岳母一病，至今不能全愈，以致吾不能出门。现在身在耒心在并。对于玉兰生产，很不放心。又遇贤婿受训，亦不在家。吾今与五、六弟去信，令伊等常常照料为是。对于产后月内，要好好保养。对于饮食，最为要紧。就是产前，如瓜果等类亦要少吃，有害无益（玉兰你要自保自身），戒之为是。顺请，身安！

愚岳丈 聘三 启

于九月

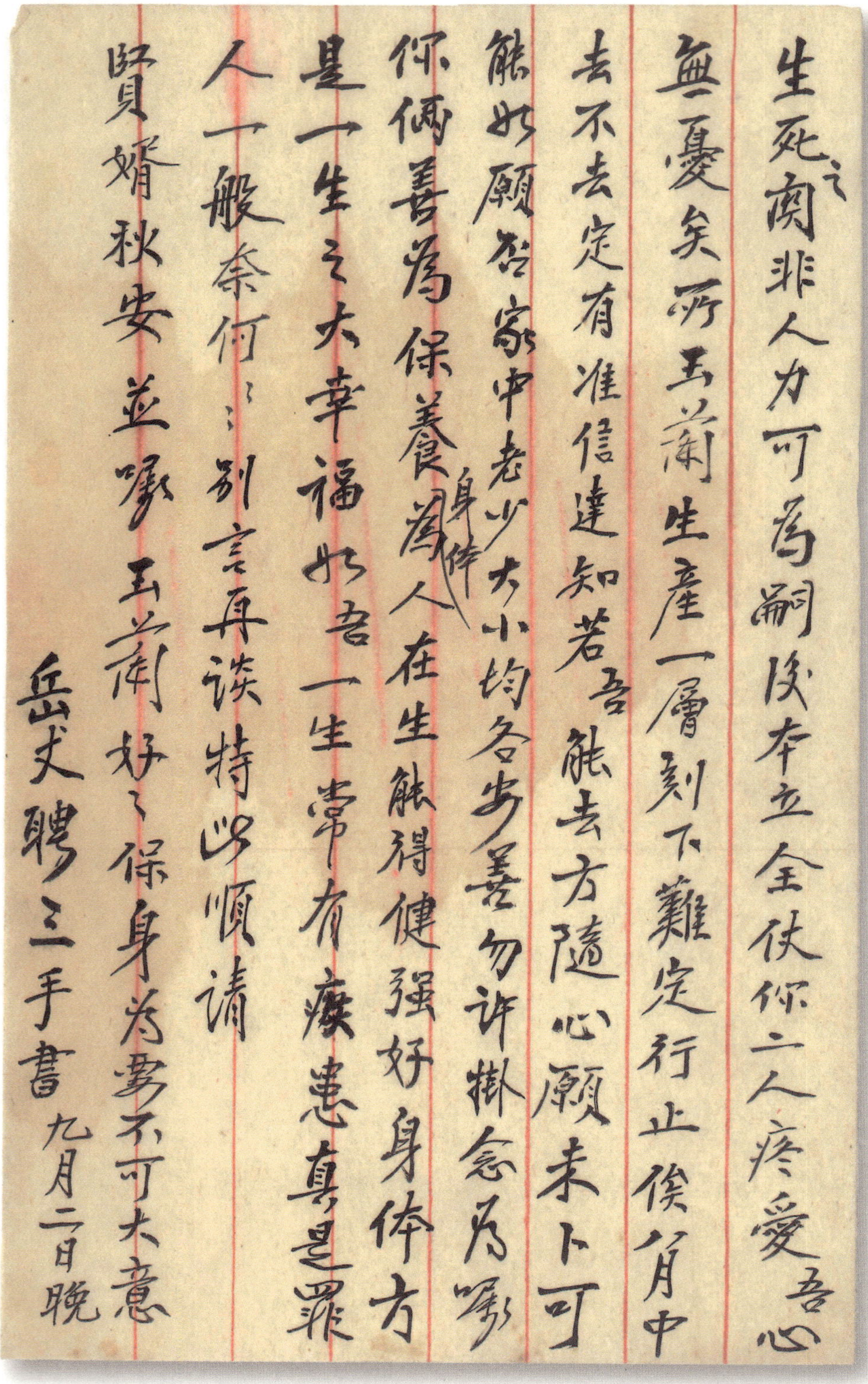

生死之關非人力可爲嗣後本立全仗你二人疼愛吾心無憂矣所玉蘭生產一層刻下難定行止俟八月中去不去定有准信達知若吾能去方隨心願未卜可能如願否家中老少大小均各安善勿許掛念爲囑你倆善爲保養身体人在生能得健强好身体方是一生之大幸福如吾一生常有痰患真是罪人一般奈何奈何別言再談特此順請

賢婿秋安 並囑玉蘭好好保身爲要不可大意

岳丈聘三手書 九月二日晚

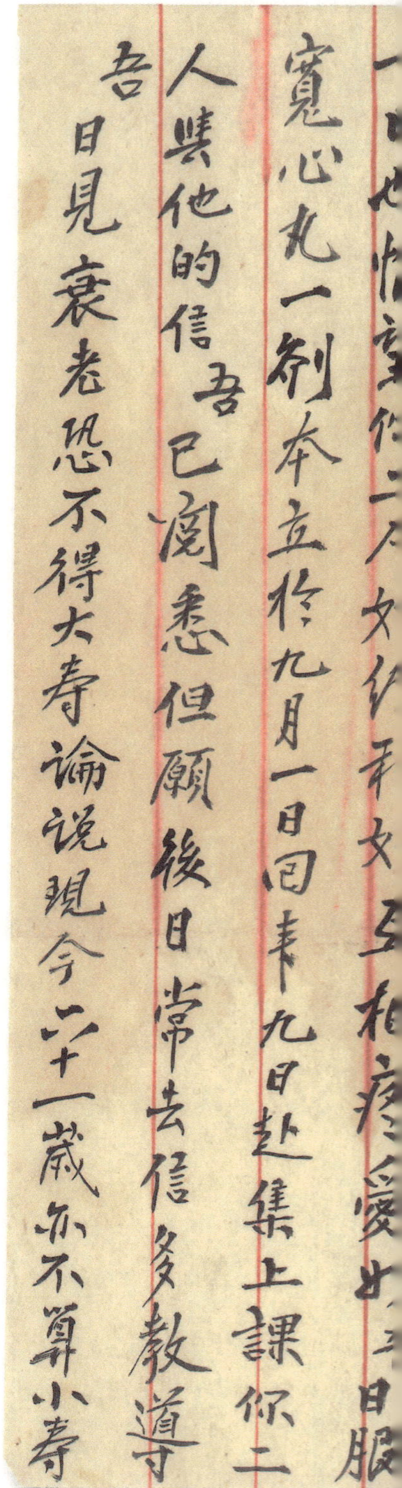

寬心丸一劑本立於九月一日回來九日赴集上課你二人與他的信吾已閱悉但願後日常去信多教導

吾日見衰老恐不得大壽論說現今六十一歲尔不算小壽

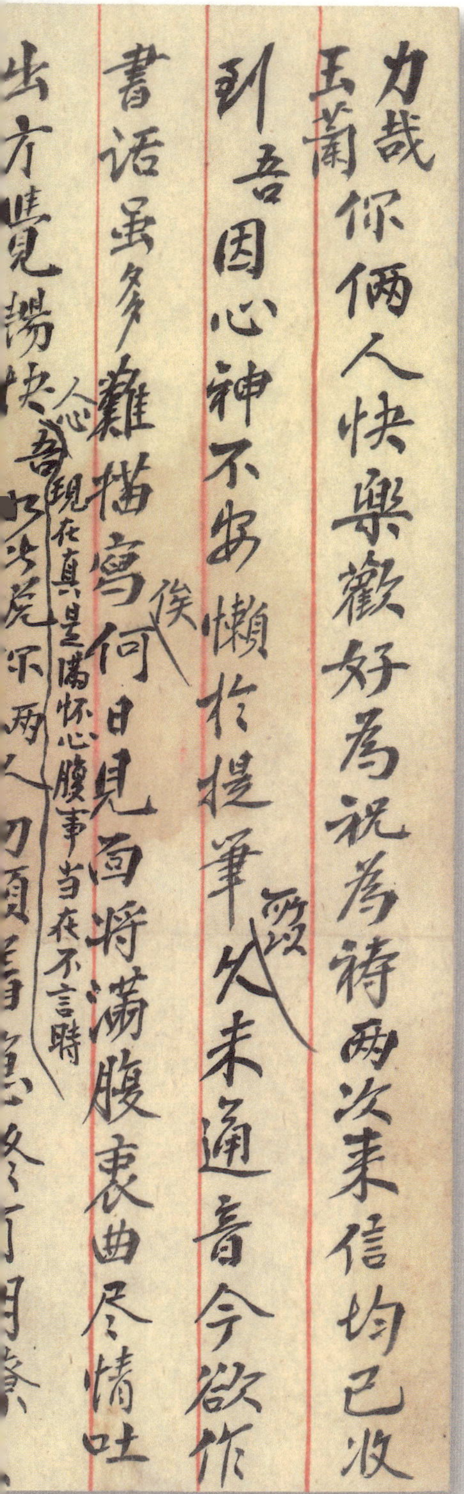
力哉
玉蘭 你倆人快樂歡好為祝為禱兩次來信均已收
到吾因心神不安懶於提筆所以未通音今欲作
書話雖多難描寫俟何日見面將滿腹衷曲盡情吐
出方覺暢快人心

释 文 / 第三通

力哉、玉兰：

你俩人快乐欢好，为祝为祷！两次来信，均已收到。吾因心神不安，懒于提笔，所以久未通音。今欲作书，话虽多，难描写。俟何日见面，将满腹衷曲尽情吐出，方觉畅快人心。现在真是满怀心腹事，当在不言时。吾如此说，你俩人勿须着急，终有明瞭之一日也。惟望你二人始终和好，互相疼爱，如吾日服宽心丸一剂。

本立于九月一日回来，九日赴集上课，你二人与他的信，吾已阅悉，但愿后日常去信多教导。吾日见衰老，恐不得大寿。论说现今六十一岁亦不算小寿，生死之关，非人力可为。嗣后本立全仗你二人疼爱，吾心无忧矣。所玉兰生产一层，刻下难定行止。俟八月中，去不去定有准信达知。若吾能去，方随心愿，未卜可能如愿否？

家中老少大小均各安善，勿许挂念为嘱。你俩善为保养身体，为人在生，能得健强好身体，方是一生之大幸福。如吾一生，常有疾患，真是罪人一般，奈何奈何！别言再谈，特此顺请，贤婿秋安，并嘱玉兰好好保身为要，不可大意。

岳丈 聘三 手书

九月二日晚

庭雖兒知之。今接新來。入表逐意。家隨總結。隆如
吉也。想此來家。待身（祖本）时也。我覺此言。心境大快。我
當如时待之。集聚家庭。斯其时也。此的留兒女多年
來有各逐祝。最宜返達新賀。不致疎於舊情。此
身祖明學讀慈谿。於昨如校。昨日上課。校內手續。於以
往加。計校內規則。學金[illegible]元。膳宿費按月[illegible]元。書籍[illegible]元。襍費[illegible]元。
須以省母。值此學生意難得機會。不致空荒。遂令讀
書。惟顧其。男兒欲遂平生志。書算勤向案頭學。
立身益也。賴此足善。顧幫身忙。之身情切。门庭光也。

正月初五

父字

諭身

父亲致庭耀儿

一通

——

民国

据信中言“学读慈谿”，则作者当为浙江人氏。此札书法清朗，措辞典雅，颇为可观。函中嘱儿“还令读书，惟愿其‘男儿欲遂平生志，书算勤向案头学’，立身益也”，立意高远，令人肃然起敬；又冀望兄长照顾小弟，所谓“兄弟情切，门庭光也”。

释 文

庭耀儿知之：

今接新柬。入春遂意，客腊总结，隆如言也。知汝来家，待祖本身时也。我觉此言，心境大快。我当如时待之，乐聚家庭，斯其时也。汝的舅父家，年柬有否遥祝？最宜函达新贺，不致疏于旧情。

汝弟祖明，学读慈谿，于昨如校，明日上课。校内手续，于以往办。计校内规则，学金□万元，膳宿费按月□千元，书籍□万元，杂费□千元，须以当付。值此学生意，难谋机会，不致空荒。还令读书，惟愿其“男儿欲遂平生志，书算勤向案头学”，立身益也。赖汝兄等，顾帮弟忙，兄弟情切，门庭光也。

新安！

二月□号 父 字

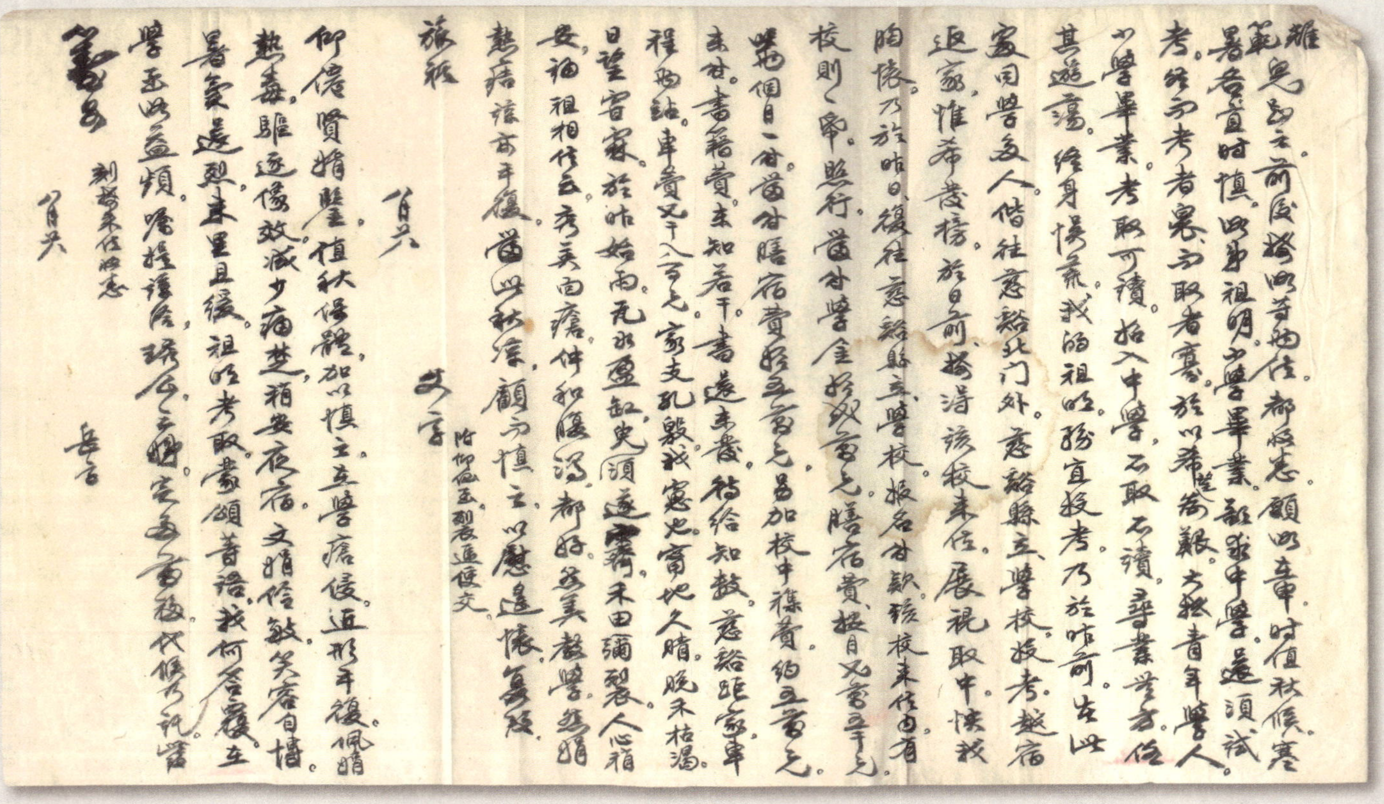

父亲致耀儿、范儿（之一）

一通

——

民国

为父者于此札中，敦促耀儿、范儿帮助其弟祖明“务宜”投考“慈谿县立学校”，又申不读书之患云：“大抵青年学人，小学毕业，考取可读。招入中学，不取不读，寻业无方，任其游荡，终身误荒。”此语于今日，亦有警示意义矣！

父亲致耀儿、范儿（之二）

一通

——

民国

据此札知，祖明已由培德学校考入慈谿县立学校，为父者鼓励祖明学业云："祖明考取，仍可继读。嘉其志，尚还勤学。但是，'男儿欲遂平生志，书籍勤向窗前读'，信者斯言！"由此知为父者亦属善教者也。

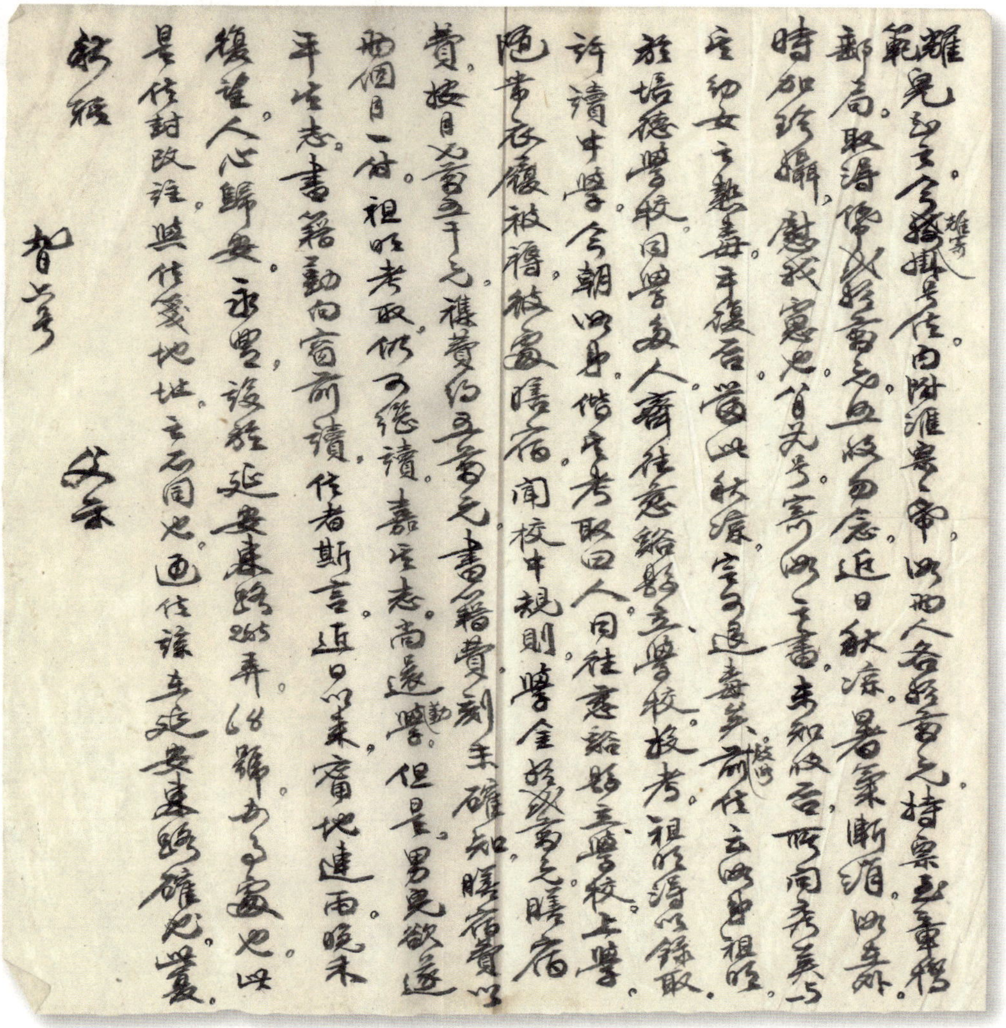

璋儿览：兹于五月廿三日接到回信一封，接云儿工作及身体都

很好，但愿儿要继续努力学习，以求深造，得到

良好观点。吾同儿母及儿弟都好，勿念。儿五妹与

儿大哥等同家安，并且很好。将儿流哥于七月初分家另

居。儿大哥仍在南街本宅居住，儿四将搬迁至住东街之

宅。儿当去判案，根本未下来，吾之家之事业甚上

放弃，业变卖，政府代管。儿中哥去城内住，尚未回，商业事情

亦不大好。吾近因为收获不够吃，正组织小本买卖，好有

济与。居尚不敢定。怀指示之实可执，总吾儿在外留远了

谨慎为盼。再儿将信要吾早得到，人今迁回时去信。儿前寄

相片一张收到，勿念。专此即询

安好

父手谕于八月廿四日下午

父亲致璋儿

一通

——

民国

据此札知，致函人家境窘迫，欲谋小本染坊生意。然书信用语雅正，并对子女多有鼓励教诲，如言："但愿尔勇往直前，努力学习，以求深造，得到良好观点为上。"又嘱："吾尔在外，遇事谨慎为盼。"平常人的生活不易，家长里短闲叙中仍不忘谆谆教诲。父子亲情殷殷，令人感怀。

释　文

璋儿：

见字知悉。月廿二日，接到回信一纸，据云尔工作及身体都好，甚慰。但愿尔勇往直前，努力学习，以求深造，得到良好观点为上。吾同尔母及尔弟都好，勿念。尔五妹与尔大哥等，阖家亦是很好。尔淮哥于上月初分家另居，尔胡哥仍在南街本宅居住，尔四妈还是住东街老宅，尔舅在刘寨，根本未下来。

吾之茶叶事业，春上放弃，交县政府代管。尔中哥在城内经商未回，闻事情亦不大好。吾近因为收粮不够吃，正组织小本染坊，有济与否，尚不敢定。食指六口，实可堪虑。

吾尔在外，遇事谨慎为盼。再尔妹住处，吾早得到，今已同时去信。尔前寄相片一纸收到，勿念。专此，即询，

安好！

父　手谕

于八月廿四日下午

父亲致雪梅女儿、晓光贤婿

七通

新中国成立前后

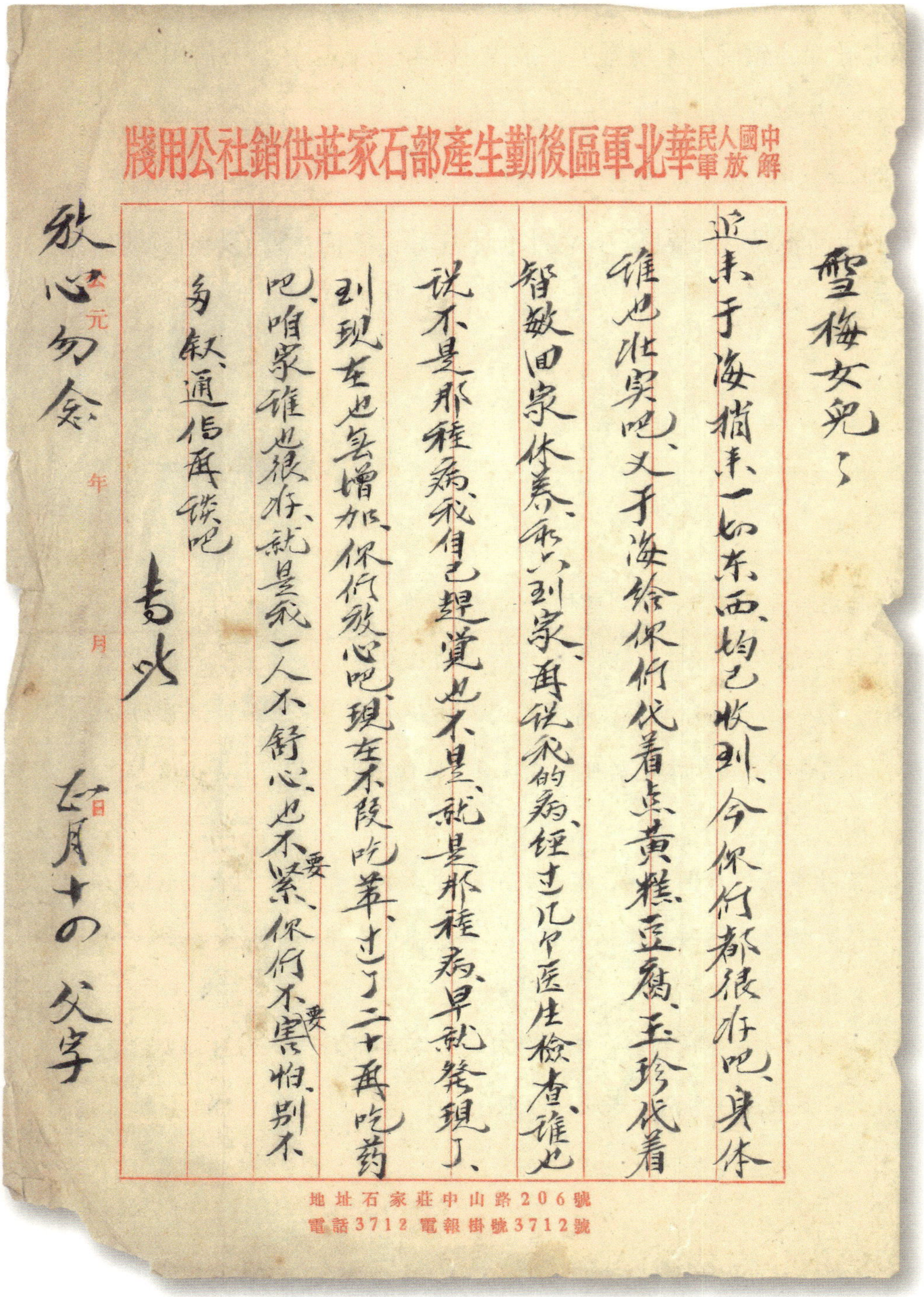

中國人民解放軍華北軍區後勤部生產部石家莊供銷社公用牋

雪梅女兒：

近来于海捎来一切东西，均已收到，今你们都很好吧，身体谁也壮实吧，又于海给你们代着点黄糕、豆腐，玉珍代着智敏回家休养，我以到家，再说我的病，经过几个医生检查，谁也说不是那种病，我自己觉着也不是，就是那种病，早就发现了，到现在也无增加，你们放心吧，现在不断吃药，过了二十再吃药吧，咱家谁也很好，就是我一人不舒心，也不要紧，你们不要害怕，别不多叙，通信再谈吧

放心勿念

[illegible]

公元　年六月十四日　父字

地址石家莊中山路206號

電話3712 電報掛號3712號

信札写作时间不详，据部分信札所用信笺乃“中国人民解放军华北军区后勤生产部石家庄供销社公用笺”，知致函时间在1948—1955年。

信中，父亲虽然患病，但对自己的身体状况颇为豁达乐观，而对于女儿之身体、生活，则始终“不放心，时刻悬念”，较然可见父母之爱之博大。又惯于每封信末大字特书“放心勿念”“身体健康”“勿念”“春节平安”诸语，颇可安慰人心。

致函“晓光贤婿”一通，亦娓娓道来，可亲可敬。信末特书“多加小心”之叮嘱，令人动容！

诸通书信文字亲切质朴，字迹清丽隽秀，良可观也。

释　文 / 第一通

雪梅女儿：

近来于海捎来一切东西，均已收到。今你们都很好吧？身体谁也壮实吧？又于海给你们代着点黄糕、豆腐，玉珍代着智敏回家休养，初六到家。

再说我的病，经过几个医生检查，谁也说不是那种病。我自己赶觉也不是，就是那种病，早就发现了，到现在也无增加，你们放心吧。现在不段吃苹，过了二十再吃药吧。咱家谁也很好，就是我一人不舒心，也不要紧，你们不要害怕。别不多叙，通信再谈吧。专此，

放心勿念！

正月十四　父　字

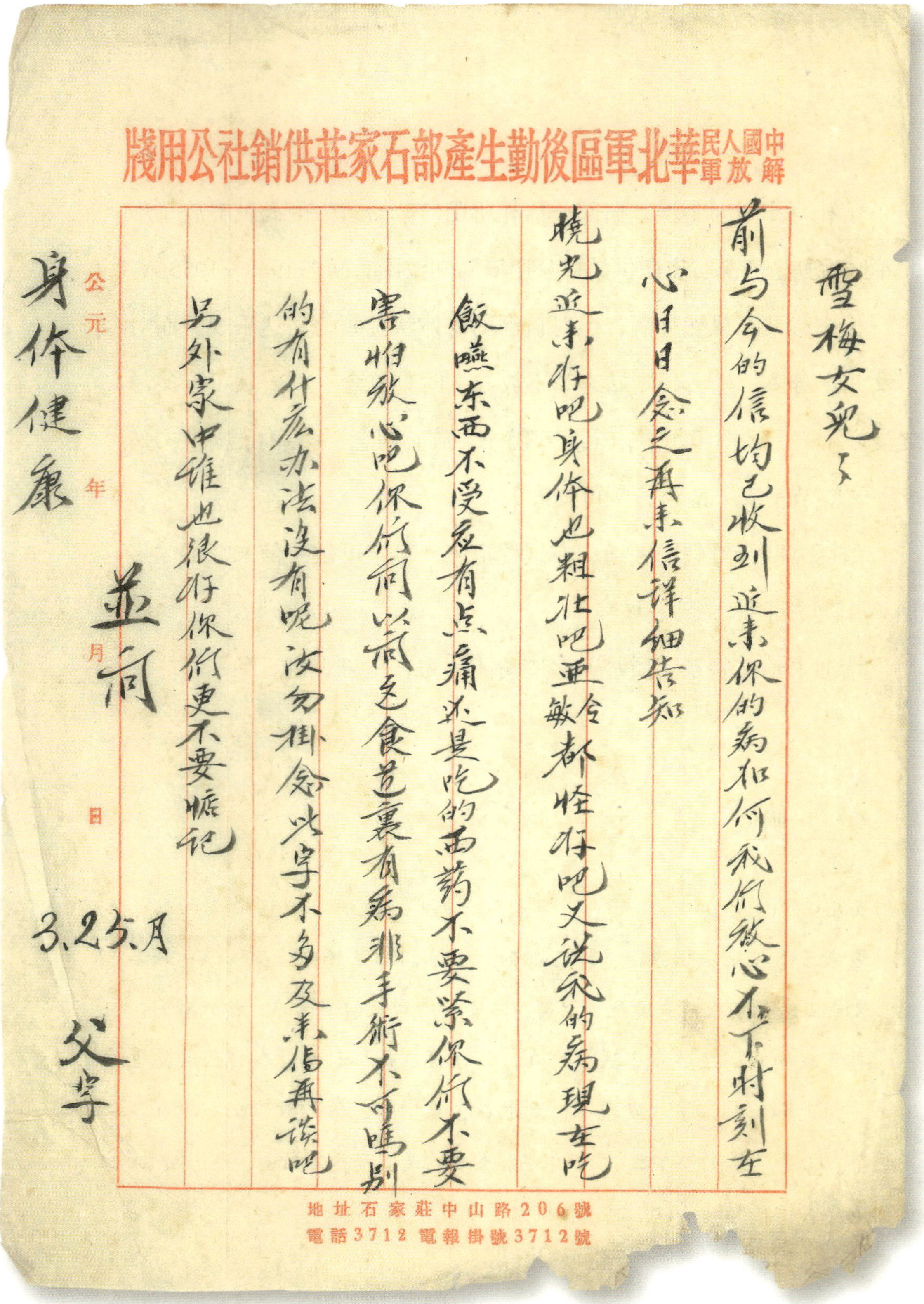

中國人民解放軍華北軍區後勤生產部石家莊供銷社公用箋

雪梅女兒：

前与今的信均已收到近来你的病在何我们放心不下时刻在心日日念之再来信详细告知

晓光近来好吧身体也粗壮吧亚敏都怪好吧又说你的病现在吃飯嚥东西不受应有点痛不是吃的西药不要紧你们不要害怕放心吧你们问以前之食道裏有病非手術不可嗎别的有什么办法没有呢汝勿掛念此字不多及来信再谈吧

另外家中谁也很好你们更不要惦记

並问

身体健康

父字

3.25月

公元　年　月　日

地址石家莊中山路206號

電話3712　電報掛號3712號

释 文 / 第二通

雪梅女儿：

前与今的信，均已收到。近来你的病如何？我们放心不下，时刻在心，日日念之，再来信详细告知。

晓光近来好吧？身体也粗壮吧？亚令、亚敏都怪好吧？又说我的病，现在吃饭咽东西不受应，有点痛。还是吃的西药，不要紧，你们不要害怕，放心吧！你们问以问，这食道里有病，非手术不可吗？别的有什么办法没有呢？汝勿挂念。此字不多及，来信再谈吧。另外家中谁也很好，你们更不要惦记。并问，

身体健康！

3.25，父 字

民軍 華北軍區後勤生產部石家莊供銷社公用牋

雪梅女兒：

你今來信我已收到，以看你的身体不好，又有病，我也不放心，時刻惦念你，說叫我看你去，我們也計划了一些，你回家养病吧，你來比我們去容易，你們俩口子做個計划，你來也不叫你上女家庄去，在我家养病，實在不行，我跟亚峰那俩去可以否，一來人多，二來汽車不通，三來與往年不同，我看以後不能行動了，九月廿五，你大姑和你大姑父到家看了看，廿七就走了，說話就征收公粮，你也來的話來信，我馬上就接你去，我們人也好說，代着一点粮食，你回家养病，咱們這里空氣也好，吃的也雜爛，我說你來吧，你來就好了，內有拾元也收到了，你放心吧，就向我說的這個吧，別不多說，來信再談吧，

祝你

勿念

公元　年　月　日

九月廿七，

父字

十一月初十接到你一信，我糊里糊塗書信你別發愁挂念，我們人接你去可以否，馬上來一回音。

地址石家莊中山路206號

電話3712 電報掛號3712號

释　文 / 第三通

雪梅女儿：

你今来信，我已收到，以看。你的身体不好，又有病，我也不放心，时刻悬念。你说叫我看你去，我们也计划了一些。你回家养病吧，你来比我们去容易。你们俩口子做个计划，你来也不叫你上李家庄去，在我家养病。实在不来，我根亚峰那俩去可以否？一来人多，二来汽车不通，三来与往年不同，我看以后不能行动了。

九月廿五，你大姑和你大姑父到家看了看，廿七就走了。说话就征收公粮，你也来的话，来信我马上就接你去。我个人也好说，代着一点粮食就去了。你回家养病，咱们这里空汽也好，吃的也杂烂。我说你来吧，你来就好了。内有拾元也收到了，你放心吧。就向我说的这个吧，别不多说，来信再谈吧。

祝你，勿念！

（十一月初十接到你一信，我糊里糊涂当信，你别发愁挂欠。我个人接你去可以否？马上来一回音。）

九月廿七 父 字

晓光雪梅

过年未見一信不知如何非常惨念你们三位都很好吧身体谁也壮实吧你们的工作那么忙嗎誰也不来信也不放心今接到玉珍一信我也知道玉珍亚峰你俍来津看你们来了雪梅呀你可看見你亚峰咱们这裏也很忙家家户户無閒天我也没有时间看你们来秋後再说吧雪梅呀玉珍你们想一些〻我想你们就好像你姐想亚峰一样玉珍哪我左当右当也不来你们来津看你姐来了我也很满意一来你姐俩見着面了二来亚峰也看見他娘了三来你也開〻眼四来你娘也看見你姐了就是我看不見你们只此

写示餘不多及

祝你

春節平安

雪梅呀代问你大哥你们通过信否

他还在江苏無錫精業幹部速成中学校直文三甲他就收到

淦 二月廿三日晚 父字

释　文 / 第四通

晓光、雪梅：

过年未见一信，不知如何，非常惨念。你们三位都很好吧？身体谁也壮实吧？你们的工作那么忙吗？谁也不来信，也不放心。今接到玉珍一信，我也知道玉珍、亚峰、你娘来津看你们来了。

雪梅呀，你可看见你亚峰？咱们这里也很忙，家家户户无闲天。我也没有时间看你们来，秋后再说吧。雪梅、玉珍你们想一些。我想你们，就好像你姐想亚峰一样。玉珍哪，我左等右等也不来。你们来津看你姐来了，我也很满意。一来你姐俩见着面了，二来亚峰也看见他娘了，三来你也开开眼，四来你娘也看见你姐了，就是我看不见你们。只此字示，余不多及。

祝你，春节平安！

（雪梅呀，代问你大哥，你们通过信否？他还在江苏无锡转业干部速成中学校直文三甲，他就收到。）

阴二月廿三 晚 父 字

願意的話也是累着你們為他這問題你們不要發愁再說這問題
秋後再說吧那裏雨水每少呢咱們這裏今年太潦小麦不行秋看
大秋也难說年景是拉倒了最近你大哥来了一信他說你們不給他
去信呢他給你來信五次时未回音你們氣只二人对问吧玉梅早些来信說暑
假回家到現在又不能回家了你們来信說國慶節你們到北京我
通知玉梅一下去不去在你們了你法府叔和他母親到了咱家他已轉業
他又想去津看你們去另外河难暫时不要紧稻子也不强今年的莊稼是拉
倒了只此字示餘来信再談吧

智慧可是不住吉就是府哭每天满哭八百回

勿念

此祝

陰六月廿五日　父字

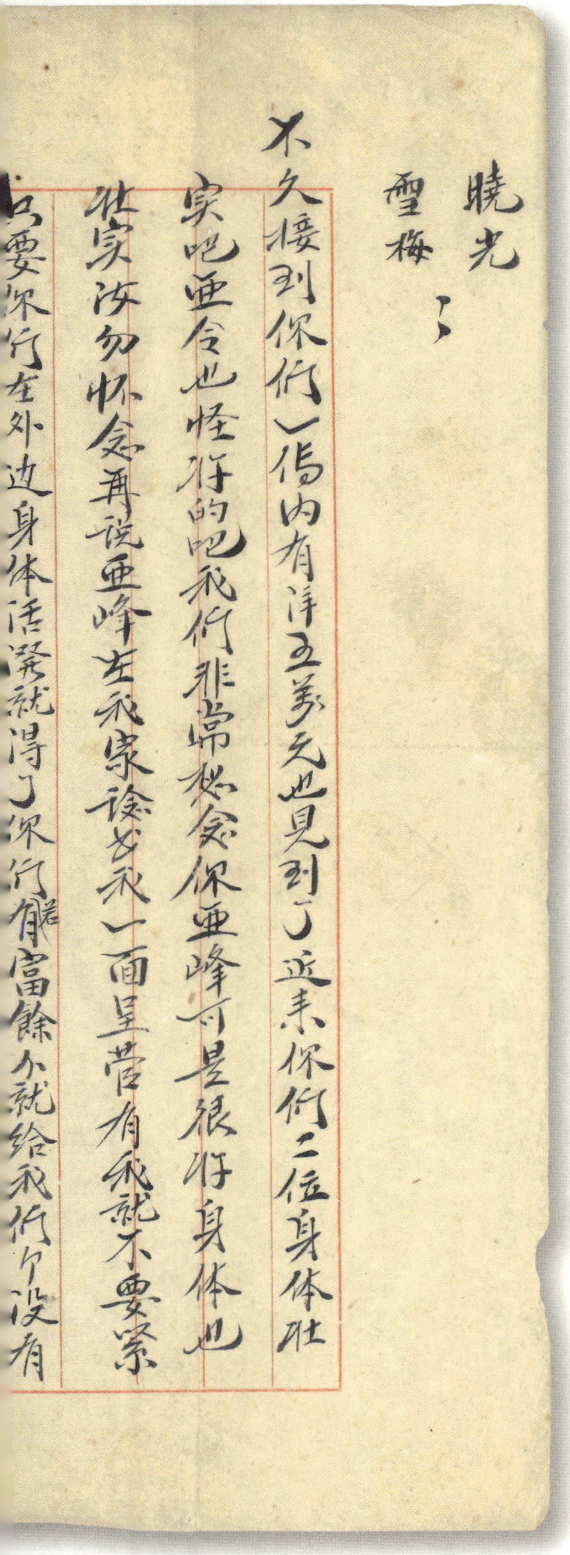

晓光
雪梅
不久接到你们一信内有详五弟之也见到了近来你们二位身体壮
实吧亚令也怪好的吧我们非常想念你亚峰可是很好身体也
壮实汝勿怀念再说亚峰在我家念书我一面呈管有我就不要紧
只要你们在外边身体活泼就得了你们有富余你就给我们个没有

释　文 / 第五通摘句

近来你们二位身体壮实吧？亚令也怪好的吧？我们非常想念。你亚峰可是很好，身体也壮实，汝勿怀念。再说亚峰在我家念书，我一面呈管，有我就不要紧，只要你们在外边身体活泼就得了。

晓光雪梅：：

近来你们很好吧身体也壮实吧亚令也怪好的吧我将二年不见面非常想念你亚峰有吃有喝没半年他又陞三年级不要挂念他我与你们二位商量一件事情没多久心镜痛镜消秋没又預購我和你娘计划一些社会转变很快一年比一年不同说把亚峰添到咱家你们二人研究一下是不是可以否並非不是贪陷亚峰就是預購的问题準備生活不足的时候到那时有錢上那裡買去呢为这个问题你们不要为难你们不要發愁咱家有点存舊细粮不过以后随随便便買粮去登记有幾个吃飯的人就算數你大哥也不算數就是这个问题才跟你们商量一些只此字示餘不多友回信再谈吧

不孝来回音

祝你

七月廿六

此通书信，父亲与女儿、女婿商量，将外孙亚峰的户口添加到自己家。如此做法，乃基于国家实行的统购统销政策。这是新中国成立初期根据国情推行的一项控制粮食资源的计划经济政策，在历史上发挥过积极作用。改革开放以后，该项政策被取消。

释 文 / 第六通

晓光、雪梅：

近来你们很好吧？身体也壮实吧？亚令也怪好的吧？我将二年不见面，非常想念。你亚峰盲吃盲喝，后半年他又升三年级，不要挂念他。

我与你们二位商量一件事情，汝勿多心。统购统消，秋后又预购，我和你娘计划一些。社会转变很快，一年比一年不同，说把亚峰添到咱家，你们二人研究一下是不是可以否？并非不是多陷亚峰，就是预购的问题，准备生活不足的时候，到那时有钱上那里买去呢？为这个问题，你们不要为难，你们不要发愁，咱家有点存旧细粮。不过以后随随便便买粮，在登记有几个吃饭的人就算数，你大哥也不算数。就是这个问题，才根你们商量一些。只此字示，余不多及，回信再谈吧。

祝你，□□！

（不达来回音。）

七月廿八

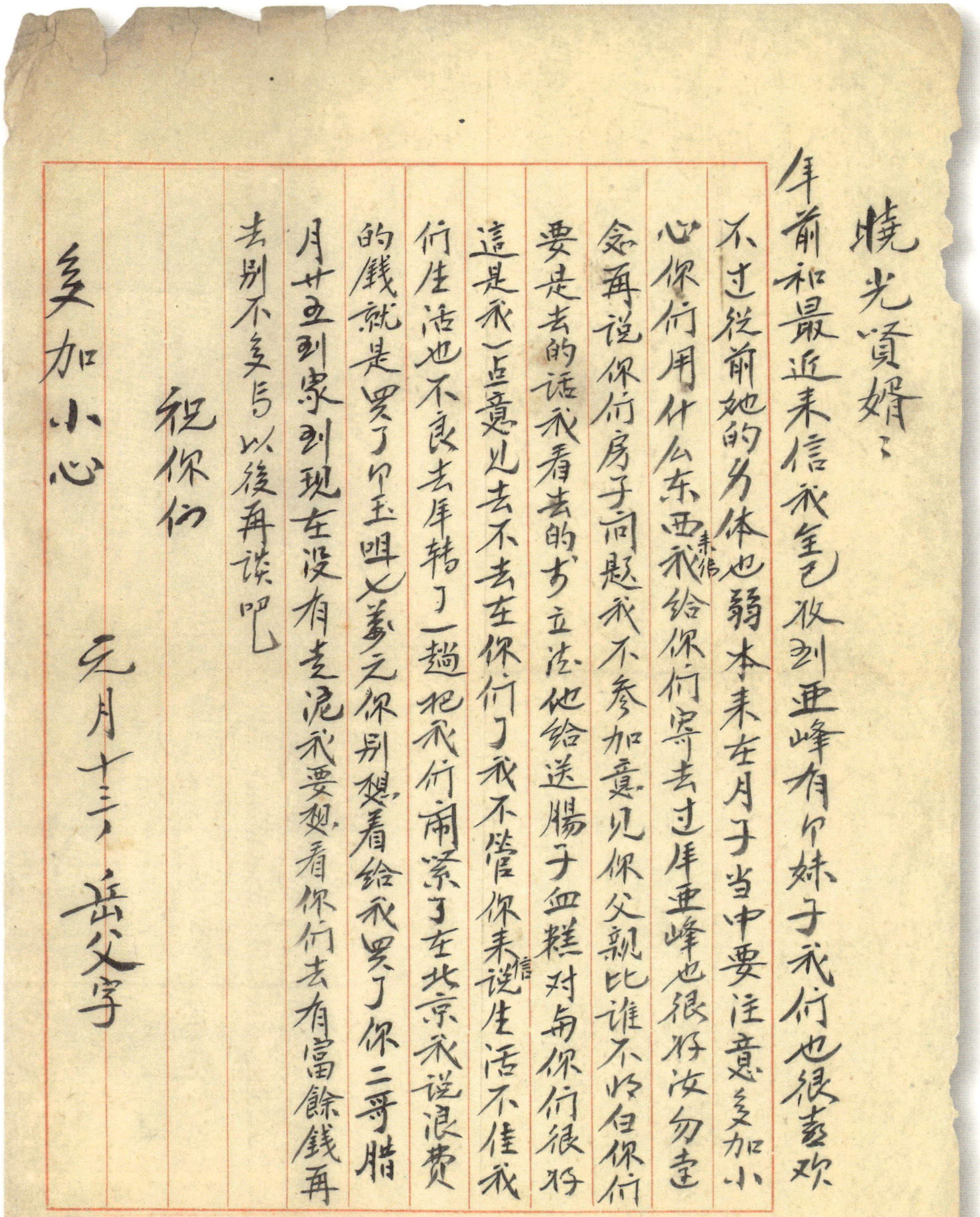
晓光贤婿：

年前和最近来信我全已收到亚峰有个妹子我们也很喜欢不过从前她的身体也弱本来在月子当中要注意多加小心你们用什么东西我（来信）给你们寄去过年亚峰也很好汝勿远念再说你们房子问题我不参加意见你父亲比谁不明白你们要是去的话我看去的方立法他给送肠子血糕对与你们很好这是我一点意见去不去在你们了我不管你来（信）说生活不佳我们生活也不良去年转了一趟把我们闹紧了在北京我说浪费的钱就是买了个玉咀七姜之你别想着给我买了你二哥腊月廿五到家到现在没有麦泥我要想着你们去有富余钱再去别不多写以后再谈吧

祝你们

元月十三 岳父字

多加小心

释 文 / 第七通

晓光贤婿：

年前和最近来信，我全已收到。亚峰有个妹子，我们也很喜欢。不过从前她的身体也弱，本来在月子当中，要注意多加小心。你们用什么东西，来信我给你们寄去过年。亚峰也很好，汝勿达念。

再说你们房子问题，我不参加意见，你父亲比谁不明白？你们要是去的话，我看去的。李立德他给送肠子、血糕，对与你们很好，这是我一点意见。去不去在你们了，我不管。

你来信说生活不佳，我们生活也不良。去年转了一趟，把我们闹紧了。在北京我说浪费的钱，就是买了个玉咀七万元，你别想着给我买了。你二哥腊月廿五到家，到现在没有走沪。我要想看你们去，有富余钱再去。别不多言，以后再谈吧。

祝你们，多加小心！

元月十三 岳父 字

華兒：自本年一月廿六日收到六号信至今半年，本月九日收到7号信，你所說病症，余心急萬分。醫生說肺結核，是否愛克司光檢查過了？你在休養，切不可勞心工作，你心不必急，余日夜不安心，奈何路途遙遠，加無錢。此病休養一時可以好，你心不必急。你洗衣服如何辦法的？你在家時每年到夏天時有肝熱病，到秋天時肝熱病無了，你有對醫生說過的？現熱度如何？見信即復詳細病情和工作，要家庭情況表附信內。你同學未到家中拿書。熱度時馬上復信告余安心。余每日走公館做小販賣，一日准較度日，你不必掛我。食物當心。餘言下信再談。此告

近佳

父字

一九五一年七月十一日早

父亲致华儿

一通

一九五一年七月十一日

华儿罹病，为父者“心急万份”，寄书云：“尔在休养，切不可劳心工作，尔心不必急。余日夜不安心，奈何路途又远，又加无钱。此病休养一时，可以好，尔心不必急。”严父柔肠，血浓于水，此之谓也！

释　文

华儿：

自本年一月廿八日收到六号信，至今半年，本月九日收到7号信。尔所说病症，余心急万份，医生说肺结核是否爱克司光俭查过了？尔在休养，切不可劳心工作，尔心不必急。余日夜不安心，奈何路途又远，又加无钱。此病休养一时，可以好，尔心不必急。尔洗衣服如何办法的？尔在家时，每年到夏天时有肝热病，到秋天时，肝热病无了，尔有对医生说过的。现热度如何？见信即复详细病情，切切！

工作为要，家庭情况表附信内，尔同学未到家中拿书。热度时马上复信，告余安心。余每日走公馆做小贩，卖一日，准较度日。尔不必挂我，食物当心。余言下信再谈。此告，

近佳！

父　字

一九五一年七月十一早

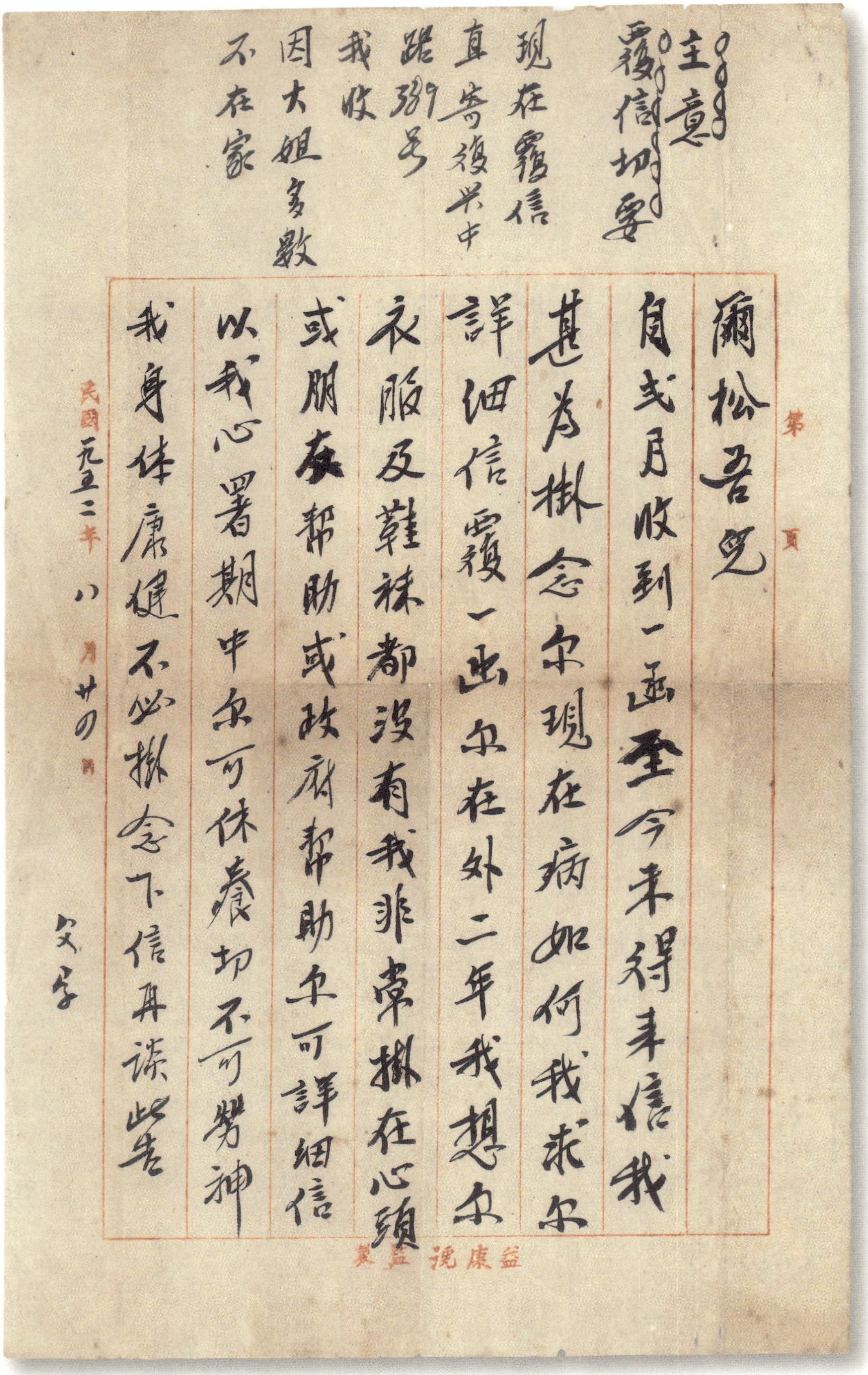

主意

霞信切要

現在霞信

直寄復興中

路389号

我收

因大姐多數

不在家

第 頁

爾松吾兒

自弍月收到一函至今未得來信我

甚為掛念尔現在病如何我求尔

詳細信覆一函尔在外二年我想尔

衣服及鞋袜都沒有我非常掛在心頭

或朋友幫助或政府幫助尔可詳細信

以我心署期中尔可休養切不可勞神

我身体康健不必掛念下信再談此告

父字

民國一九五二年八月廿四日

益康[illegible]監製

父亲致尔松吾儿

一通

一九五二年八月二十四日

儿在外两年未归，身患病而久未得音讯，父"甚为挂念"，致函催促回信。又言"我想尔衣服及鞋袜都没有，我非常挂在心头"，可见儿行千里，父母之忧。

释 文

尔松吾儿：

自式月收到一函，至今未得来信，我甚为挂念。尔现在病如何？我求尔详细信覆一函。尔在外二年，我想尔衣服及鞋袜都没有，我非常挂在心头。或朋友帮助，或政府帮助，尔可详细信以我心。暑[①]期中，尔可休养，切不可劳神。我身体康健，不必挂念。下信再谈。此告。

主意：覆信切要：现在覆信直寄复兴中路389号，我收，因大姐多数不在家。

一九五二年八月廿四日

父 字

①"暑"，原作"署"，盖误。

光家们軍人家属也是很光荣的義務前途遠大得很，还要積極爭取立功，也不愧家庭，随時受到政府的優待和慰問，才对得起政府對你们的這一番熱情。不多写了。

祝你前途光明遠大！

父 栓 写
五四.二.九.

另外带有相片一張

父亲致儿（残页）

一通

一九五四年二月七日

此札为残页，上款不详，然为父致函儿无疑。据此页，为父者以身为军属为荣，并鼓励其儿“极积争取立功”，如此方“对得起政府对我们的这一番热情”。军民鱼水情，盖即指此矣。

释　文

……光我们军人家属，也是很光荣的。义楚前途远大得很，还要极积争取立功，也不勉家庭随时受到政府的优待和慰问，才对得起政府对我们的这一番热情。不多写了。祝你前途光明远大！

父 于五四·二·七写

另外带有相片一张。

祖父和章致连绪孙

四通

一九五八年后

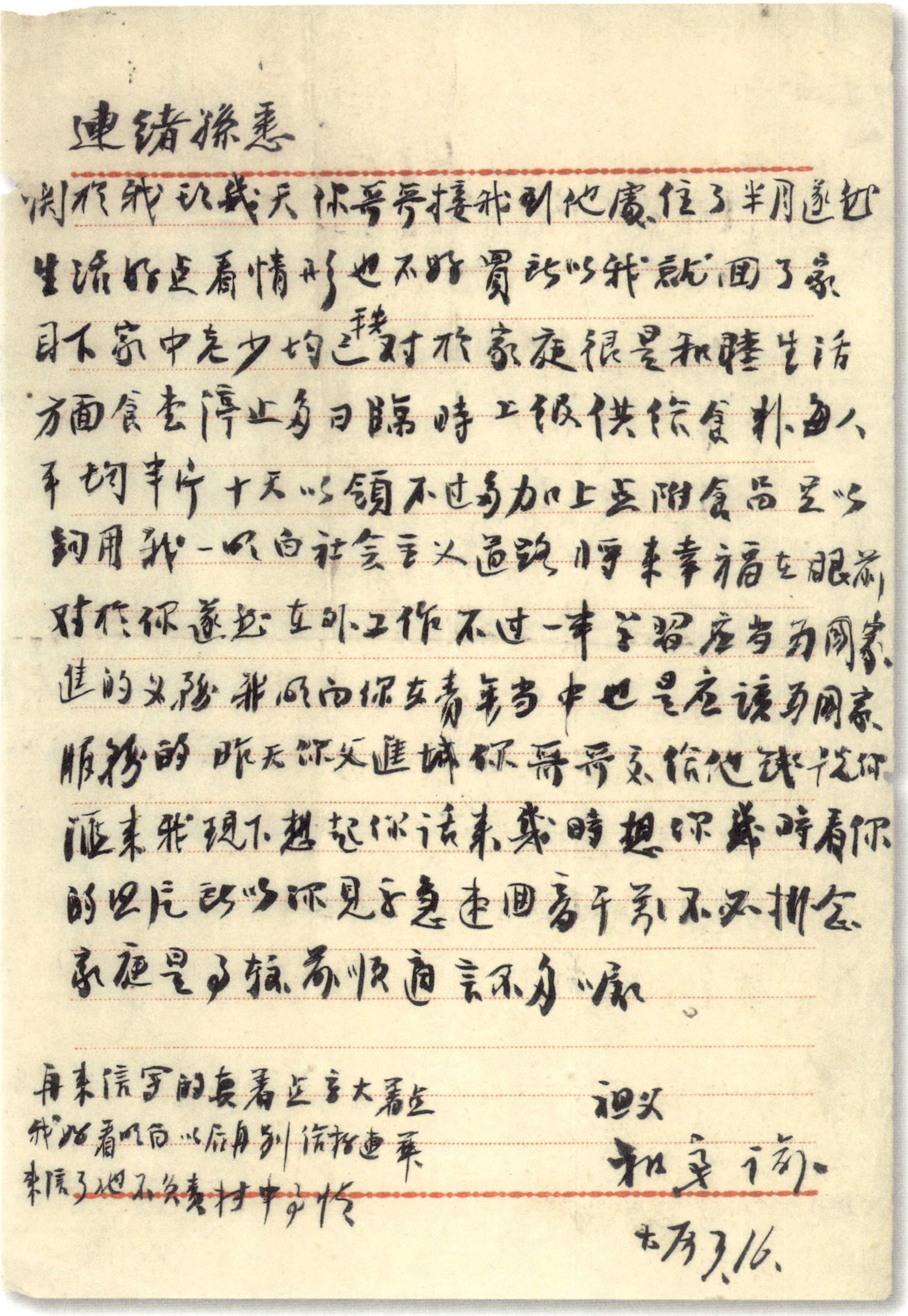

连绪孙悉

关于我前几天你哥哥接我到他处住了半月，适赴生活紧点，看情形也不好买，所以我就回了家。目下家中老少均健，对于家庭很是和睦。生活方面食堂停止，每日临时上级供给食粮，每人每月均半斤，十天一领，不过多加上点副食品足以够用。我们一致向社会主义道路，将来幸福在眼前。对于你远赴在外工作，不过一年，学习应当为国家进的义务。我们向你在青年当中也是应该为国家服务的。昨天你父进城，你哥哥交给他钱，托你汇来。我现下想起你该来几时，想你几时看你的照片，所以你见字急速回音，千万不必挂念家庭。是多糊涂，万顺道。言不尽意。

再来信写的真着点，字大着点，我好看。以后再别信托连华来信了，也不负责，村中多忙。

祖父
和章谕
古历7.16.

上款杨连绪，生于1939年，山东济阳人。1958年入伍，1962年入党，立三等功一次，获评“五好战士”两次，口头嘉奖三次。

在部队服役期间，祖父曾致函数通，除表牵挂思念之情外，又鼓励孙儿加强学习，为国服务。其一有云：“我一明白社会主义道路，将来幸福在眼前。……我明白你在青年当中，也是应该为国家服务的。”其四有云：“望你在队，好好响应上级领导，团结同志们感情，务要安心学习文化。”由此知，孙儿之入伍、入党、立功，得益于家教多矣。祖父虽为农民，无论辞翰，皆可称道也。

释　文 / 第一通

连绪孙悉：

关于我头几天，你哥哥接我到他处住了半月，遂然生活好点，看情形也不好买，所以我就回了家。目下家中老少均已平安，对于家庭，很是和睦。生活方面，食堂停止多日，临时上级供给食补，每人平均半斤，十天以领。不过多加上点附食品，足以够用。

我一明白社会主义道路，将来幸福在眼前。对于你，遂然在外工作，不过一半学习，应当为国家进的义务。我明白你在青年当中，也是应该为国家服务的。昨天你父进城，你哥哥交给他钱，说你汇来。我现下想起你话来，几时想你，几时看你的照片，所以你见字急速回音。千万不必挂念，家庭是事，较前顺适。言不多嘱。

再来信，写的真着点，字大着点，我好看明白。以后再别给杨连华来信了，他不负责村中事情。

祖父 和章 谕

古历 3.16

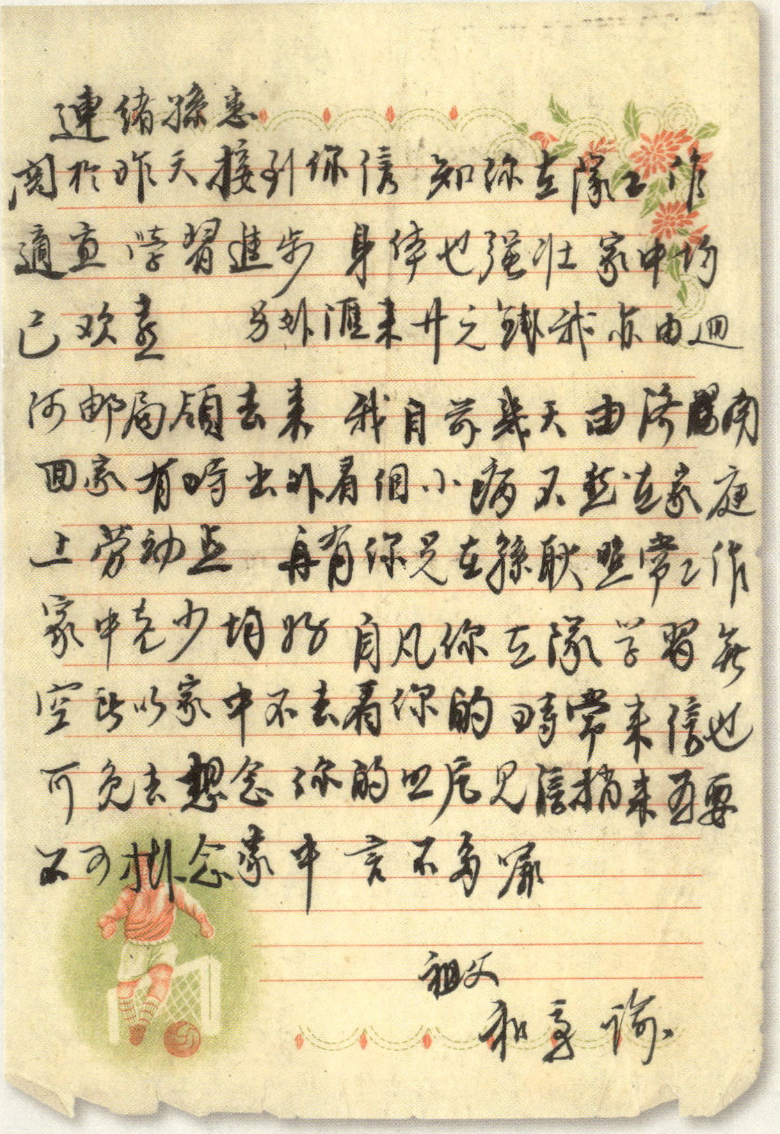

連绪孙惠
関于昨天接到你信 知你在队工作
適宜学習進步 身体也强壮 家中均
已欢喜 另外汇来廿元之钱 亦由廻
河邮局領去来 我自前幾天由济南
回家 有時出外看個小病 不能在家庭
上劳動了 再有你兄在孙耿照常工作
家中老少均好 目见你在队学習無
空 所以家中不去看你的 時常来信也
可免去想念你的心 见信捎来 更要
以可挂念家中 言不多写

祖父
和亭谕

释　文 / 第二通摘句

关于昨天接到你信，知你在队工作适宜，学习进步，身体也强壮，家中均已欢喜。

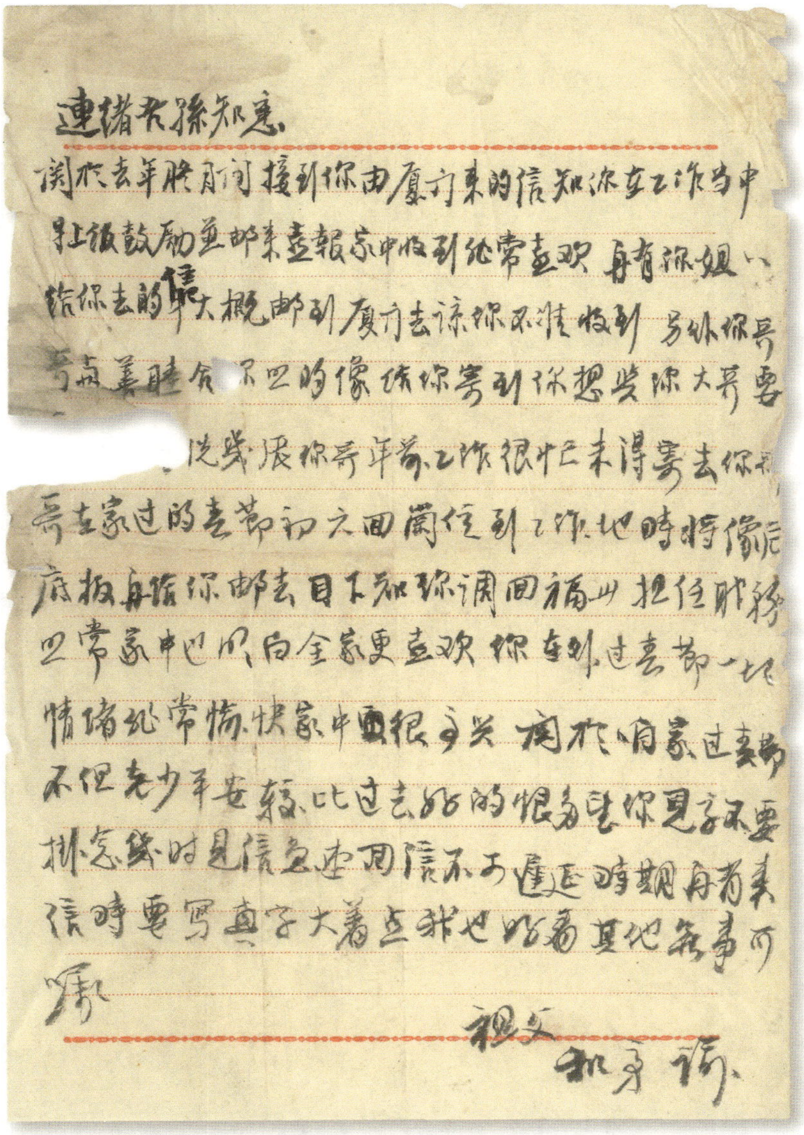

連緒长孫知悉

关於去年腊月间接到你由厦门来的信知你在工作当中得上级鼓励并邮来喜報家中收到非常喜欢 再有你姐[illegible]给你去的信大概邮到厦门去你不能收到 另外你哥哥与姜桂[illegible][illegible]你四的像给你寄到你想[illegible]你大哥要[illegible]说我[illegible]你哥年前工作很忙未得寄去你哥在家过的春节初六回[illegible]往到工作地時将像片底板再给你邮去目下知你调回福山担任职務也常家中也[illegible]向全家更喜欢 你在外过春节一切情绪非常愉快家中更很高兴 关於咱家过春节不但老少平安较比过去好的恨多望你見字不要挂念几时見信急速回信不可遲延 時期再有来信時要写真字大着点我也好看 其他無事可嘱

祖父

[illegible]諭

释　文 / 第三通摘句

关于咱家过春节，不但老少平安，较比过去好的恨，多望你见字不要挂念。几时见信，急速回信，不可迟延。

連緒吾孙知道

关於最近接到你信 惟言过春节受到上级关怀非常印象 我想不但你愉快 連家中感念上级关怀 故以望你在队听从响应上级领导 团结同志们感情 務要安心学習文化

再有家中老少不但平安 連隊中均已平快 家中过春节受到上级送给春联已是家中光荣 惟於我意見二月底三月初想上你處看望一趟 你是否最好照像后数張由信寄来 俾祖家並知己的只可免去想念

再有你的友人由海南島来的信也遍信邮去你处等信联系为要 言不多嘱 敬待回音

祖父

郭廷衡

海南島 榆林港 1048部隊 转

释　文 / 第四通

连绪吾孙知悉：

关于最近接到你信，惟言过春节受到上级关怀，非吃即乐。我想不但你愉快，连家中感念上级关招，所以望你在队，好好响应上级领导，团结同志们感情，务要安心学习文化。

再有家中老少不但平安，连院中均已平顺。家中过春节，受到上级送给春联，也是家中光荣。惟于我的意见，二月底三月初想上你处看望一躺。你见字最好照像片数张，由信寄来，给亲家并知己的见了，免去想念。

再有你的友人由海南岛来的信，也遂信邮去，你好等信联系为要。言不多嘱，敬等回音。

祖父和廷[①] 谕

海南岛榆林港 1048 部队 4 号

①祖父落款有两种，一曰“和章”，一曰“和廷”，从笔迹及语气看，当为一人。

父清池致连绪儿

三通

一九五八年后

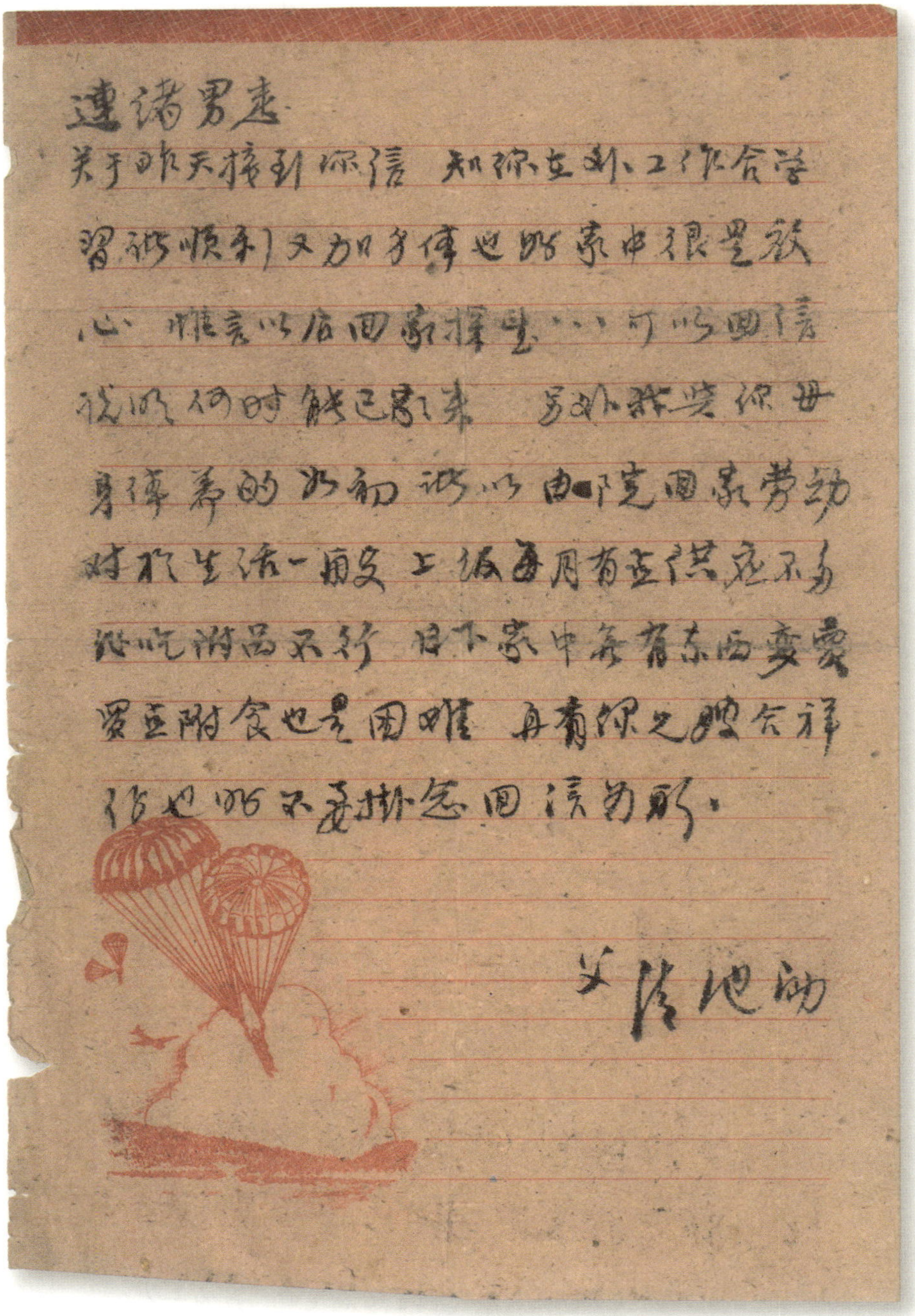

连绪男悉

关于昨天接到你信 知你在外工作会学习都顺利 又加身体也好 家中很是放心 难言以后回家探望…… 可以回信说明何时能回家来 另外我关你母身体养的好初 现以由医院回家劳动 对于生活一般 上级每月有些供应不多 然吃油品不行 目下家中无有东西要卖买在附食也是困难 再请你之腰会祥行也好 不要挂念 回信为盼。

父清池动

连绪在福建部队服役期间，济南家中曾遭水灾，父清池寄书数通，虽亦告知家中窘境，然亦特告“望你见字不可挂念”，“希你放心”，则知家书多报平安。信中又盼望连绪“回家探望”，可见父亲挂念之情。

释　文 / 第一通

连绪男悉：

关于昨天接到你信，知你在外工作合学习诸顺利，又加身体也好，家中很是放心。惟言以后回家探望……可以回信说明何时能回家来。

另外，我与你母身体养的如初，所以由院回家劳动。对于生活，一般上级每月有点供应，不多，非吃附品不行。日下家中无有东西变卖，买点附食也是困难。再有你兄嫂合祥，仔也好，不要挂念。回信为盼。

父 清池 泐

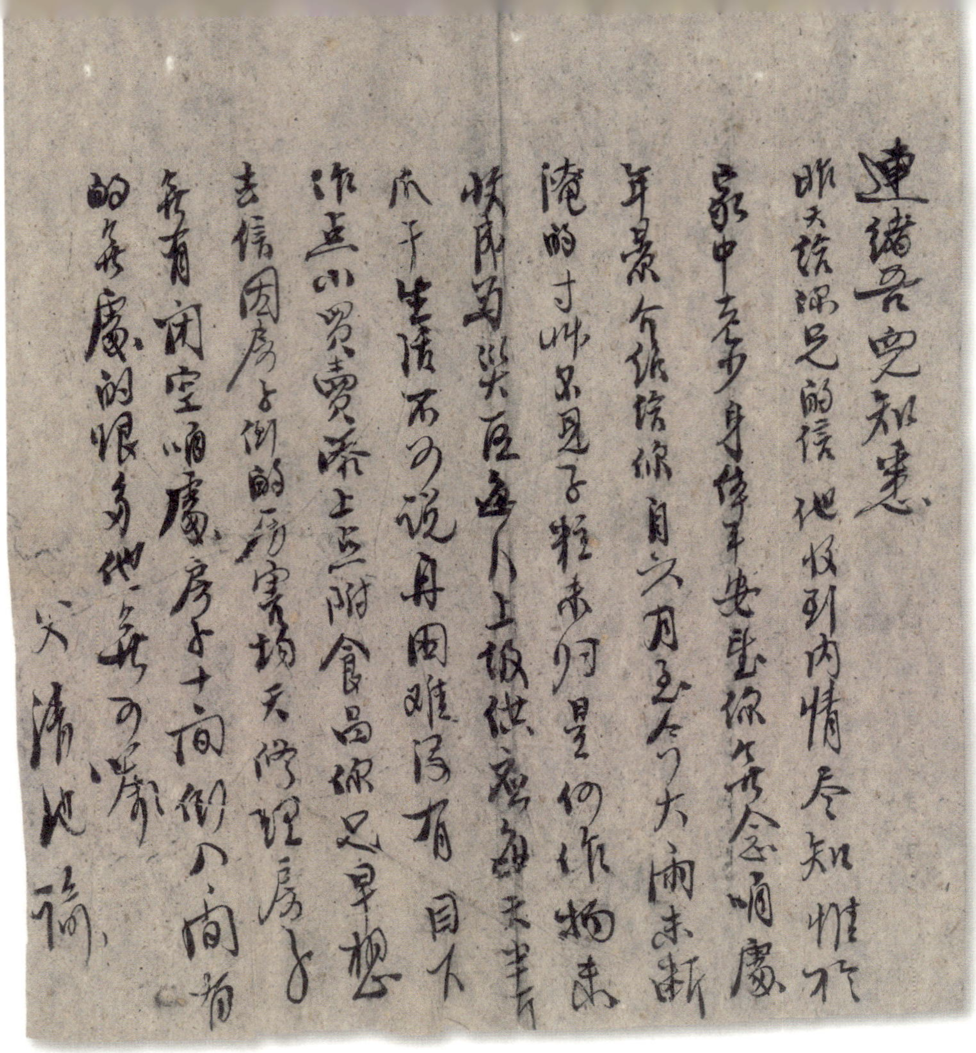

释　文 / 第二通

连绪吾儿知悉：

昨天给你兄的信，他收到，内情尽知。惟于家中老少，身体平安，望你无念。

咱处年景，介绍给你：自六月至今，大雨未断，淹的寸草不见，子粒未归，是何作物未收，成为灾区。每人上级供应每天半斤瓜干，生活不可说，再困难没有。目下作点小买卖，添上点附食品。你兄早想去信，因房子倒的厉害，均天修理房子，无有闲空。咱处房子十间倒八间，有的无处的恨多。他无可嘱。

父 清池 谕

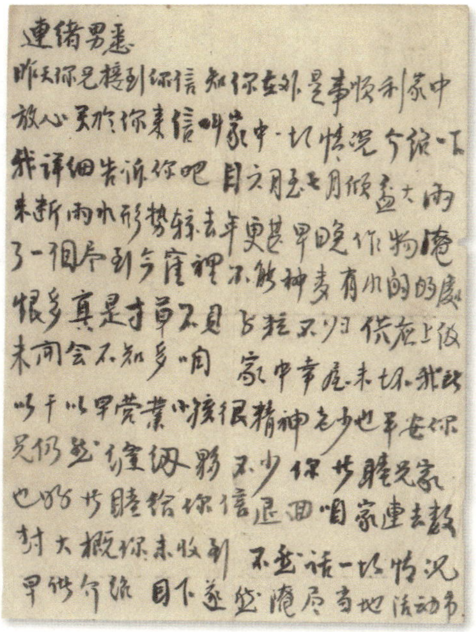

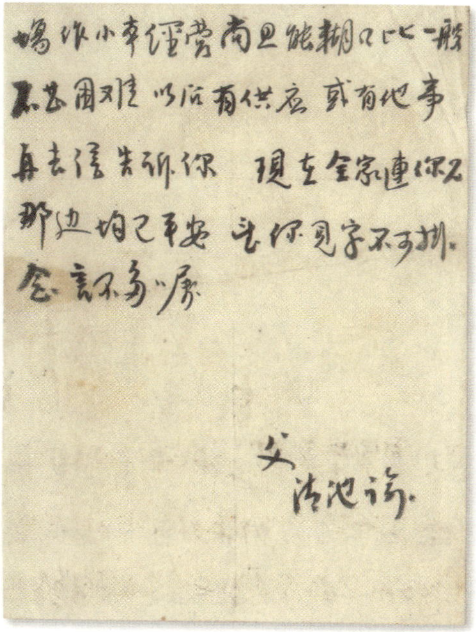

释　文 / 第三通

连绪男悉：

昨天你兄接到你信，知你在外是事顺利，家中放心。关于你来信叫家中一切情况介绍一下，我详细告诉你吧。自六月至七月，倾盆大雨未断，雨水形势较去年更甚，早晚作物淹了一个尽，到今洼里不能种麦。有水的的[①]处恨多，真是寸草不见，子粒不归，供应上级未闻会不知多。咱家中幸屋未坏，我所以干以早营业。

小孩很精神，老少也平安。你兄仍然缝纫夥不少，你等睦兄家也好。等睦给你信退回咱家，连去数封，大概你未收到，不然话一切情况早诸介绍。目下遂然淹尽，当地活动市场作小本经营尚能糊口，比一般不甚困难。以后有供应或有他事，再去信告诉你。现在全家连你兄那边均已平安，望你见字不可挂念。言不多嘱。

父 清池 谕

①下一“的”字，疑当作“地”。

父幹芬致丽娟女儿

三通（附实寄封三）

一九五八年六月至八月

信札上款周丽娟，1925 年生于广州。其父周幹芬经商，1937 年移民加拿大，1958 年欲为女儿丽娟办理出国，有书信数通。

丽娟在出国申请表中曾言：“现本人父亲，见我儿女成群，年又幼小，生产力弱，一人之生活难以支持。故着本人携带儿女出国，跟随父母，凭父母之照顾。而本人又能向外发展，争取外汇回家，以得供奉家姑家翁，及援助祖国之建设。”由此既可体察父亲于女儿之牵挂疼爱，又可见其时国家之情势矣。

父亲于信中，对女儿在国内之生活状况颇为牵念，有云：“叠接来函，经已收到。知你等在乡平安，玉环亦好，余等亦感告慰也。”又因申请出国之相关手续“迟迟未见批复”，十分着急，言“余等极为盼望”，并作积极推进，悉心指导女儿丽娟妥善办理各项事宜。父女亲情，真挚感人！

幹芬于其中两通之信封上注明“并信汇回美金式百元”“并信汇回港赤陆百元”字样，并于每通皆说明汇款事项，此为典型之“侨批”样式。此一家书形式，于维系华侨与国内亲人之间感情及资助亲人之生活，作用至大矣！

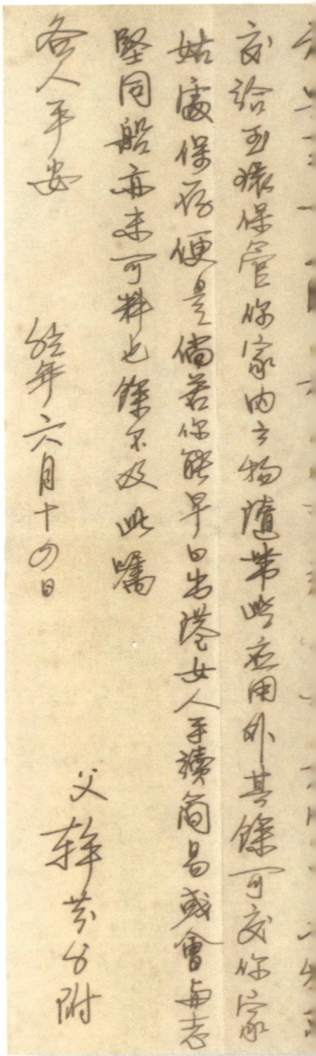
交给王娘保管你家内之物随带些应用外其余可交你家
姑处保存便是备齐你即早日出港女人手续简易或会无甚
坚同船亦未可料也余不及此嘱
各人平安
父 幹芬 字付
戌年六月十四日

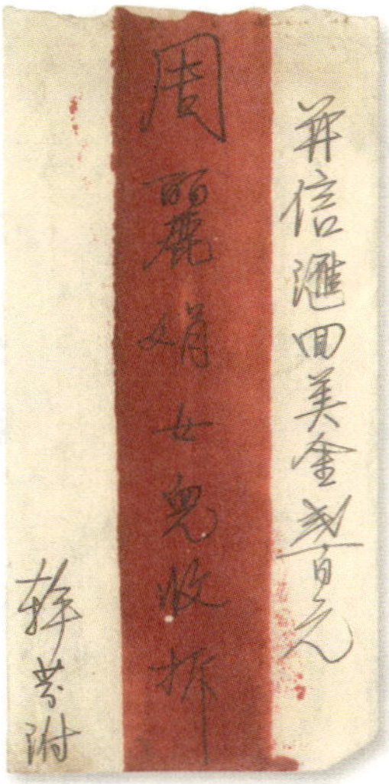

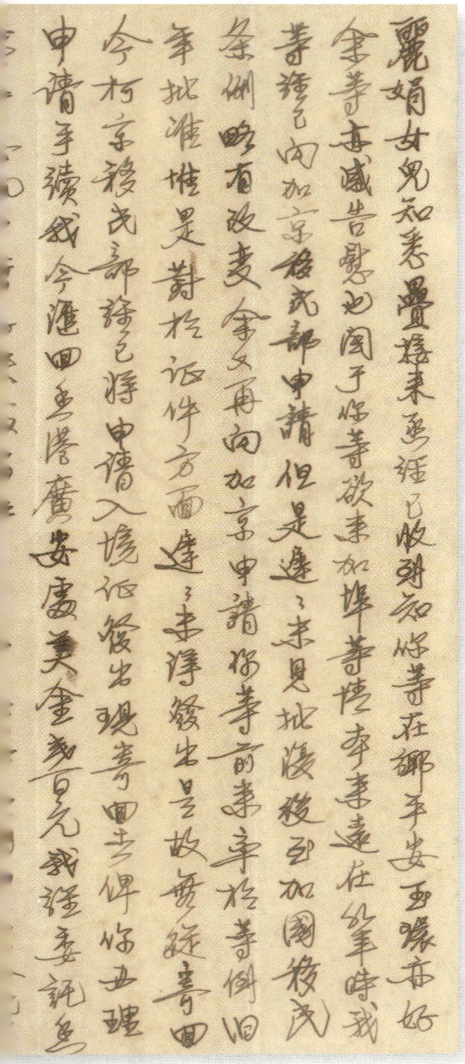

释　文 / 第一通

丽娟女儿知悉：

叠接来函，经已收到。知你等在乡平安，玉环亦好，余等亦感告慰也。关于你等欲来加埠等情，本来远在华时，我等经已向加京移民部申请，但是迟迟未见批复。后至加国移民条例略有改变，余又再向加京申请你等前来，率于等倒旧年批准。惟是对于证件方面，迟迟未得发出，是故无从寄回。今柯京移民部经已将申请入境证发出，现寄回去，俾你办理申请手续。

我今汇回香港广安处美金弍百元，我经委托香港广安执事暂存该处，留待你等办手续等应用。但该入境纸，祈要带来香港，交移民局办手续为要。至于家中各物，应交给玉环保管。你家内之物，随带些应用外，其余可交你家姑处保存便是。倘若你能早日出港，女人手续简易，或会与志坚同船，亦未可料也。余不及。此嘱，

各人平安！

□年六月十四日

父　幹芬　□附

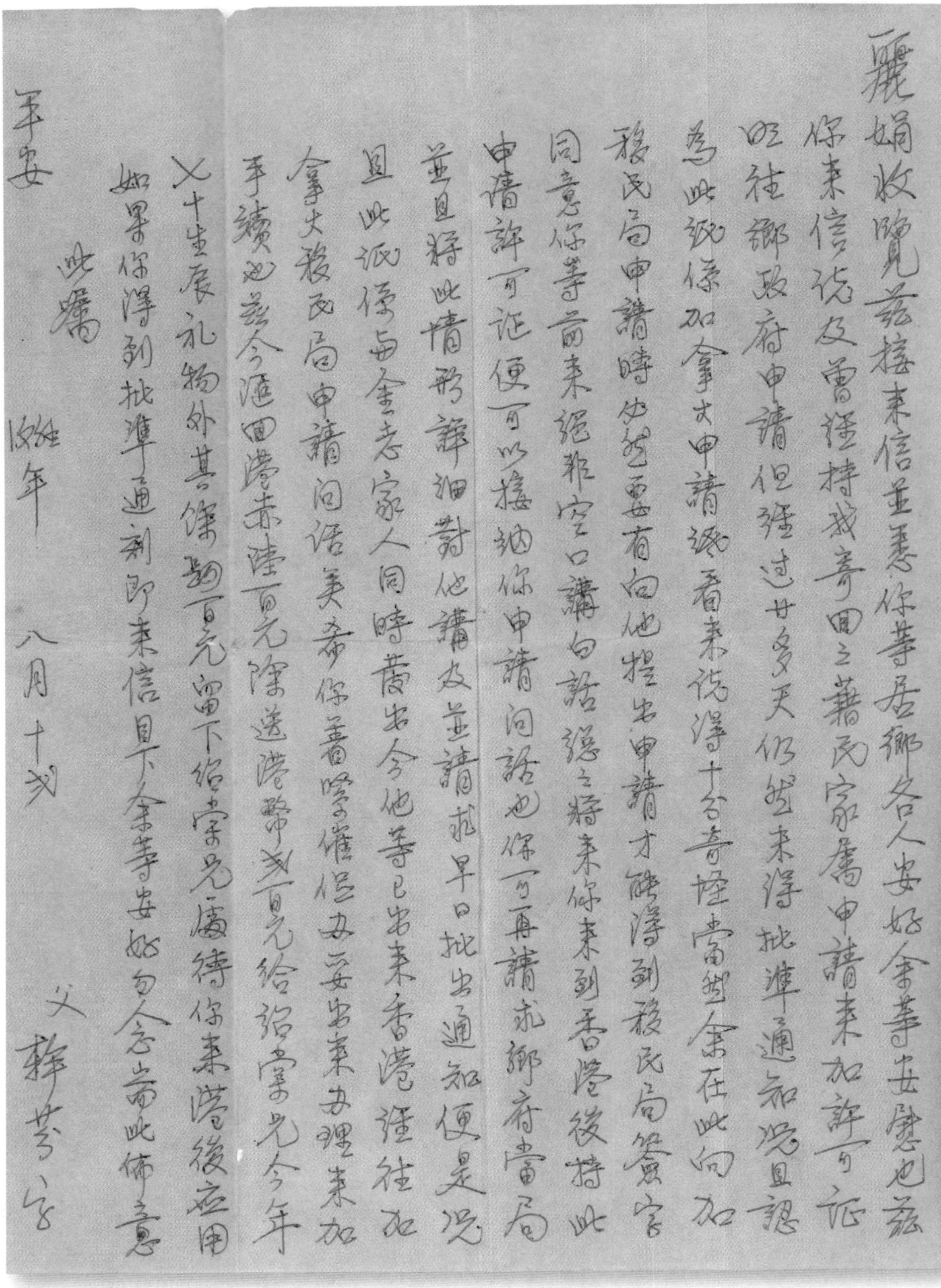
麗娟收覽
茲接来信並悉你等居鄉各人安好余等安慰也茲
你来信説及曾經持我寄回之籍民家屬申請来加許可証
叫往鄉政府申請但經过廿多天仍然未得批準通知況且認
為此紙係加拿大申請紙看来説得十分奇怪當然余在此向加
移民局申請時必然要有向他提出申請才能得到移民局簽字
同意你等前来總非空口講白話總之將来你来到香港後持此
申請許可証便可以接納你申請问話也你可再請求鄉府當局
並且將此情形詳細對他講及並請求早日批出通知便是況
且此派係与余志家人同時黄出今他等已出来香港經往加
拿大移民局申請问話美希你著緊催促安安出来安理来加
手續也茲今滙回港紙陸百元除送港幣弍百元给紹棠兄今年
七十生辰禮物外其餘肆百元留下给紹棠兄處待你来港後應用
如果你得到批準通知即来信目下余等安好勿念耑此佈意
此囑
順祝
年安
父 靜芳 字
八月十弍

释 文 / 第二通

丽娟收览：

兹接来信，并悉你等居乡，各人安好，余等安慰也。兹你来信说及，曾经持我寄回之藉民家属申请来加许可证明往乡政府申请，但经过廿多天，仍然未得批准通知，况且认为此纸系加拿大申请纸，看来说得十分奇怪。当然，余在此向加移民局申请时，必然要有向他提出申请才能得到移民局签字，同意你等前来，绝非空口讲白话。总之，将来你来到香港后，持此申请许可证，便可以接纳你申请问话也。你可再请求乡府当局，并且将此情形详细对他讲及，并请求早日批出通知便是。况且此纸系与金志家人同时发出，今他等已出来香港经往加拿大移民局申请问话矣，希你着紧催促办妥出来办理来加手续也。

兹今汇回港赤陆百元，除送港币式百元给绍棠兄今年七十生辰礼物外，其余肆百元留下绍棠兄处，待你来港后应用。如果你得到批准通知，即来信。目下余等安好，勿念。耑此布意。

此嘱

平安

□年八月十式

父 榦芬 字

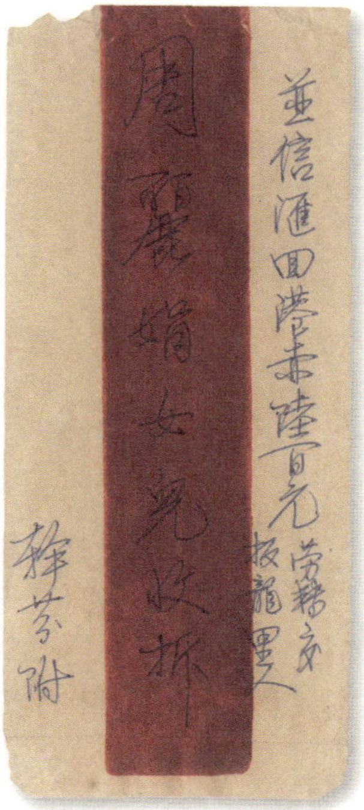

麗娟女兒知悉：我前月經已將你母子女五人之加國移民局發出之入境証明寄返香港廣安，並托他將該証明寄回廣州交你，為你等申請來埠之証件。同時我又滙回加幣弍百元托他暫為留下，以便你來港辦理手續之用。料今你定已進行向鄉政府申請來港，未知現在情形如何？所望你早日向鄉政府請求辦理，事關該紙入口有時間所限，同時在港辦理手續亦需相當時日，誠恐時間延遲，有礙該紙進行，故特寫信給你，着意向当局政府請求，以得早日批准來港辦理手續，以免延誤。我們各人平安，可勿遠念。專此佈意，順問各人

安好

[illegible]年八月十弍日 幹芬字

释　文 / 第三通

丽娟女儿知悉：

我前月经已将你母子女五人之加国移民局发出之入境证明寄返香港广安，并托他将该证明寄回广州交你，为你等申请来埠之证件。同时，我又汇回加币弍百元，托他暂为留下，以便你来港办理手续之用。料今你定已进行向乡政府申请来港，未知现在情形如何。所望你早日向乡政府请求办理。事关该纸入口有时间所限，同时在港办理手续亦需相当时日，诚恐时间延迟，有碍该纸进行。故特写信于你着意，向当局政府请求，以得早日批准来港办理手续，以免延误。

我们各人平安，可勿远念。专此布意，顺问各人，安好！

□年八月十弍日

榦芬　字

父亲致洪文儿

二通

一九五八年八月二十八日、十月二十六日

上款汪洪文为辽宁沈阳第一机器厂职工，其父居于北京，有家书二通。

一通安慰洪文“无用作急”，又言欲与其母“于旧历九月初去安看看汝等”，并欲主动承担抚养孙女丽丽之责任，充满温情。

二通则言洪文诸妹学业有成，“丽华考入北京地质学院”，则见其家书香之风；末言“我这有青呢衣料一件，你用时来信寄去。你的身体也要好好保护方好”。父子真情，感人至深！

释　文 / 第一通

洪文：

前接来信，知汝外出工作，月底回省。现在大略回省，惟前去的信内云无收入者，是无病人之谓也。生活现不成问题，汝无用作急。汝信内云能来平一次，不知工作忙否？如不能来时，来信告知，我好同汝母于旧历九月初去安看看汝等的，汝看可否？

再上月（八月十号）前，汝三妹去马宅，闻听汝媳妇想将丽丽送姥姥处味养。程老太太小孩多，不便。汝母说送家来，汝母能代的，亦能味的，也味养得起的，汝夫妇二人参考吧。汝能来是很好的，不知能有工夫来否？来信告知。手此，问汝等平安。

父　字

八月二十八日

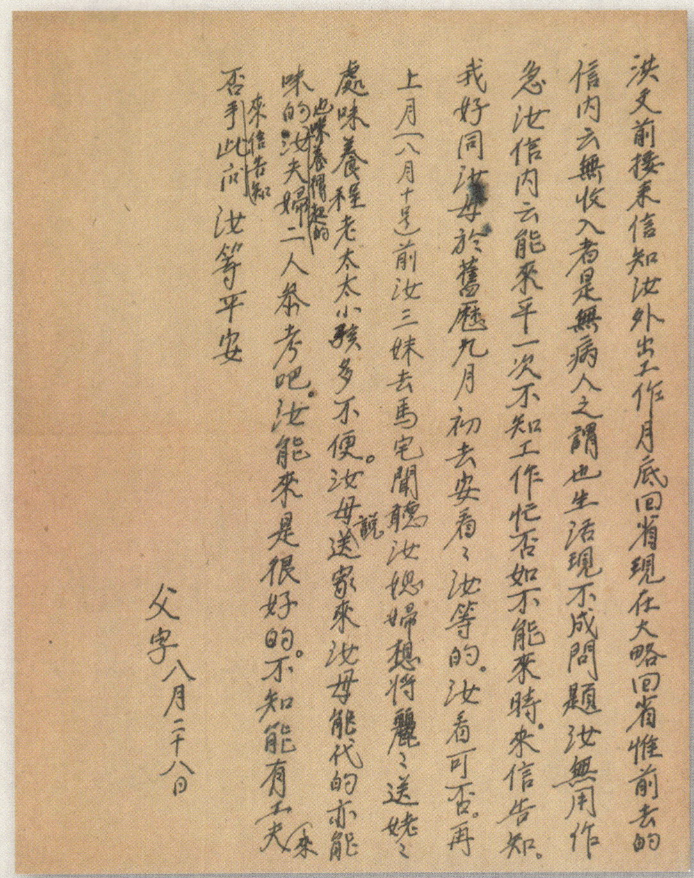

洪文前接来信知汝外出工作月底回省現在大略回省惟前去的信内云無收入者是無病人之謂也生活現不成問題汝無用作急汝信内云能來平一次不知工作忙否如不能來時，來信告知。我好同汝母於舊歷九月初去安看〻汝等的。汝看可否。再上月（八月十五）前汝三妹去馬宅聞聽汝媳婦說想將麗〻送姥〻處味養程老太太小孩多不便。汝母送家來汝母能代的亦能味的汝夫婦二人參考吧。汝能來是很好的。不知能有工夫來否來信告知手此即问汝等平安

父字 八月二十八日

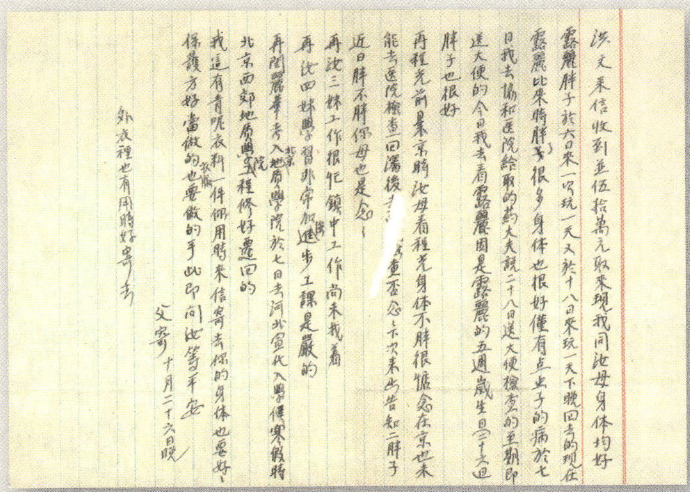

释　文 / 第二通摘句

我这有青呢衣料一件，你用时来信寄去。你的身体也要好好保护方好，当做的衣服也要做的。手此即问，汝等平安。

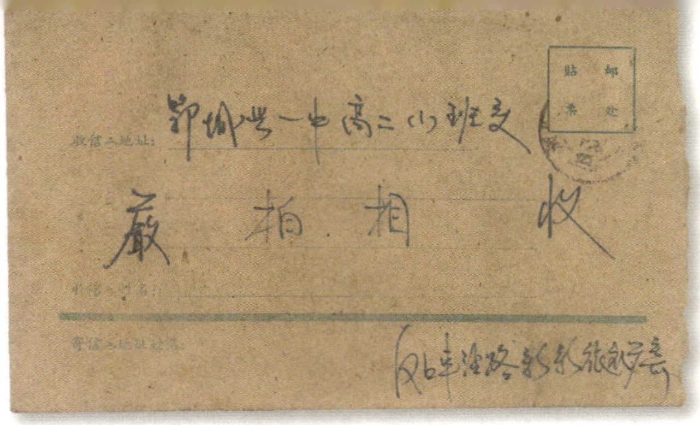
鄂城县一中高二(1)班交

严柏相 收

汉口车站路新华旅社寄

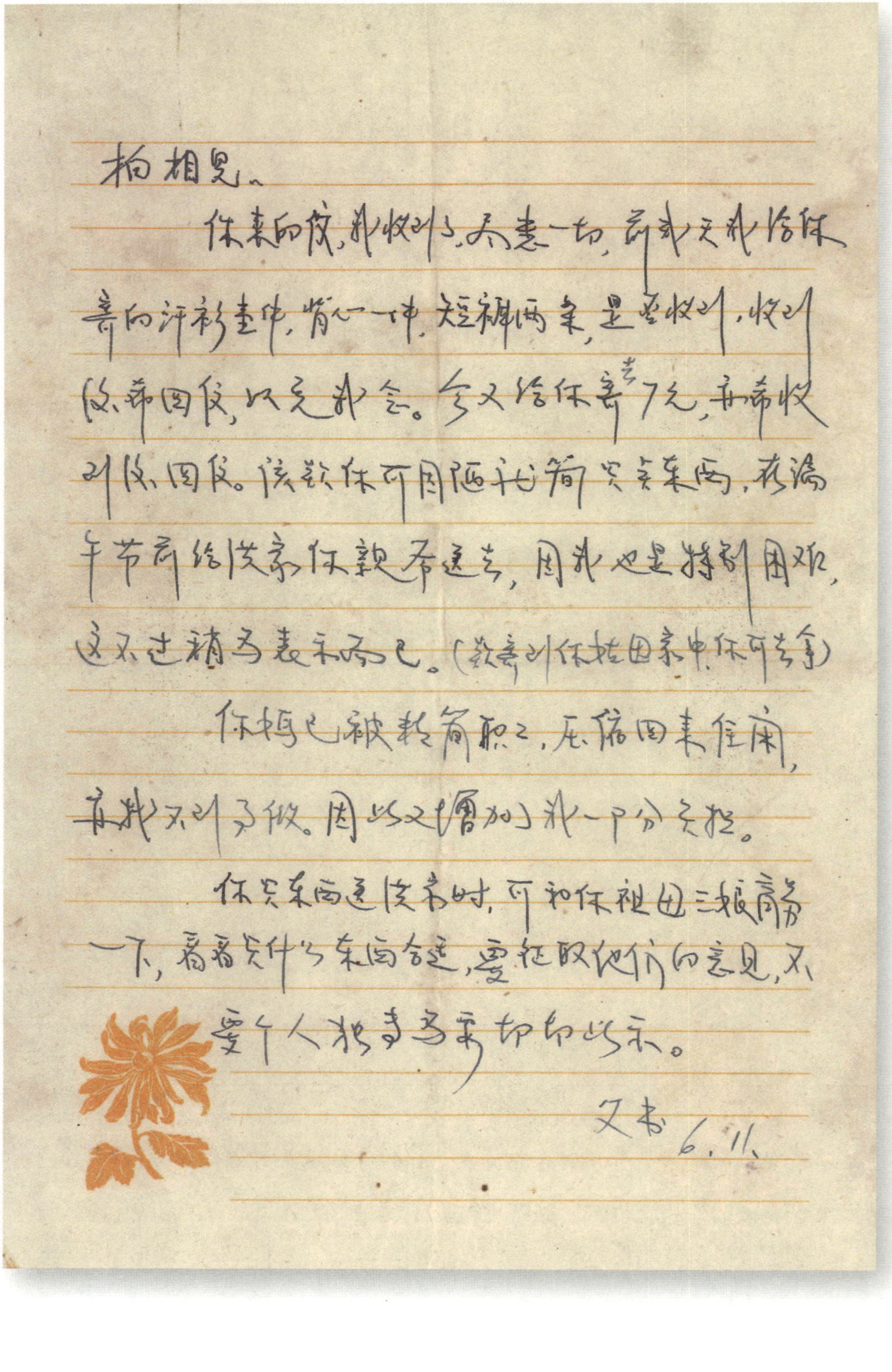
柏相儿:

你来的信,我收到了,关悉一切,前我交我给你寄的汗衫壹件,背心一件,短裤两条,是否收到,收到后希回信,以免我念。今又给你寄去7元,亦希收到后回信。该款你可用随便买点东西,在端午节前给你家你亲希送去,因我也是特别困难,这不过稍为表示而已。(款寄到你姑母家中你可去拿)

你妈已被精简职了,在宿回来住闲,亦我不到了假。因此又增加了我一户分之担。

你买东西送你家时,可和你祖母二娘商量一下,看看买什么东西合适,要征取他们的意见,不要个人独专为要切切此示。

父书 6.11.

父亲致柏相儿

二通（附实寄封二）

一九六二年六月十一日、九月二十五日

上款严柏相，其时就读于湖北鄂城县一中，其父寄书二通。

一通提及其母下岗，家中困难，为儿汇款七元，嘱其“因陋就简买点东西”送给洪家亲爷，并教导其购买何物须征询祖母、三娘意见，“不要个人独专为要”。

二通为儿汇款十元，详告如何分配使用，并嘱其“也要格外俭省，克服一切”。信末父亲表示，虽债务太多，但对儿女之读书用度，还是会“尽力而为”。父母对儿女之无私付出，灼然可见。

释　文 / 第一通

柏相儿：

你来的信，我收到了，尽悉一切。前几天我给你寄的汗衫壹件、背心一件、短裤两条，是否收到？收到后希回信，以免我念。今又给你寄去 7 元，亦希收到后回信。该款你可因陋就简买点东西，在端午节前给洪家你亲爷送去。因我也是特别困难，这不过稍为表示而已。（款寄到你姑母家中，你可去拿。）

你妈已被精简职工，压缩回来住闲，亦找不到事做。因此又增加了我一部分负担。

你买东西送洪家时，可和你祖母、三娘商量一下，看看买什么东西合适，要征取他们的意见，不要个人独专为要，切切！此示。

父　书

6.11

柏相兒：

你来的两封信均收到了，尽悉一切，前天我已寄到你福美姑处人民币10元，你見此信後可到你福美姑家中去取，該款你留5元交伙食費，再以5元送到家中給你祖母和三娘過中秋節費用，你不夠用的到下月10月前後我想法再給你寄去，目前我是困难十分，你也要格外儉省克服一切。

你三爷已有信和我联系，向我借的钱早经还过，不过我的债务太多，仍是不能解决困难，我之一切只有我东拉西扯而应付，但对你之用度，雖不充裕，我是尽力而为，别再複陳，此示

父书，9.25日

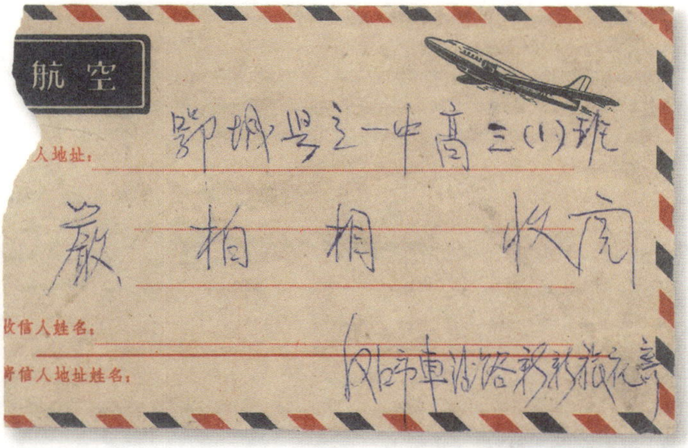

释　文 / 第二通摘句

你三爷已有信和我联系，向我借的钱，早经还过。不过我的债务太多，仍是不能解决困难。我之一切，只有我东拉西扯的应付。但对你之用度，虽不宽裕，我是尽力而为。

母亲致福林儿

二通

约一九六二年三月三十一日、十月十五日

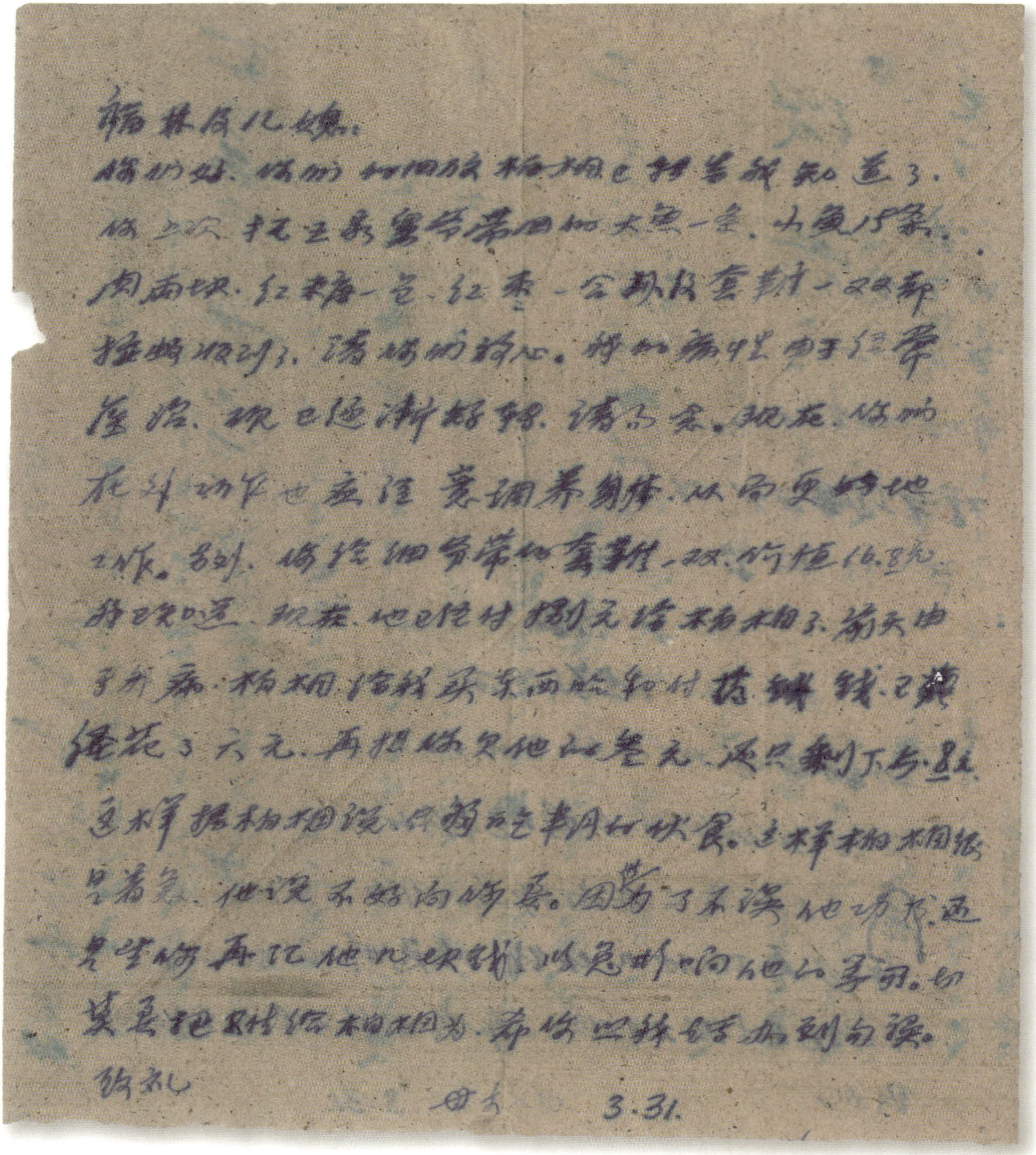

福林同儿媳：

你们好。你们的困难福林已经告我知道了。你上次托王嘉宾带回的大鱼一条、小鱼15条、肉两块、红糖一包、红枣一包、孙孙的套鞋一双都接收了，请你们放心。我的病坐由于经常医治，现已逐渐好转，请勿念。现在你们在外工作也应注意调养身体，从而更好地工作。另外，你给细爷带的套鞋一双，价值16.8元，我已知道。现在他已经付捌元给福林了。前天由于我病，福林给我买东西的和付药费钱已经花了六元，再扣你欠他的叁元，还只剩下5.8元。这样据福林说只够吃半月的伙食。这样福林很是着急，他说不好向你要。因为了不误他功课，还是望你再汇他几块钱，以免影响他的学习。切莫要把钱付给福林为，希你照样的办到为误。

致礼

母字　3.31.

据信札内容知，福林当为柏相兄长。柏相中学在读，经济不能独立，须仗兄长资助。母亲致函福林及儿媳，一是关心其工作、生活状况，言“谅你在外工作忙，身体好吗？家中念念”“应注意调养身体，从而更好地工作”；又特嘱福林资助弟弟柏相之生活费，“再汇他几块钱，以免影响他的学习”。母爱博大，寸草春晖。

释　文 / 第一通

福林及儿媳：

你们好。你们的回信，柏相已转告我知道了。你上次托王家舅爷带回的大鱼一条、小鱼 19 条、肉两块、红糖一包、红枣一合以及套鞋一双，都按数收到了，请你们放心。我的病情由于经常医治，现已经渐好转，请勿念。

现在，你们在外工作，也应注意调养身体，从而更好地工作。另外，你给细爷带的套鞋一双，价值 16.8 元，我已知道。现在，他已经付捌元给柏相了。前天由于我病，柏相给我买东西吃和付药钱，钱已经花了六元。再扣你欠他的叁元，还只剩下 5.8 元。这样，据柏相说，只够吃半月的伙食。这样，柏相很是着急，他说不好向你要。因此为了不误他的功书，还是望你再汇他几块钱，以免影响他的学习。切莫要把难给柏相为，希你照我话办到，勿误。

致礼！

母 示

3.31

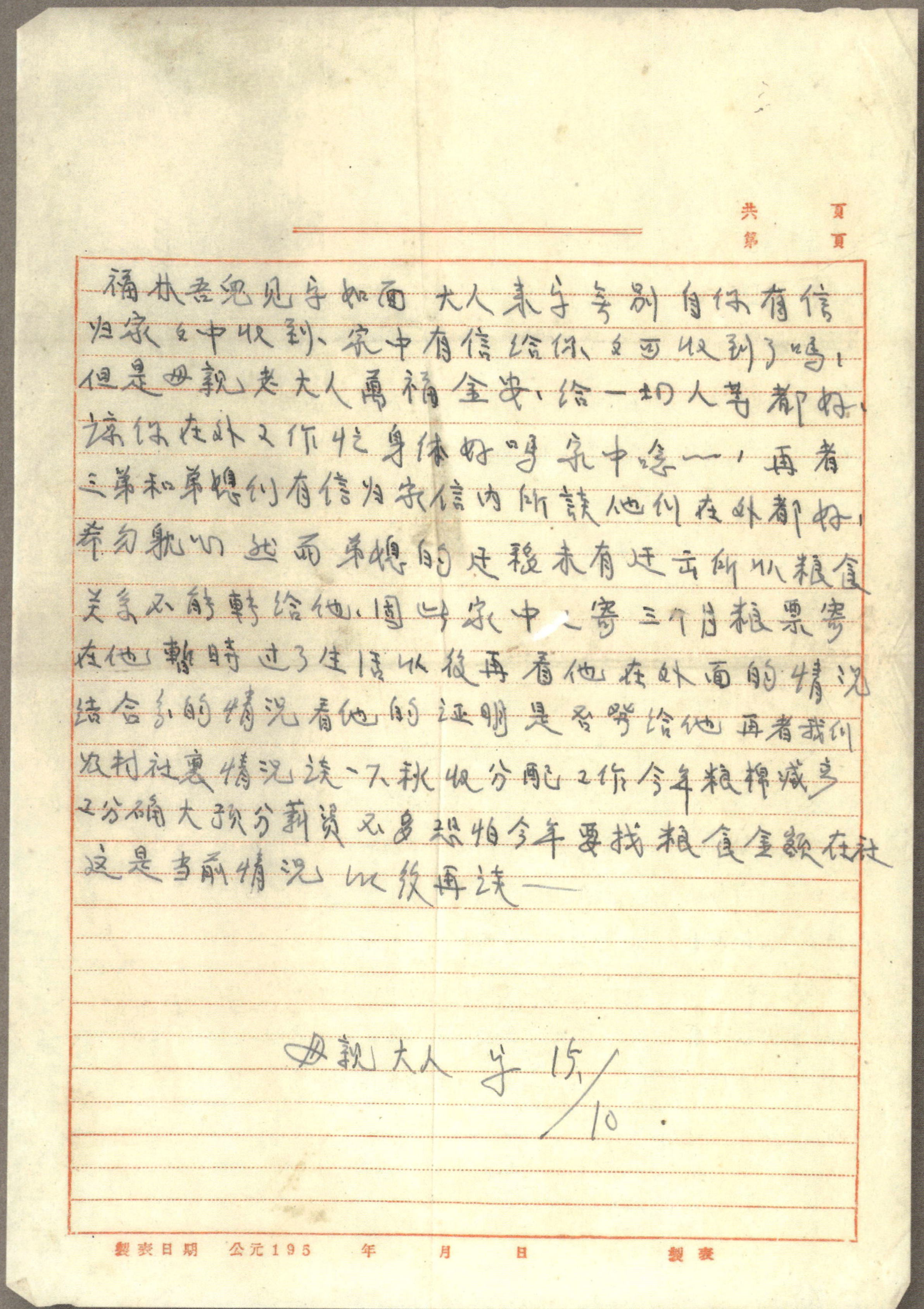

共　頁
第　頁

福林吾儿见字如面 大人来字务别自你有信
归家 中收到、家中有信给你、 可收到了吗，
但是母亲老大人万福金安、给一切人等都好、
谅你在外工作忙身体好吗 家中逐一，再者
三弟和弟媳们有信归家信内所谈他们在外都好，
希勿挂心 然而弟媳的迁移未有迁出所以粮食
关系不能转给他、因此家中 寄三个月粮票寄
在他 暂时过了生活以後再看他在外面的情况
结合 的情况看他的证明是否转给他 再者我们
农村社里情况谈一下秋收分配工作今年粮棉减产
工分偏大预分薪资不多恐怕今年要找粮食金额在社
这是当前情况 以後再谈——

母亲大人 字 15/10.

製表日期 公元195　年　月　日　製表

释　文 / 第二通

福林吾儿：

见字如面。大人来字无别，自你有信归家，家中收到。家中有信给你，你可收到了吗？但是母亲老大人万福金安，给一切人等都好。谅你在外工作忙，身体好吗？家中念念！

再者，三弟和弟媳们有信归家，信内所谈，他们在外都好，希勿耽心。然而弟媳的迁移未有迁出，所以粮食关系不能转给他，固此家中□寄三个月粮票，寄在他暂时过了生活，以后再看他在外面的情况。结合分的情况，看他的证明是否发给他。

再者，我们农村社里情况，谈一下秋收分配工作。今年粮棉减产，工分确大预分，薪资不多。恐怕今年要找粮食，金额在社。这是当前情况，以后再谈——

母亲大人　字

10.15

母亲致征祥、征庚

一通

约一九八一年十月十一日

信札上款钟征祥，原任中国新闻社广州分社社长，征庚为其胞弟。信中提及图书二种，皆为征祥所撰。《食在广州》于1981年6月由花城出版社出版，《广东旅游》于1985年11月由广东科技出版社出版。

母亲寄书二子，首致歉意，并申思念之情，云“久未执笔写信给你们，多由舅母及妹妹代笔。少修家书，不是亲情疏远，时以为念，片刻未有忘怀。实因我年已老，脑力、眼力日渐衰退，执笔有困，希体谅亲心”，又嘱咐“你兄弟两人，互爱、互助、互勉，老怀便慰”。情感深挚，用语亦甚典雅矣。

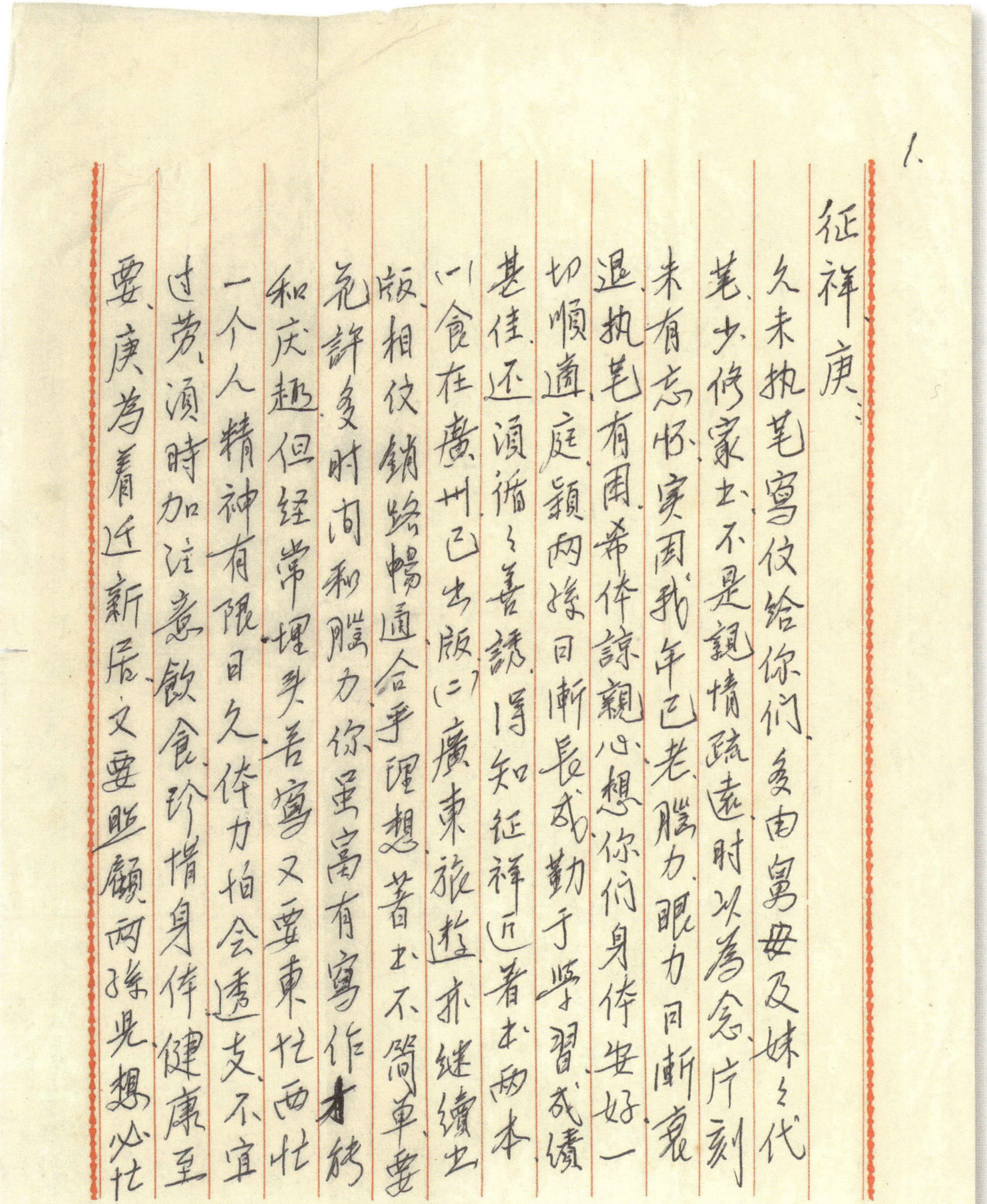

1.

征祥、庚：

久未执笔写信给你们，多由勇安及妹々代笔，少修家书，不是亲情疏远，时以为念，片刻未有忘怀，实因我年已老，脑力、眼力日渐衰退，执笔有困难，体谅亲心。想你们身体安好，一切顺适，庭颖两孙日渐长成，勤于学习，成绩甚佳，还须循々善诱。得知征祥近着书两本(一)食在广州已出版(二)广东旅游亦继续出版，相信销路畅适，合乎理想，著书不简单，要花许多时间和脑力，你虽富有写作才能和兴趣，但经常埋头苦写，又要东忙西忙，一个人精神有限，日久体力怕会透支，不宜过劳，须时加注意饮食，珍惜身体健康，至要。庚为着迁新居，又要照顾两孙儿，想必忙

2.

不了、一時辛劳、今后住得舒適一点、虽忙都係值得、我亦感高兴、近闻彭嘉夫别了、遠去他方、大哥定必受到無限痛苦、这个處境值得同情、希望征祥忙中抽暇時多探望和勸解、以慰哥々寂寞心情、细想同一母兄弟有幾、故望你兄弟两人、互愛互助、互勉老怀便慰、并期望在两年内我回来與你们一叙天倫之乐、屆时一家共聚、愉快心情、假笔难描、我等生活如常、身体幸托安康、勿念。

祝

康乐

媽字 十月十一日

妹々托笔致候

二哥二嫂、庭颖两姪安好。

释　文

征祥、庚：

久未执笔写信给你们，多由舅母及妹妹代笔。少修家书，不是亲情疏远，时以为念，片刻未有忘怀。实因我年已老，脑力、眼力日渐衰退，执笔有困，希体谅亲心。想你们身体安好，一切顺适，庭、颖两孙日渐长成，勤于学习，成绩甚佳，还须循循善诱。

得知征祥近著书两本：（一）《食在广州》已出版，（二）《广东旅游》亦继续出版。相信销路畅通，合乎理想。著书不简单，要花许多时间和脑力。你虽富有写作才能和庆趣，但经常埋头苦写，又要东忙西忙，一个人精神有限，日久体力怕会透支。不宜过劳，须时加注意饮食，珍惜身体，健康至要。

庚为着迁新居，又要照顾两孙儿，想必忙不了，一时辛劳。今后住得舒适一点，虽忙都系值得，我亦感高兴。近闻彩离夫别子，远去他方，大哥定必受到无限痛苦。这个处境，值得同情。希望征祥忙中抽暇，时多探望和劝解，以慰哥哥寂寞心情。细想同一母，兄弟有几？故望你兄弟两人，互爱、互助、互勉，老怀便慰。并期望在两年内，我回来与你们一叙天伦之乐。届时一家共聚，愉快心情，假笔难描。我等生活如常，身体幸托安康，勿念。

祝，康乐！

妈　字

十月十一日

妹妹托笔致候，二哥、二嫂，庭、颖两侄安好。

父亲致瀚儿

二通（附实寄封二）

一九八二年四月二十五日、十月三十日

信札上款梅文瀚，为湖北黄石师范学院（今湖北师范大学）教师，寄书者为其父亲。其父时年已七十七岁，退休，居住在公家养老院内。所用信笺为台北某公司专用纸，且自称“惟零用金太少，每月只有新台币玖佰元收入”，可知其身处台湾。实寄封则显示由香港九龙坪石村张姓人氏寄出，或与当时海峡两岸音讯阻隔有关。

信札内容多为琐事，主要向儿叙说自己晚年生活状况，云“身体仍健康如常”，生活极为规律。除问候儿子、儿媳和两孙女平安外，又言及侄儿、外甥旅居于美国夏威夷而未得详址。一张照片，一身寂

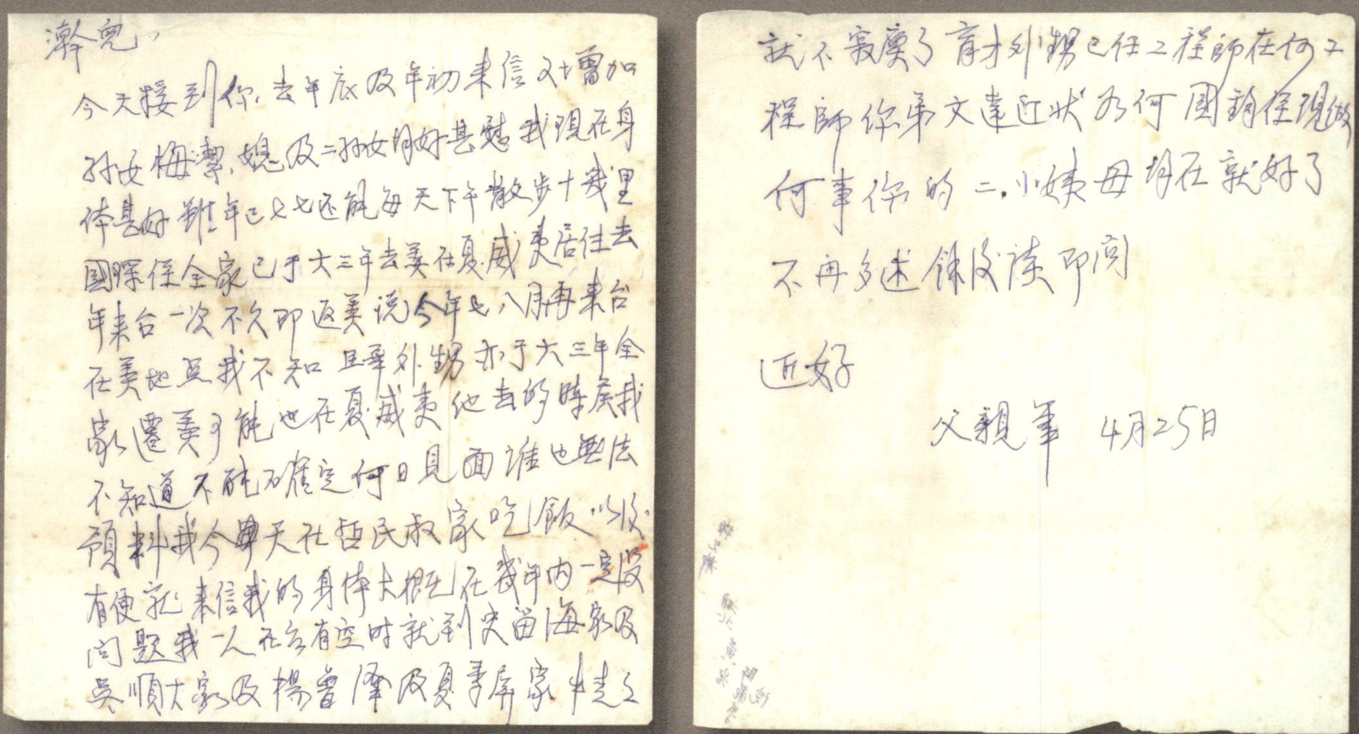

瀚儿，

今天接到你去年底及年初来信又增加孙女梅潔，媳及二孙女均好甚慰 我現在身体甚好 虽年已七七还能每天下午散步十几里 國际侄全家已于六三年去美在夏威夷居住去年来台一次不久即返美说今年七八月再来台 在美地址我不知 旦平外甥亦于六三年全家遷美了 他也在夏威夷 他去的時候我不知道 不能确定何日見面 谁也無法預料 我今每天在哲民叔家吃飯 以後有便就来信 我的身体大概在几年内一定沒问题 我一人在台有空时就到史留海家及吴順大家及楊曾[illegible]及夏李屏家 [illegible]

就不寂寞了 育才外甥已任工程師 在何工程師 你弟文達近狀如何 國鈞侄現做何事 你的二小姨母均在就好了 不再多述 餘后陳 即问

近好

父親筆 4月25日

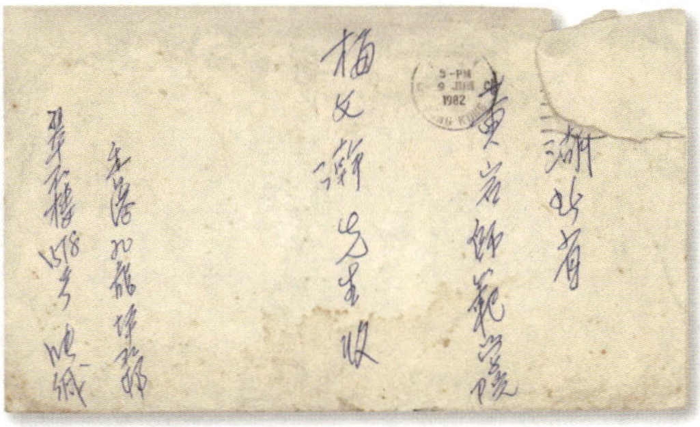

寞，聚散离合，牵连着父子两地思念，让人不禁想起余光中先生的诗：“小时候，乡愁是一枚小小的邮票，我在这头，母亲在那头……”

释　文 / 第一通

澥儿：

今天接到你去年底及年初来信，又增加孙女梅洁，媳及二孙女均好，甚慰。我现在身体甚好，虽年已七七，还能每天下午散步十几里。国琛侄全家已于六三年[①]去美，在夏威夷居住。去年来台一次，不久即返美，说今年七八月再来台。在美地点我不知。且华外甥亦于六三年全家迁美，可能也在夏威夷，他去的时候我不知道，不能确定何日见面，谁也无法预料。我今天在哲民叔家吃饭。以后有便就来信，我的身体大概在几年内一定没问题。我一人在台，有空时就到史留海家及吴顺大家及杨曾泽及夏素屏家中走走，就不寂寞了。

育才外甥已任工程师，在何工程师？你弟文达近状如何？国钧侄现做何事？你的二小姨母均在就好了。不再多述，余后谈。即问，

近好！

父　亲笔

4 月 25 日

①“六三年”，此为民国纪年，当指公元 1974 年。

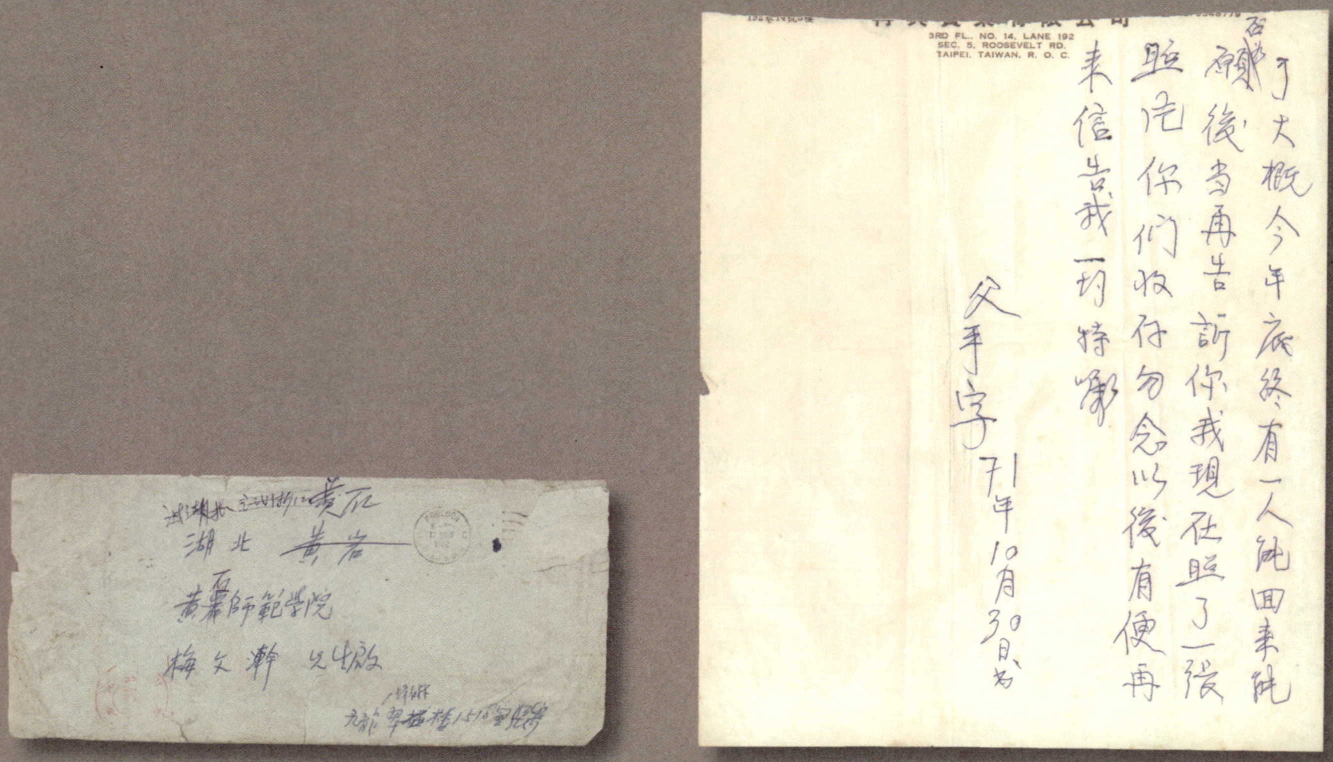

释　文 / 第二通

瀞儿、独秀媳，芳、洁两孙女：

均好！我在前接到你的三次来信，均如数收到，勿念。我身体仍健康如常，每天早晨六时起床，七时早餐，九时吃牛奶点心，十一时半中饭，饭后即出门散步，约在三时另几分回来洗面、打开水等，待至四时半晚饭。饭后除吃水烟外，再不吃旁的东西。每晚准在九时半就寝，决不提早延后，无非有朋友家婚嫁时，绝对不吃迟的晚饭。

我今年已经七十七岁，早已退休住在公家的养老院内，吃饭穿衣都由公家按时发放，惟零用金太少，每月只有新台币玖佰元收入，所以每月支

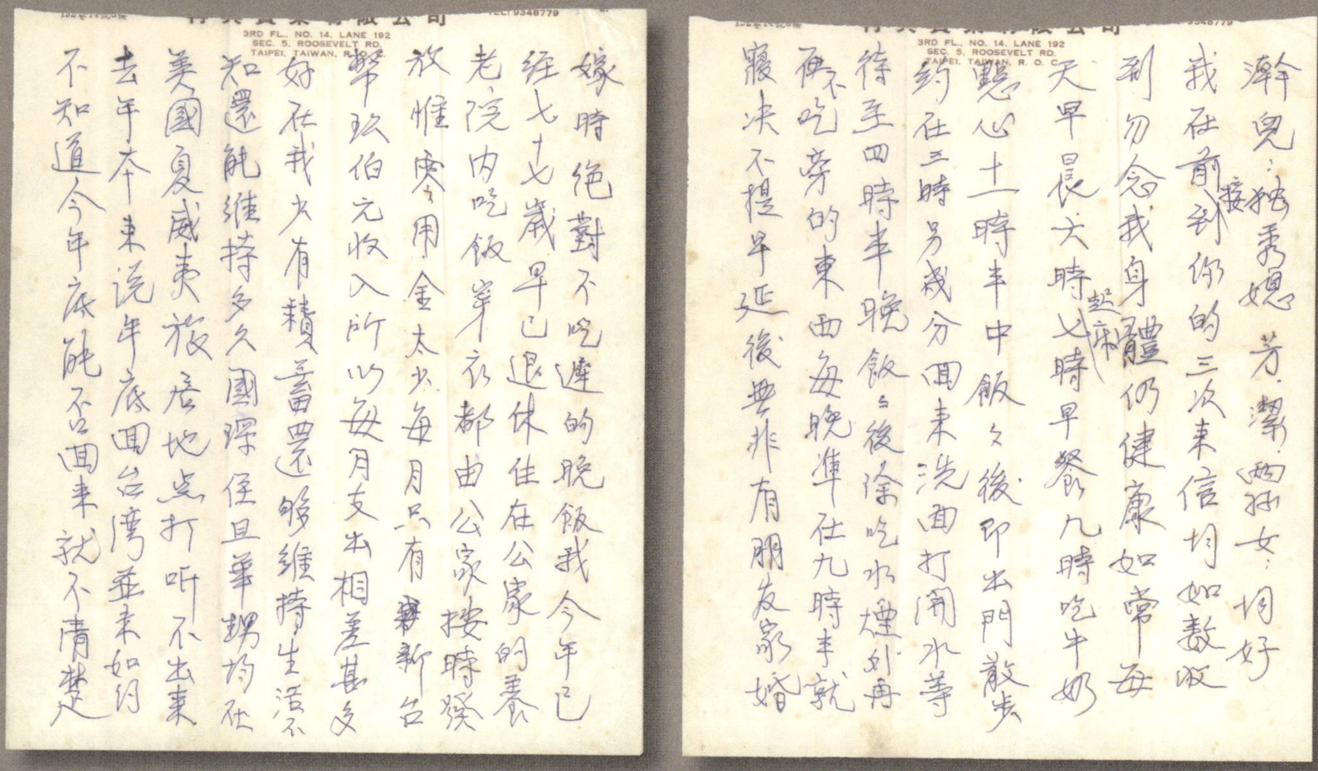

瀚兒：孫秀媳 芳、潔、如孫女：均好
我在前後接到你的三次來信均如數收
到勿念我身體仍健康如常每
天早晨六時起床七時早餐九時吃牛奶
點心十一時半中飯飯後即出門散步
約在三時另我分回來洗面打開水等
待至四時半晚飯飯後除吃水煙外再
夜不吃零的東西每晚準在九時半就
寢決不提早延後無非有朋友家婚
嫁時絕對不吃遲的晚飯我今年已
經七十七歲早已退休住在公家的養
老院內吃飯穿衣都由公家按時發
放惟零用金太少每月只有新台
幣玖佰元收入所以每月支出相差甚多
好在我少有積蓄還够維持生活不
知還能維持多久國琛侄且華甥均在
美國夏威夷旅居地点打听不出來
去年本來說年底回台湾並未如約
不知道今年底能否回來就不清楚

出相差甚多。好在我少有积蓄，还够维持生活，不知还能维持多久。

国琛侄、且华甥均在美国夏威夷旅居，地点打听不出来。去年本来说年底回台湾，并未如约，不知道今年底能否回来，就不清楚了。大概今年底终有一人能回来，能否如愿，后当再告诉你。我现在照了一张照片，你们收存勿念，以后有便再来信告我一切。特嘱。

父 手字

71 年[①] 10 月 30 日书

①“71 年”，此为民国纪年，当为公元 1982 年。

父亲致庆富、翠琳

一通（附实寄封一）

一九八五年六月二十三日

据实寄封知，上款人曾庆富为湖北鄂钢房产处职工，其父则居于汉阳县奓山乡螺丝村中，庆富、翠琳当为夫妇。“娟娟”当为庆富女儿，信中对娟娟之成长、学习极为关注，鼓励其读书成材，“作一个赫赫有名的科学家”。书写者虽为农民，但其深知读书之重要，且富家国情怀，令人钦敬！

信中又嘱儿子好生对待岳父，言：“翠琳的父亲，身体不好，这次来鄂休养，你们尽当好好照顾他老人家，尽当留得多住些时。”此诚明于家庭姻亲之礼者也。

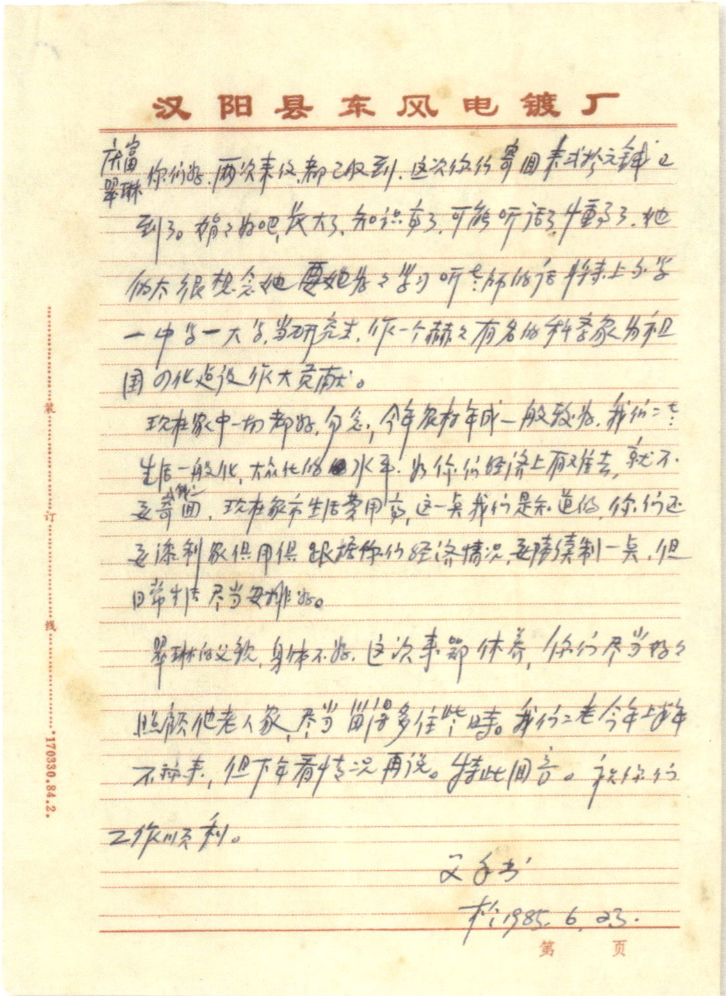

汉阳县东风电镀厂

庆富、翠琳：你们好。两次来信，都已收到。这次你们寄回来的书已于今天收到了。娟娟好吧，长大了，知识多了，可能听话懂事了。她爷爷很想念她，要她好好学习，听老师的话，将来上个好中学、大学，当研究生，作一个赫赫有名的科学家，为祖国四化建设作大贡献。

现在家中一切都好，勿念。今年农村年成一般较好。我们二老生活一般化，大众化的水平。为你们经济上有困难，就不要寄钱回，现在家中生活费用够，这一点我们是知道的。你们还要添制家俱用俱，根据你们经济情况，要陆续制一点。但日常生活尽当安排好。

翠琳的父亲，身体不好，这次来鄂休养，你们尽当好好照顾他老人家，尽当留得多住些时。我们二老今年也许不能来，但下年看情况再说。特此回音。祝你们工作顺利。

父手书

于1985.6.23.

第　页

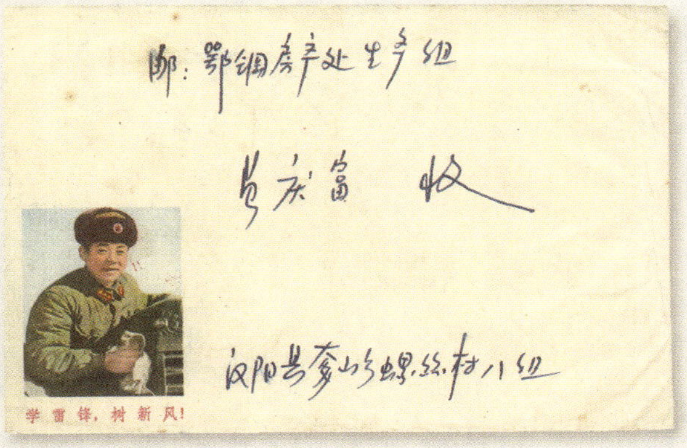

释 文

庆富、翠琳：

你们好！两次来信，都已收到。这次你们寄回来弍拾元钱，已到了。娟娟好吧？长大了，知识高了，可能听话了，懂事了。她的太[①]很想念她，要她好好学习，听老师的话，将来上小学—中学—大学，当研究生，作一个赫赫有名的科学家，为祖国四化建设作大贡献。

现在家中一切都好，勿念。今年农村年成一般较好，我们二老生活一般化、大众化的水平。如你们经济上有难去，就不要寄钱回。现在家市生活费用高，这一点我们是知道的。你们还要添制家俱用俱，跟据你们经济情况，要陆续制一点，但日常生活尽当安排好。

翠琳的父亲，身体不好，这次来鄂休养，你们尽当好好照顾他老人家，尽当留得多住些时。我们二老今年上半年不〔打〕算来，但下年看情况再说。特此回音，祝你们工作顺利。

父 手书

于 1985.6.23

---

①“太”，湖北方言，指曾祖母。

男致双亲大人

一通

约清末

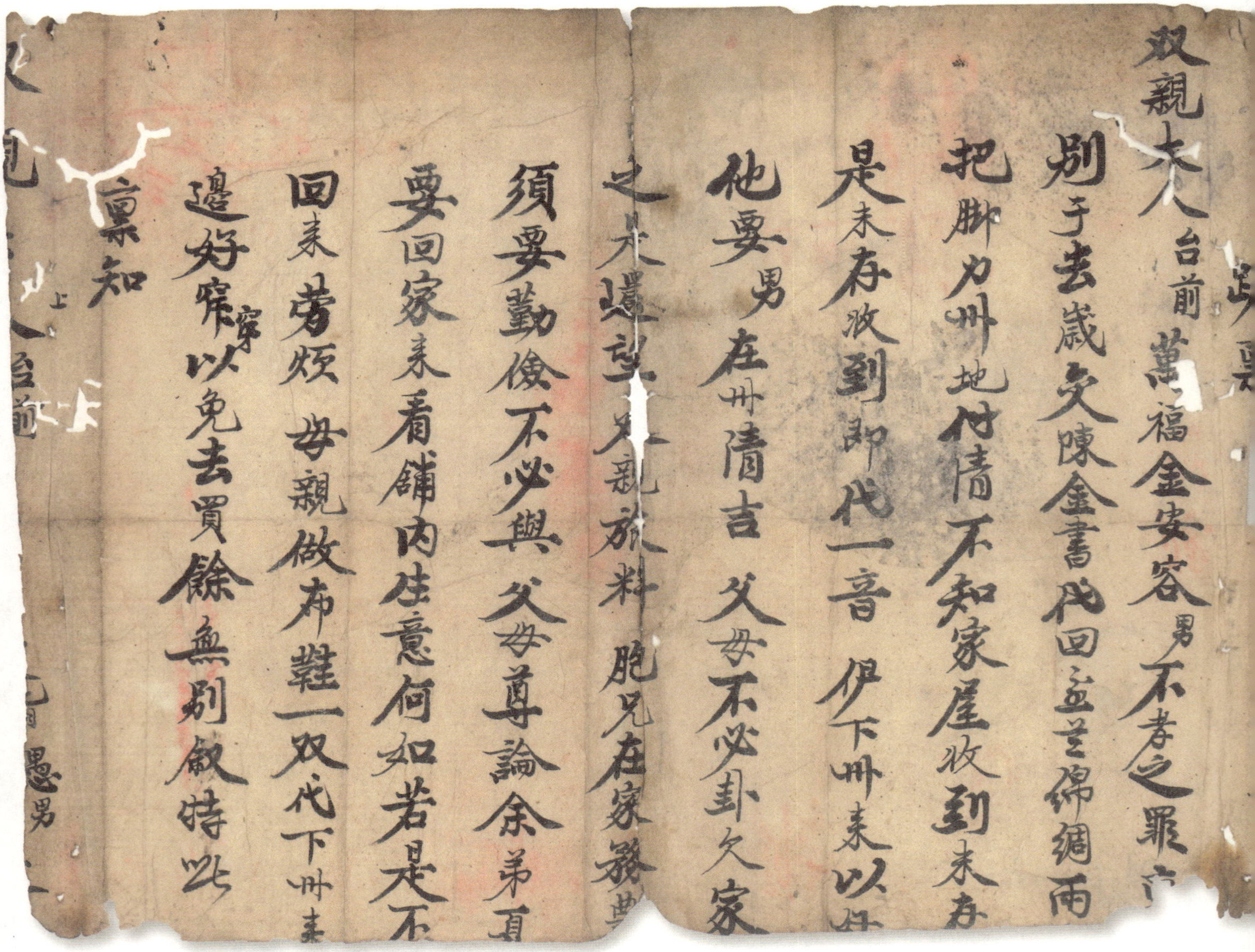

跪稟
双親大人台前萬福金安容男不孝之罪
别于去歲交陳金書代回並帛綢兩
把腳力州地付清不知家屋收到未存
是未存收到即代一音 伊下州來以任
他要男在州清吉 父母不必挂欠家
之是還望 双親旅料 胞兄在家務典
須要勤儉不必與 父母尊論余弟頁
要回家來看鋪內生意何如若是不
回來替煩 母親做布鞋一双代下州來
邊好穿以免去買餘無别叙特此
稟知
双親上台前
愚男

儿在外地，寄书父母双亲，称“双亲大人台前：万福金安！容男不孝之罪”，此乃传统家书之常见格式，典雅规范。儿于信中一要二老放心，言“男在州清吉，父母不必卦欠”，又冀“胞兄在家务农，须要勤俭”。于中既可见其于父母之孝敬，又可见兄弟手足之亲情。末尾“劳烦母亲做布鞋一双”，可见“慈母手中线，游子身上衣”，母亲亲手所纳千层底，为在外儿女最深之眷恋。

释 文

双亲大人台前：

万福金安！容男不孝之罪，□别于去岁，交陈金书代回□兰绵绸两把，脚力州地付清，不知家屋收到未有？是未有收到，即代一音，伊下州来以□他要。男在州清吉，父母不必卦欠。家之是，还望双亲旅料。胞兄在家务农，须要勤俭，不必与父母尊论。余弟夏要回家来看铺内生意，何如？若是不回来，劳烦母亲做布鞋一双，代下州来边好穿，以免去买。余无别叙，特此禀知。

□□日 愚男 □

男鑫致母亲老大人

一通

——

民国

信中提及，欲将母亲及大姐接至绥远（绥远省为民国时期行政区划，在今内蒙古地区中部，故书信写作当在民国）。函中言，儿“耳闻大人立意来绥，数年未见，来此畅谈畅谈，甚好甚好”；又述说家庭琐事，意在劝慰母亲放心来绥，不必牵挂。

此札书法颇为可观。末钤印章，漫漶不清，似为“张鑫”二字。据此札之原藏家云，书信作者为民国名医张鑫。张鑫，字品三，山西省右玉县人，生于中医世家，自幼受岐黄之术熏陶，幼读私塾，所学皆能诵解。及长入归绥中学就读，后考取北平朝阳大学法律系。1932 年又考入华北国医学院，终偿所愿。1936 年学成归乡，悬壶应诊，声名大震。

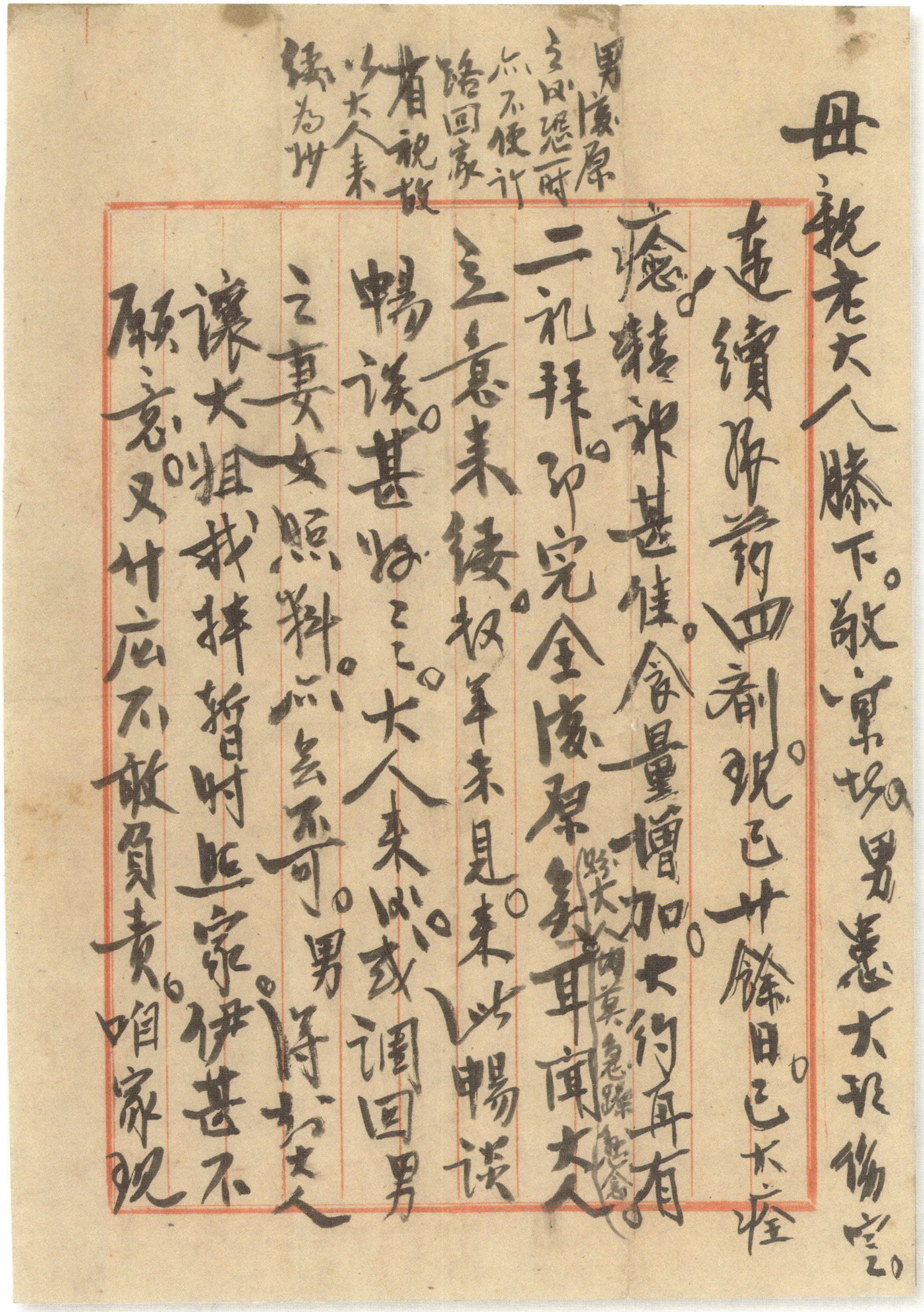

母親老大人膝下。敬禀者，男憲大撲傷完之，連續服藥四劑，現已廿餘日，已大痊癒。精神甚佳，食量增加，大約再有二禮拜，即完全康復矣。（務大人萬莫急躁惦念）耳聞大人之意來綏叔，年來見來此暢談，暢談甚好。大人來此或調回男之妻女照料，亦無不可。男詳扶大人讓大姐我拜暫時照家，伊甚不願意，又什麽不敢負責，咱家現

男康復之日，恐時亦不便許路回家，有親故以大人來綏為妙。

下有何責任可負。就說有吳長料。
男又決不責難与他。就說大人来此。
男又何能將他撇棄。置之不理。當
可設法讓他不久亦来。緩急可
不必多心。难意家中有甚可
賣的。即許賣了。以作暫时度
用。大人来时寿衣等件能带可
以带来。若不便攜带。寿木寿
衣以此屢續攜带。亦無不可。再
如来此。男可向大人治療〃〃目疾。特此
男 霊鐘 執筆上 十五日 灯下
福安 敬請

释 文

母亲老大人膝下敬禀者：

男患大头伤寒，连续服药四剂，现已廿余日，已大痊愈，精神甚佳，食量增加。大约再有二礼拜，即完全复原矣，盼大人切莫急躁悬念。耳闻大人立意来绥，数年未见，来此畅谈畅谈，甚好甚好。

大人来后，或调回男之妻女照料，亦无不可。男得知大人让大姐找拌暂时照家，伊甚不愿意，又什么不敢负责。咱家现下有何责任可负？就说有点长短，男又决不责难与他。就说大人来此，男又何能将他抛弃，置之不理？当可设法让他不久亦来绥远，可不必多心难意。家中有甚可卖的，即行卖了，以作暂时度用。大人来时，寿衣等件，能带可以带点，若不便携带，寿木寿衣以后屡续捎带，亦无不可。再则来此，男可与大人治疗治疗目疾。特此敬请，

福安！

（男复原之后，恐一时亦不便行路回家省亲，故以大人来绥为妙。）

男鑫 亲笔上

十五日灯下

父親大人膝下敬稟者前由謝雲梭稟上一函料必收妥矣 另單
現將前匯來之百元所買食物件檢徒呈覽閱
悅又稟者去歲記得媳婦於今晨入院產下一男母子
平安請免遠念至本月之租值兒本款由家寄來
之百元內抽出繳交奈除開消外所餘有限仍
有其他零化支消迫得再向　大人商懇
備如有便即寄港[illegible]精遙兒親[illegible]
收就者也　此稟　敬候
金安
兒　培葉　叩上

男培业致父亲大人

二通（附实寄封一）

约民国

由实寄封及信札内容可知，儿培业居于香港，其父则居澳门。培业当刚刚成家立业，经济拮据，常需父亲汇款接济，故信中多汇报款项使用名目。儿于函中又向父亲报告弄璋之喜，言小儿之长势喜人，有云："再者，前寄来之咸鱼，香甜味美，用之煲饭与振声吃，非常强食，日尽三大碗。重量大增，儿抱持亦感吃力，现只手持之，亦能步外矣。"祖父、父子天伦之乐，盈乎其间矣。

释　文 / 第一通

父亲大人膝下敬禀者：

前由谢雪梅禀上一函，料必收妥矣。现将前汇来之百元所买得各物价格统呈，另单察阅。顺又禀告喜讯，婢于今晨入院，九时一刻产下一男，母子平安，请无远念。至本月之租值，儿本欲由寄来之百元内抽出缴交，奈除开消外，所余有限，仍有其他零化支消，迫得再向大人商恳：倘如有便，即寄清交。稍迟，包租方面亦能将就者也。此禀，敬候，

金安！

儿 培业 叩上

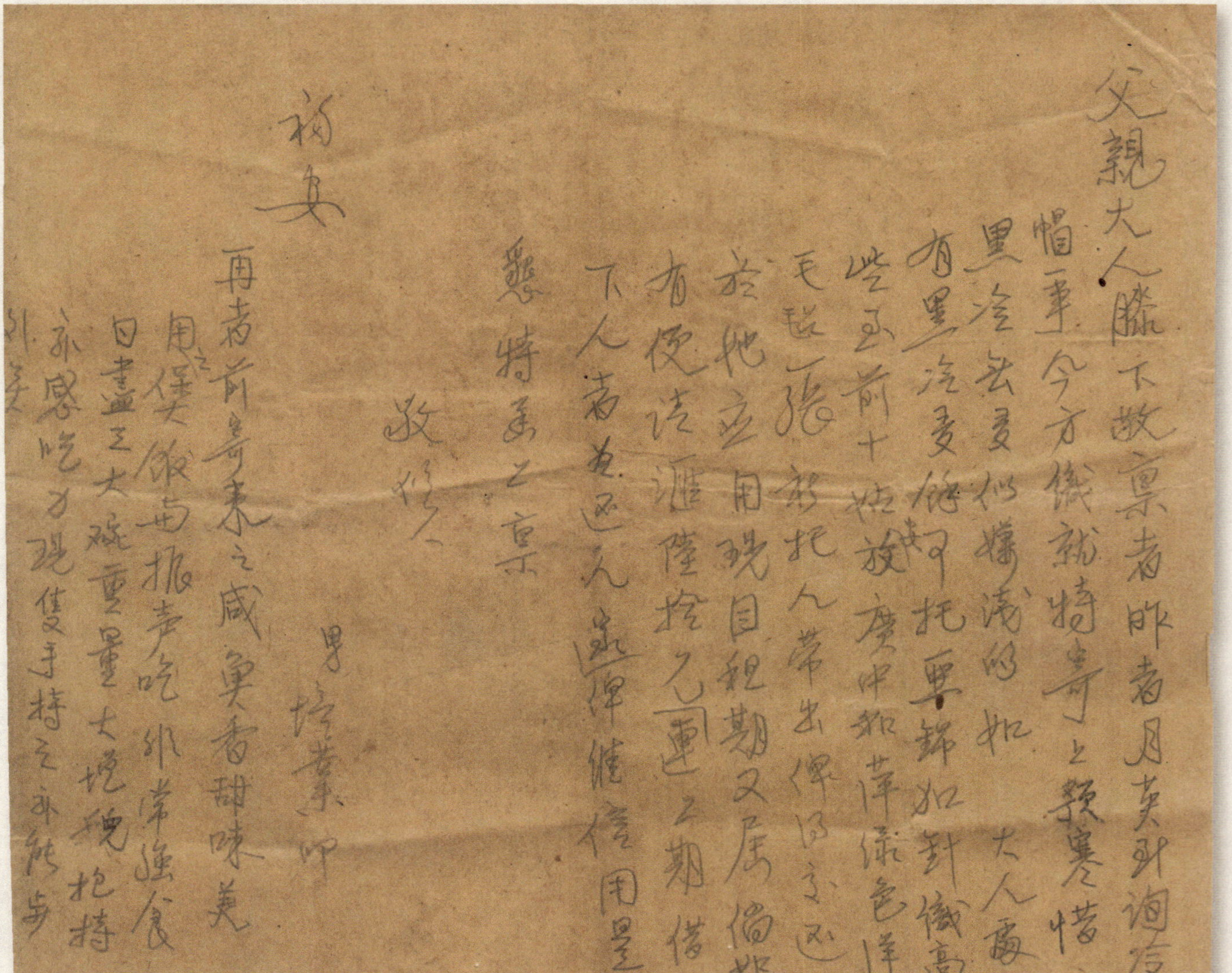

父
親大人膝下敬禀者昨者月英到询否
帽一事今方織就特寄上禦寒惜
黑冷缺貨似嫌淺的如　大人嫌
有黑冷貨即托要錦如封織高
些至前十姑放廣中帆華綠色洋
毛毯一張新托人帶出俾得三元
於地應用現目租期又屆倘於
有便請滙陸拾元運之期借
下人者姑還之須得健信用是
懇特奉之禀
敬請
福安
男　培華　叩
再者前寄來之鹹魚香甜味美
用之煲飯西振声吃非常適食
日盡三大碗重量大增現抱持
尔感吃力現使手持之亦能步

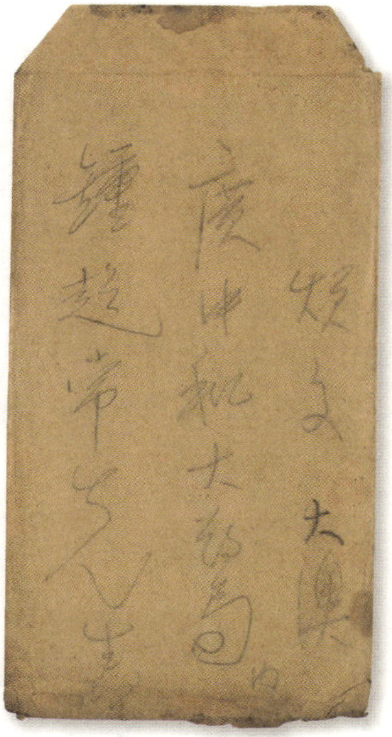

释　文 / 第二通

父亲大人膝下敬禀者：

昨者月英到询冷帽一事，今方织就，特寄上预寒。惜黑冷无多，似嫌浅的。如大人处有黑冷多余，可托亚锦加针织高些。至前十姑安放广中和萍绿色洋毛毡一张，祈托人带出，俾得交还于她应用。现因租期又届，倘如有便，请汇陆拾元（连上期借下人者，尽还人家），俾维信用。是恳特函上禀。敬候大人，

福安！

男 培业 叩

再者，前寄来之咸鱼，香甜味美，用之煲饭与振声吃，非常强食，日尽三大碗。重量大增，儿抱持亦感吃力，现只手持之，亦能步外矣。

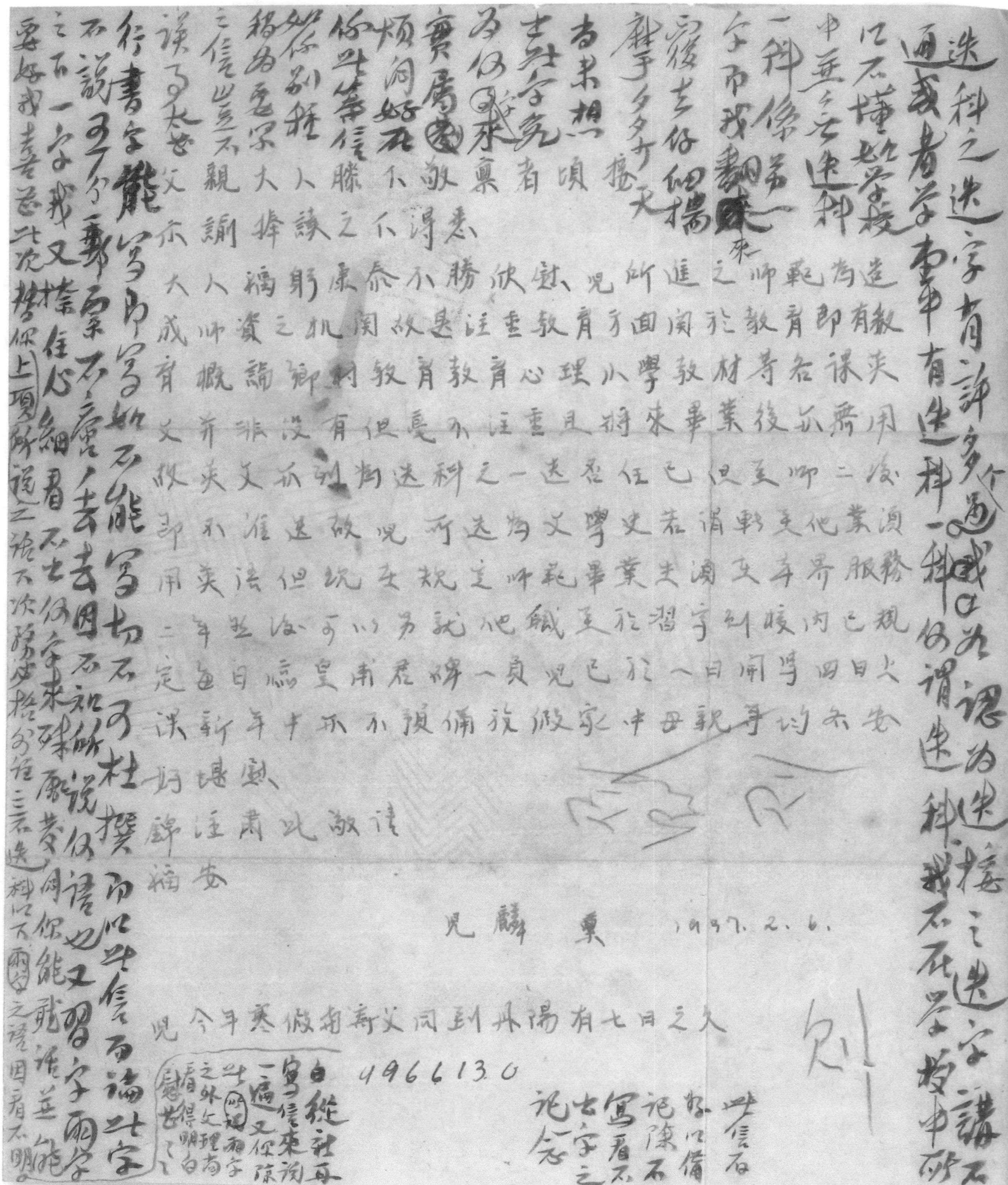

父親大人膝下敬稟者頃接
示諭捧讀之下得悉
大人福躬康泰不勝欣慰兒所進之師範為造
成師資之機關故甚注重教育方面關於教育即有教
育概論鄉村教育教育心理小學教材等各課其
文并非沒有但毫不注重且將來畢業後亦需用
故其文亦列為選科之一選否任己但至師二後
即不准選故兒所選為文學史若謂對其他業須
用其法但現在規定師範畢業生須在本界服務
二年然後可以另就他職至於習字則校內已規
定每日臨皇甫君碑一頁兒已於一日開學四日上
課新年十分不預備放假家中母親等均各安
好堪慰
餘注肅此敬請
福安

兒麟　稟　1937.2.6.

兒今年寒假者有父同到丹陽有七日之久

496613.0

儿麟致父亲大人

一通

一九三七年二月六日

此札得自江苏藏家，信末又提及“与寄父同到丹阳”，则信札撰者当为江苏人氏。由信札内容可知，儿子名麟，考取师范院校，刚刚入学安顿不久，乃寄书父亲告知在校情形。信中多言学校开设之教育类课程科目，以及英语一科在当时之实际地位；又言“校内已规定每日临《皇甫君碑》一页”，则知民国时学校极重书法教育。

父亲接书后，在原札上作批注若干，篇幅已逾原札。其父以儿子信中“选科”之“选”字、“则校内”之“则”字书写潦草，难以辨认，觉“实属烦闷”，并教导其写字当严肃认真，一笔一画，“行书字能写即写，如不能写，切不可杜撰”。父亲又于信末特嘱：“此信存好，以备记除不写看不出字之记念。”读此札，严父之正言厉色仿若可见。

父亲于留言之末，亦对儿子多所鼓励，言“除此两字之外，文理尚看得明白，慰甚慰甚”，则父子之亲情，亦跃然纸上矣！

释　文

父亲大人膝下敬禀者：

顷接示谕，捧读之下得悉，大人福躬康泰，不胜欣慰。儿所进之师范为造成师资之机关，故甚注重教育方面。关于教育，即有“教育概论”“乡村教育”“教育心理”“小学教材”等各课。英文并非没有，但毫不注重。且将来毕业后亦无用，故英文亦列为选科之一，选否任己。但至师二后即不准选，故儿所选为文学史。若谓转至他业须用英语，但现在规定师范毕业生须在本界服务二年，然后可以另就他职。

至于习字，则校内已规定每日临《皇甫君碑》一页。儿已于一日开学，四日上课，新年中亦不预备放假。家中母亲等均齐安好，堪慰。

锦注肃此，敬请，

福安！

儿 麟 禀

1937.2.6

儿今年寒假与寄父同到丹阳，有七日之久。（9966130）

父接信后，作批注云：

“迭科”之“迭”字，有许多个“□”，我如认为“迭接”之“迭”字，讲不通。或者学堂中有“迭科”一科，何谓“迭科”？我不在学校中，所以不懂。如学校中并无“迭科”一科，系另一字，而我翻来覆去仔细揣摩多少天，尚未想出此字究为何字来，实属烦闷。好在系此篇信，如系别种稍为要紧之信，岂不误事太甚！

行书字能写即写，如不能写，切不可杜撰。即以此信而论，此字不说，五分邮票不啻丢去，因不知所说何语也。又“习字”两字之下一字，我又捺住心细看不出何字来，殊属发闷。你能听话，并能要好，我喜甚。此次替你所说上项之话，下次务必格外注意。“迭科”以下之语，因看不明白，从新再写信来说一遍。

又你除此两字之外，文理尚看得明白，慰甚慰甚！

此信存好，以备记除不写看不出字之记念。

儿致父亲大人

一通

一九三九年四月十一日

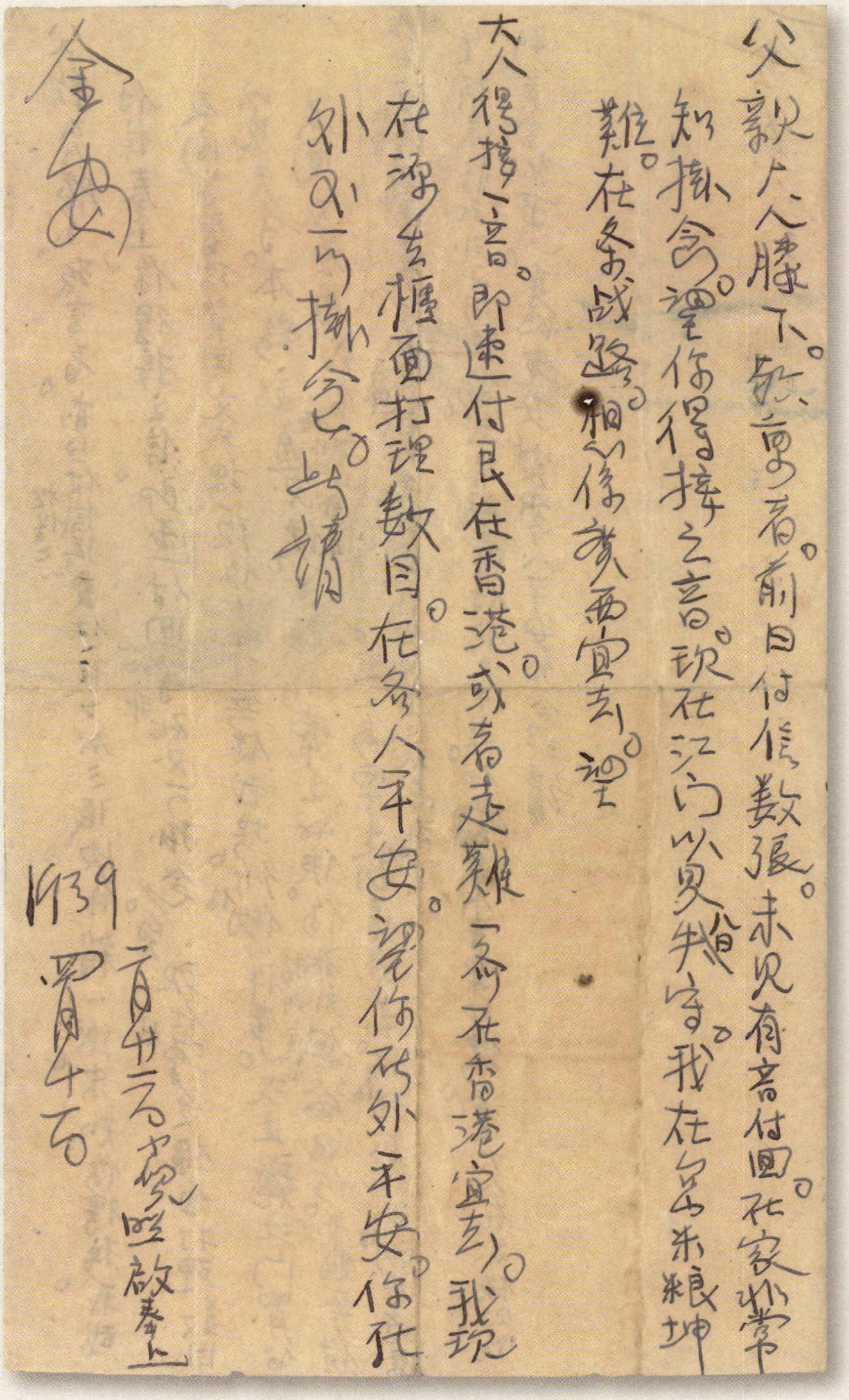

父親大人膝下。敬稟者。前日付信數張。未見有音付回。在家必常知掛念。望你得接之音。現在江门以更失守。我在鄉米粮艱難。在各战路。相信你處西宜去。望大人得接之音。即速付艮在香港。或者走難一齊在香港宜去。我現在游去槟面打理數目。在各人平安。望你在外平安。你在外不可掛念。此請

金安

兒照啟奉上

1939 四月十一

此札作于1939年，其时正值日军入侵广东，四月江门失守，撰者感慨“我在台山米粮坤难”。开头儿子对父亲所言“前曰付信数张，未见有音付回，在家非常知挂念，望你得接之音”，即指日军侵华所致。“烽火连三月，家书抵万金”，父子分居两地，唯有遥祝，“望你在外平安”。

释　文

父亲大人膝下敬禀者：

前日付信数张，未见有音付回，在家非常知挂念，望你得接之音。现在江门，以见八日失守。我在台山米粮坤难。在条战路，想系广西宜去。望大人得接一音，即速付艮在香港，或者走难一齐在香港宜去。我现在源去柜面打理数目，在各人平安。望你在外平安，你在外不可挂念。此请，

金安！

一九三九年二月廿二日、四月十一日

小儿 照启 奉上

男培基致慈亲大人

一通（附实寄封一）

一九五二年六月十四日

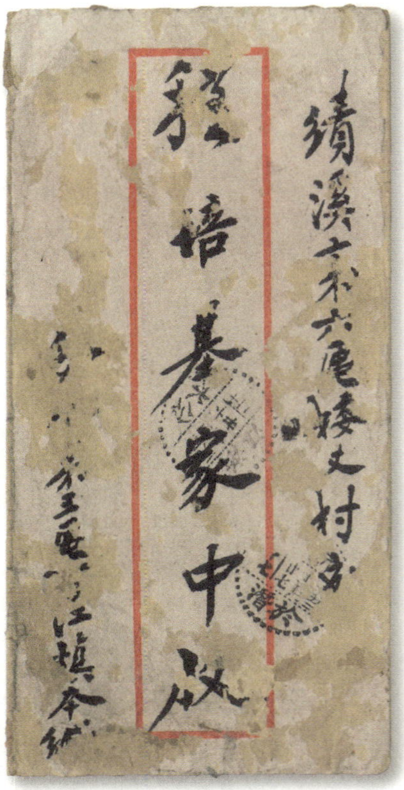

由实寄封可知，寄书者程培基，籍贯当为安徽绩溪，工作地点则在浙江桐庐分水镇。此札乃寄给其母亲大人，信中除表达对母亲之想念及问候外，又用较多笔墨谈及当时全国政治经济形势，言：“在农忙的大力开展爱国主义丰产竞赛的过程中，每个劳动人民都充满信心，来响应毛主席的伟大号召，搞好生产。尤其是参加互助组的劳动人民，表现得更团结，更有信心，来完成计划。……抱定人定胜天的信心，保证丰收，充实我们祖国的经济建设，加强抗美援朝的绵长力量。这种精神与信心，我感觉到是多么欢腾与鼓舞呀！”此为当时普通百姓之内心真实感受，对于认识新中国成立初期的社会形势，殊有史料价值矣。

释 文

慈亲大人：

你投邮寄来的信，我已收阅了。当了解家中安好，寄迹于分的我，内心是多么感慰呀！

在农忙的大力开展爱国主义丰产竞赛的过程中，每个劳动人民都充满信心，来响应毛主席的伟大号召，搞好生产。尤其是参加互助组的劳动人民，表现得更团结，更有信心，来完成计划。千斤亩，八百户，基本上首先做好了防洪防旱工作、捕虫工作，与自然灾害作斗争。抱定人定胜天的信心，保证丰收，充实我们祖国的经济建设，加强抗美援朝的绵长力量。这种精神与信心，我感觉到是多么欢腾与鼓舞呀！

母亲：你们也参加互助组吗？是否也订过生产计划？是如何推进的？小麦与菜籽的收获情况及数字，统请告之，使我得能了解部分情况，为盼。

关你所关怀，动问我数月前的背后腰部误碰桌子，骨络经过弍叁天，均有微痛。遂致自作聪明，往药铺中取了不过三个乌头以酒冲服，遽而发作，呕吐不已，天昏地倒，遍体麻木。同志们替我请医珍治，其时据医生说，脉已停止流动，幸服乌头不多。当即服鸡蛋数枚及药粉，次日服灭毒药一济，就安然如故。这就是我以后应作的警惕。现在腰部也不痛了，身体也健康，请你放心吧！此致，

敬礼！

男 培基 叩上

1952 年 6.14

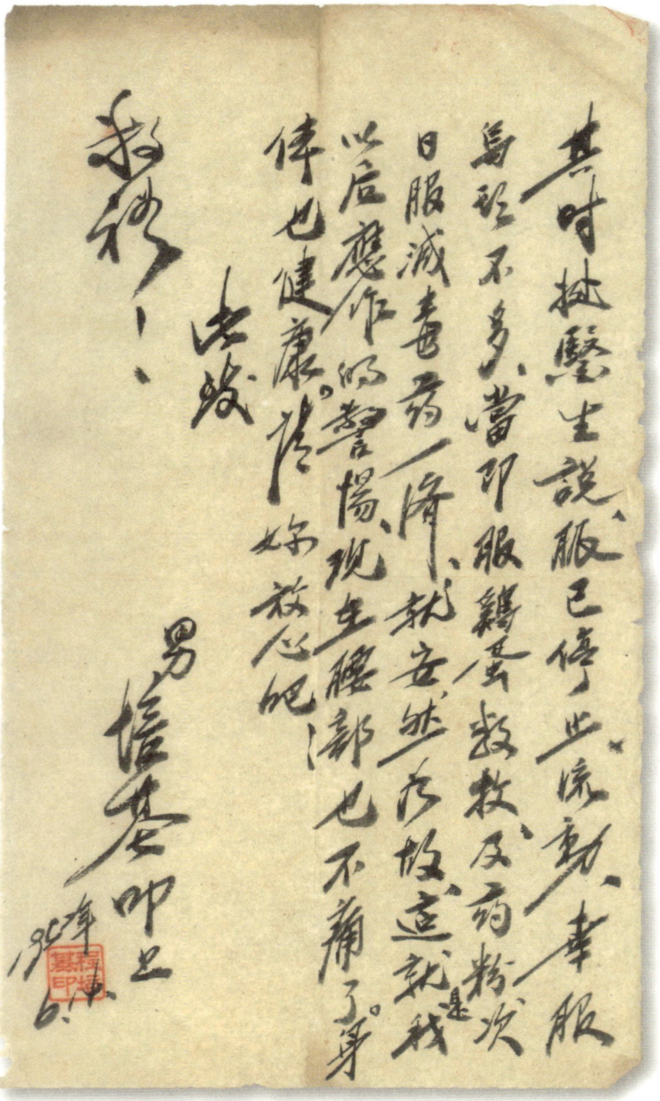
其时據醫生說、服已停止流動、幸服
烏鴉不多、當即服雞蛋數枚、及藥粉次
日服減毒藥一降、就安然、乃故這就是我
以后應作的警惕、現在腰部也不痛了。身
体也健康，請好放心吧！
此致
敬禮！！
男 培基 叩上
1950年6月

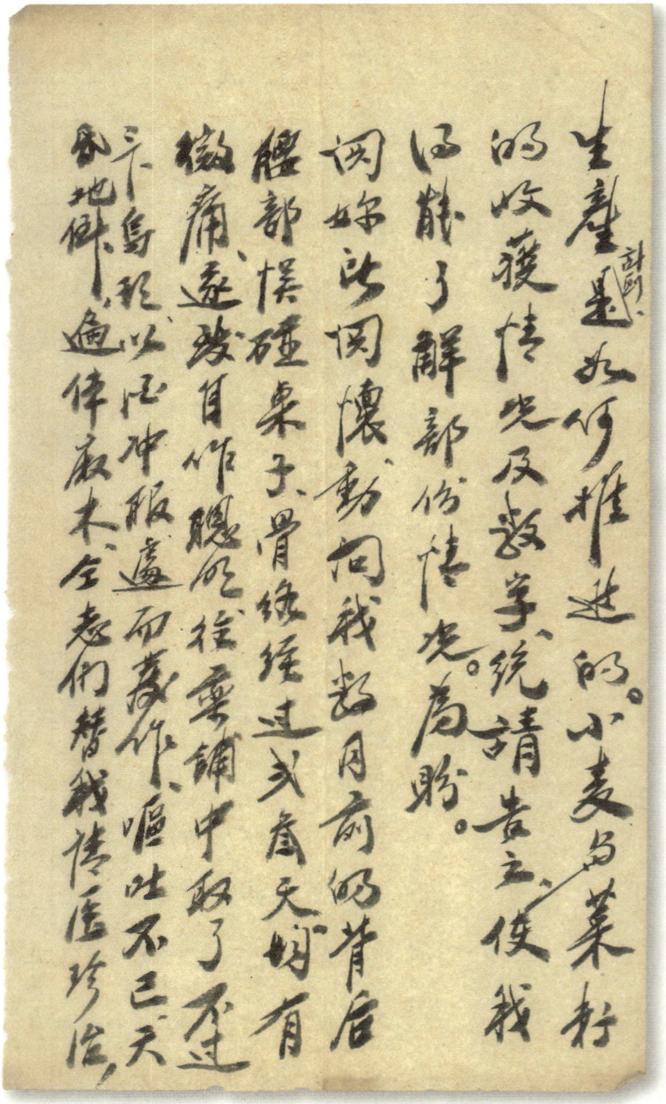
生產量如何推進的。小麥、菜籽
的收獲情况及數字、統請告之，使我
們能了解新的情况為盼。
關於你們關懷、動問我數月前的背后
腰部撞碰桌子、骨頭經過X光天有
微痛、近幾日作腹痛、往醫鋪中取了不少
三十鳥頭以后沖服，處而發作、嘔吐不已、天
各地、過了幾天，全靠們替我請醫珍治，

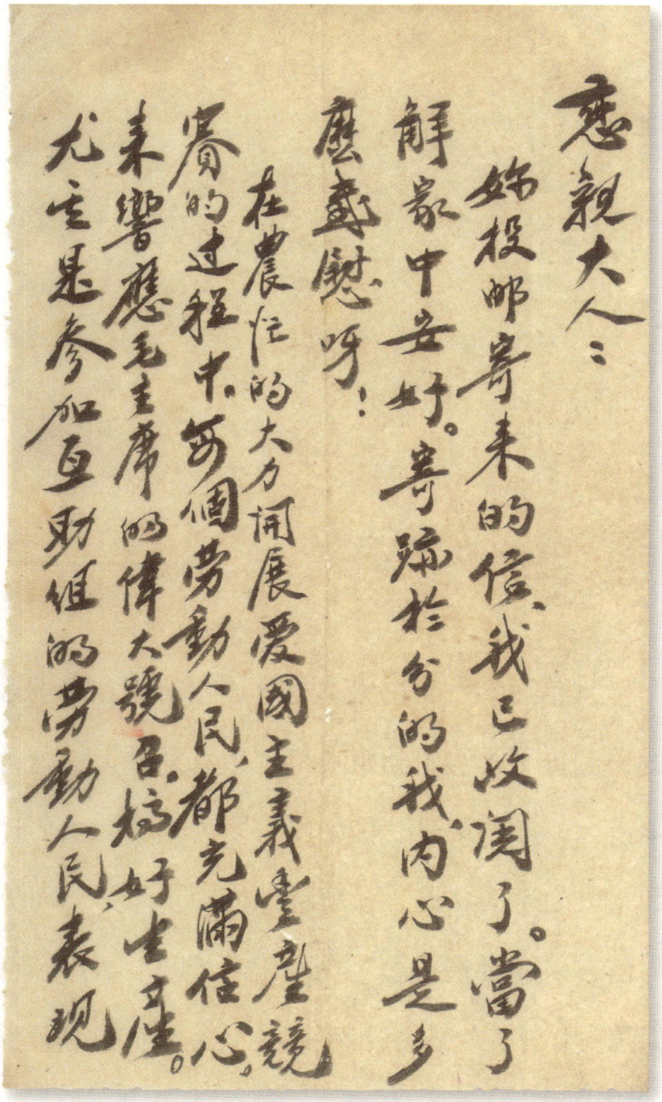

慈親大人：

您投邮寄来的信，我已收阅了。當了解家中安好。寄踪於外的我内心是多麼欣慰呀！

在農莊的大力開展愛國主義豐産競賽的过程中，每個勞動人民都充满信心，来響應毛主席的偉大號召，搞好生産。尤其是参加互助组的勞動人民表现

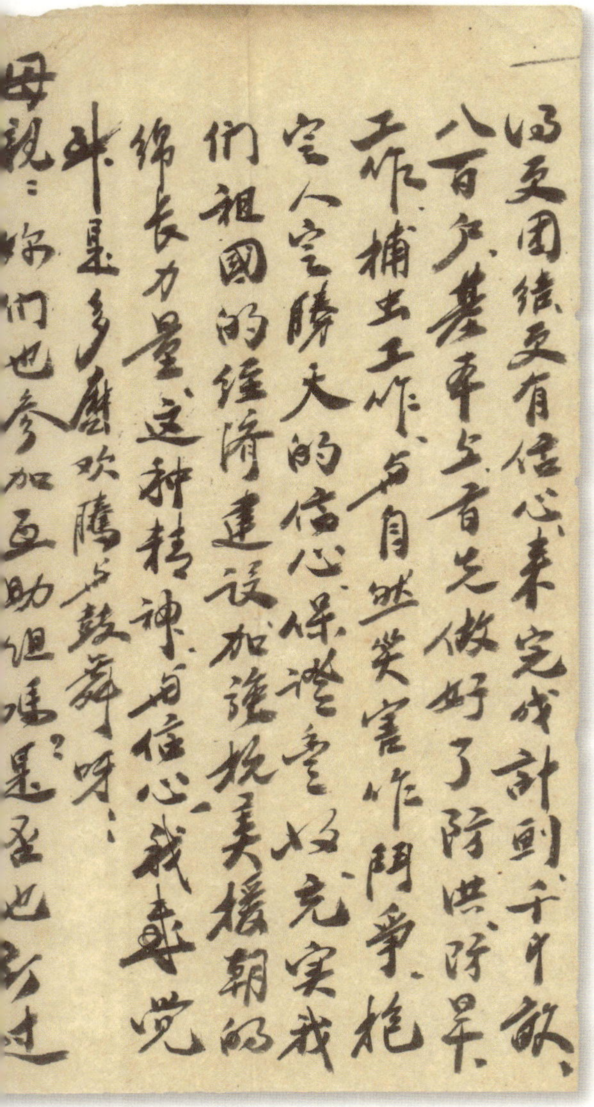

的更团结、更有信心来完成計劃，千斤畝、八百户，基本上首先做好了防洪、防旱、工作、捕虫工作，與自然災害作鬥爭，抱定人定勝天的信心，保證會收，充实我們祖國的经济建設，加強抗美援朝的綿長力量。這种精神與信心，我每覺外是多麼欢騰與鼓舞呀！

母親：你們也参加互助组嗎？是否也討过

小儿志林致母亲

二通

一九五五年五月十七日、一九五六年七月十七日

据信可知，寄书人名志林，当时正在香港跟随哥哥、姐姐和姐夫度日。哥哥、姐姐和姐夫打理生意，颇为忙碌，志林则半工半读，求学夜大，亦甚艰难。信中所言多为琐事，主要述说自己及哥哥、姐姐和姐夫之生活状况，又解释他们因生意繁忙而无暇写信，一得空便会写信，以解母亲挂念之忧。信末特嘱“请母亲不要工作太多，要多些保重身体才是”。小儿年龄虽不大，然甚为懂事知礼。

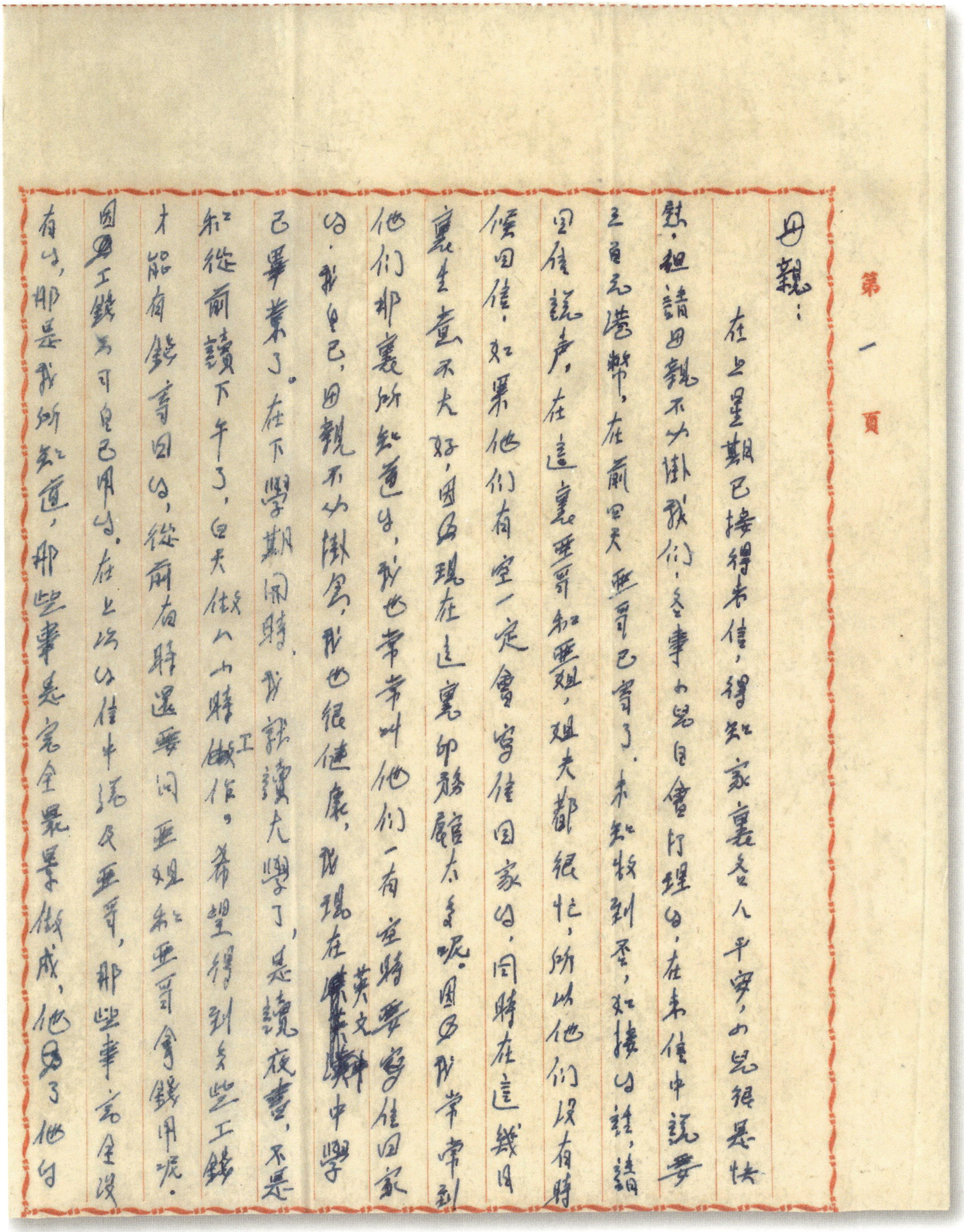

第一頁

母親：

在上星期已接得來信，得知家裏各人平安，心甚快慰。但請母親不必掛我們，各事小兒自會打理的，在來信中說要三百元港幣，在前四天亞哥已寄了，未知收到否，如接的話，請回信說声，在這裏亞哥和亞嫂，姐夫都很忙，所以他們很少有時候回信，如果他們有空一定會寄信回家的，同時在這幾日裏生意不太好，因為現在這裏的務館太多呢，因為我常常到他們那裏所知道的，我也常常叫他們一有空時要寄信回家的，我自己，母親不必掛念，我也很健康，我現在英文中學已畢業了。在下學期開時，我就讀大學了，是讀夜書，不是和從前讀下午了，白天做八小時工作。希望得到多些工錢才能有錢寄回的，從前有時還要問亞姐和亞哥拿錢用呢。因為工錢不可自己用的，在上次的信中說及亞哥，那些事完全沒有的，那是我所知道，那些事是完全是男做成，他為了他的工作做事業，生意，同時又沒有人幫忙，所有的事都是他自己來做，請母親不要誤會。小兒總說一句他們每個人所做出來的付事完全是為了戰果的不好，和沒有人幫忙。亞姐和亞哥有時常東西做時還做到天明，請不要太掛心，亞哥問母親和亞嫂可以到香港嗎，如果是可以的話，請在下次回信時告訴我們是了，請母親不要工作太多，要多些休養身體才是。敬祝

平安，

小兒
志林敬
一九五五年五月十七日

母亲：

在上星期已接得来信，得知家里各人平安，小儿很是快慰。但请母亲不必挂我们，各事小儿自会打理的。在来信中说要三百元港币，在前四天亚哥已寄了，未知收到否？如接的话，请回信说声。

在这里，亚哥和亚姐、姐夫都很忙，所以他们没有时候回信。如果他们有空，一定会写信回家的。同时在这几月里，生意不大好，因为现在这里印务馆太多呢。因为我常常到他们那里所知道的。我也常常叫他们一有空时，要写信回家的。

我自己，母亲不必挂念，我也很健康。我现在英文中学已毕业了，在下学期开时，我就读大学了。是读夜书，不是和从前读下午了。白天做做小时工作，希望得到多些工钱，才能有钱寄回的。从前有时还要问亚姐和亚哥拿钱用呢，因工钱方可自己用的。

在上次的信中说及亚哥，那些事完全没有的。那是我所知道，那些事是完全众景做成。他为了他的工作做事业、生意，同时又没有人帮忙，所有的事都是他自己来做，请母亲不要吴会。小儿总说一句，他们每个人所做出来的事，完全是为了众景的不好，和没有人帮忙。亚姐和亚哥有时多东西做时还做到天明，请不要太挂心。

亚哥问母亲和亚嫂可以到香港吗？如果是可以的话，请在下次回信时告诉我们是了。请母亲不要工作太多，要多些保重身体才是。敬礼，

平安！

小儿　志林　敬

一九五五年五月十七日

第二通作于1956年，其时志林已二十一岁。母亲挂心其婚事问题，志林回复道："但是在这个时期里，小儿更加谈不上这婚姻大事的了。因为目前我还没有多大的自立能力，和在这个社会里的情形之关系。同时，小儿还在读书，还有很多的情形母亲所未知的。总之，请母亲放心吧，到其时，小儿会自己打理的，和到时我会通知的，请母亲万万的放心好了。"

此札既可感小儿对长辈之和颜孝敬，又可感父母对儿女挂念之无微不至。"哀哀父母，生我劬劳"，其此之谓乎！

第 一 頁

母親：

您寄來的信，兒已經收到了，請勿念，兒知道母親和家嫂在家裏很忙，很少時間休息，又時常的掛念着我們。但是在這個時期，兒真是不知怎樣來安慰母親和家嫂，只是以書信來安慰，但是兒的字句又不十分通，所以知有不明之處請問明吧，同時我所寫的信要兩三天才可寫起呢。

在上次，兒收到母親的信，知道母親掛心兒的婚事問題，請母親放心吧，順然兒已經廿一了，但是在這個時期裏，兒更加談不上這婚姻大事的了，因爲目前我還沒有多大的自立能力，和在這個社會裏的情形之關係。同時兒還在讀書，還有很多的情形母親所未知的。總之請母親放心吧，到某時兒會自己打理的，和到時我會通知的，請母親萬萬的放心好了。

在每次的來信，兒都知道母親和家嫂時常叫亞哥寫信回家。兒也時常的到他那裏叫他寫信的，已不知幾多次了，但

第三頁

是很難認的，有如啞子吃黃蓮了，哥哥是知道母親和家嫂都很掛心的，但是沒法，哥哥心中雖很多寫不出來，只好等到母親，和家嫂您們到港時才和您們談個明白吧。請放心吧。

請您們到港的信是要亞哥寫的，所以這回哥哥一定都要亞哥寫的了。請家嫂和母親，您們兩人，多些休息，保重身体勿工作太多，買多些保東西吃吧。敬祝

健康。

哥哥
志林敬
七月十九日，一九五六年

母親
家嫂：、我同亞偉強，還記得您否，他說還記得，記得從前您們給東西他吃，和在麥村過夜時和二婆睡呢。他到大陸現在已經讀書了。上午漢文，下午英文，請勿掛念他很健康活潑。

志林敬

第二頁

是總不見他回信，每次和他談不上幾句，他就發皮氣了，因為他的皮氣很不好，這使到小兒不知氣好還是笑好，只有我自己的心有說不出的痛苦和對不起您們。但是在這次小兒相信他一定有信回了。在小兒相信他現在是為着生意，因為他在過去曾經幾次的生意失敗，和很多事情的和環境把他打擊之過。在這一點相信母親和家嫂您們還不清楚的，小兒想把他那過去幾年的事寫下來，可是我寫不通，還是等到見面時說的好。不上面所說的大約是這樣，使到他時常發皮氣和性情不好的原因。不過請母親和家嫂放心，在這個月裏我一定要他有信回的，請不要掛心。

我們現在的生活都平定一點了，小兒是照常的日間做工夜晚讀書和從前樣，只有家姐和家兄兩人很忙，因為他們每個人都有各人的生意做，所以一定忙些了。所以一時很難有很長的時間來寫信。但是上面說亞哥在這個月內一定有信回的了，小兒一定要他寫的了。母親不時常問及亞哥的事，小兒真

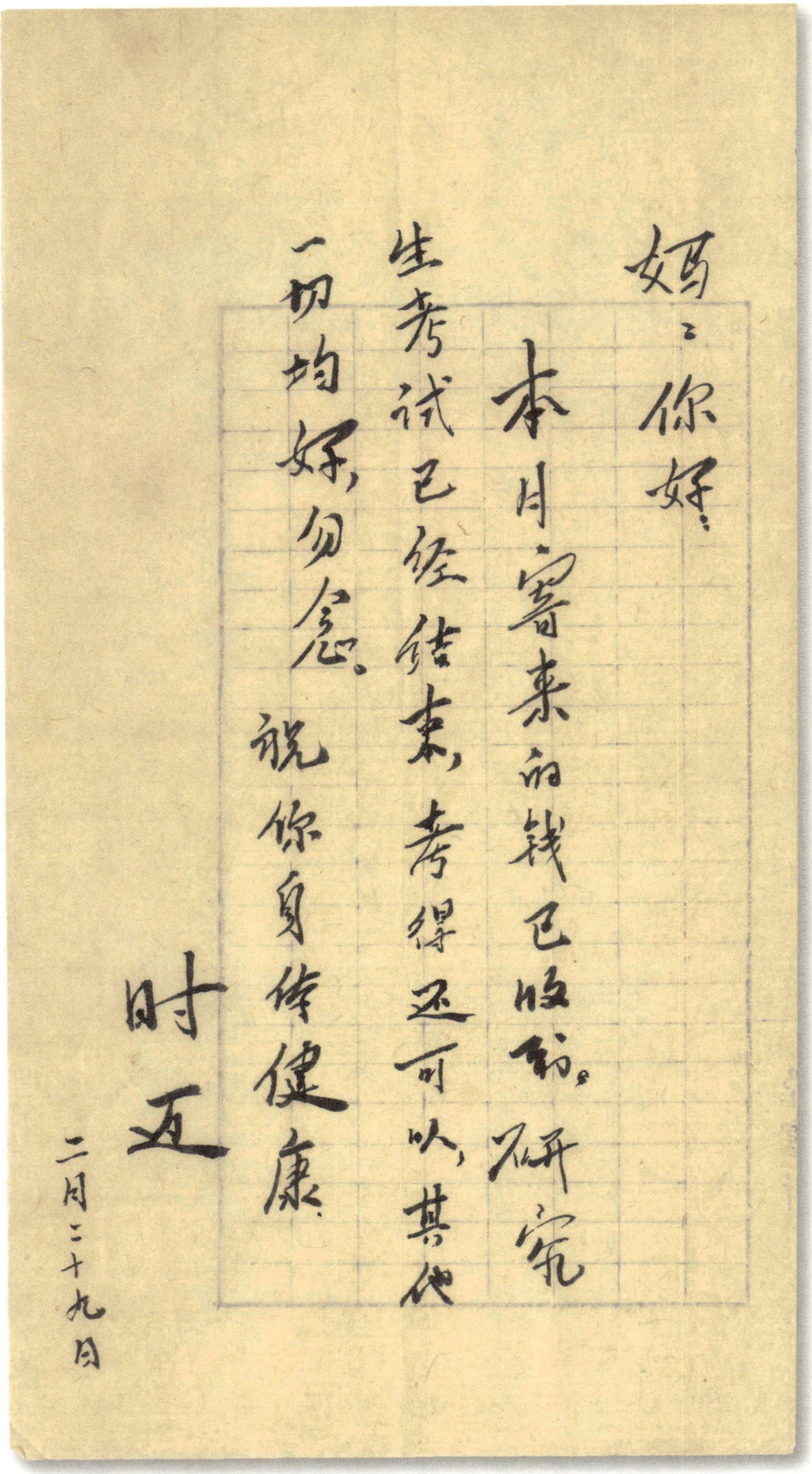

娟娟你好：

本月寄来的钱已收到。研究生考试已经结束，考得还可以，其他一切均好，勿念。

祝你身体健康

时迈

二月二十九日

儿时迈致母亲

一通（附实寄封一）

一九八四年二月二十九日

据信可知，时迈其时就读于中山大学外语系，信中言“研究生考试已经结束，考得还可以”，知其应为大学四年级，准备毕业。信函内容精简，唯祝母亲身体健康，报道平安。

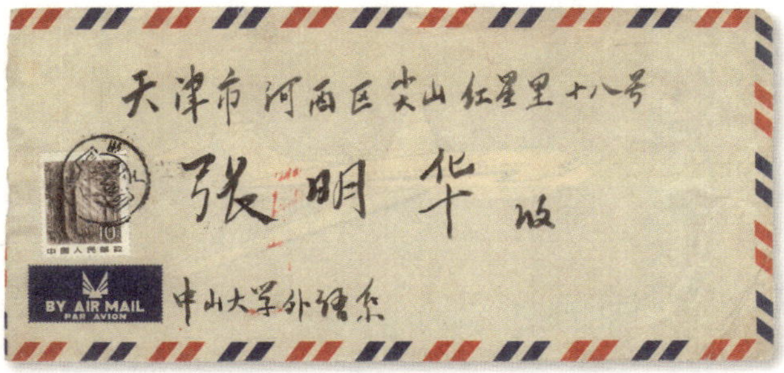

兄弟天伦，手足情深。《诗经·常棣》尤重兄弟伦常，时人以为『凡今之人，莫如兄弟』，又云『兄弟阋于墙，外御其务』。此类信札，主要表现兄弟姐妹在血缘上之手足深情，以及生活和事业上之相互扶持，以强调『兄友弟恭』之伦常意义。

百年家书

二

凡今之人，莫如兄弟

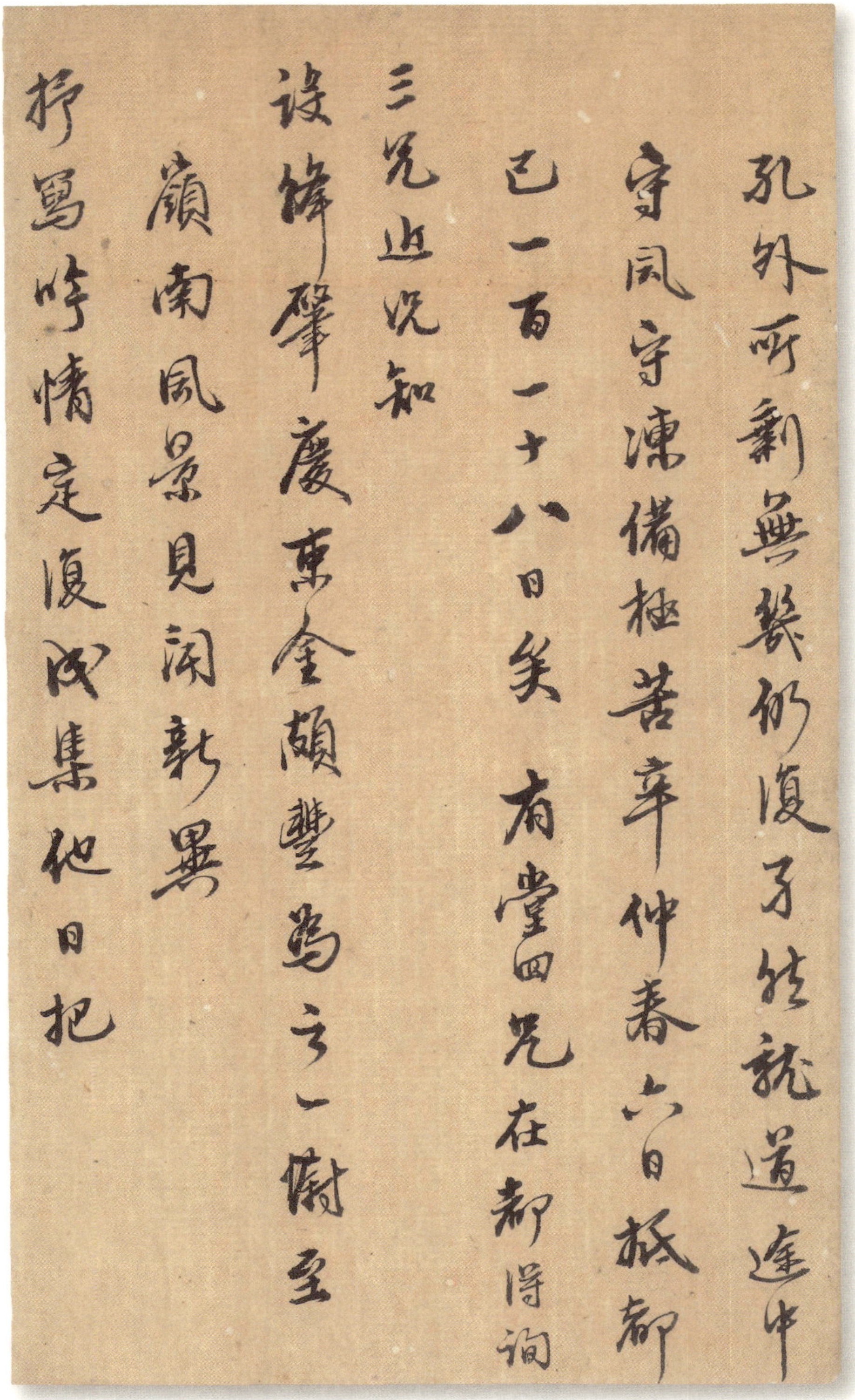

孔外所剃無髮仍復另結就道途中
守風守凍備極苦辛仲春六日抵都
已一百一十八日矣　有堂四兄在都得詢
三兄近況知
諗悉肇慶束金頗豐爲之一慰至
嶺南風景見聞新異
抒寫時情定復成集他日把

兄弟通信（残页）

一通

约清末

此札得自沪上藏家，上款及撰者不详。信中提及“孑然就道途中，守风守冻，备极苦辛。仲春六日抵都，已一百一十八日矣”，其中之“都”，当指北平；又述说堂四兄、三兄近况，提及广东肇庆，既可见兄弟音气之互通，又可见肇庆经济之发达，亦可见岭南风景之迥异北方，更可见撰者有感而吟情之风雅，令人歆羡。

释　文

……孔外所剩无几，仍复孑然就道途中，守风守冻，备极苦辛。仲春六日抵都，已一百一十八日矣。有堂四兄在都，得询三兄近况，知设绛肇庆，束金颇丰，为之一慰。至岭南风景，见闻新异，抒写吟情，定复成集。他日把……

弟永年致圭璋宗兄

二通

——

民国

信札两通，上款皆为“圭璋宗兄”，落款皆为“弟永年”。信中屡提及“申行”及利息、俄币诸事，盖与商业相关。永年在“申”，圭璋宗兄在东北“崴地”（或为海参崴），遥隔数千里。函中又屡提及“哈尔滨”，且均写“滨”作“浜”，似为清末民初惯例；又提及中、日、俄之间交争，可知其时中国政治形势大势。

第二通中，弟言及商场复杂，生意难做，故需要圭璋宗兄之鼎力帮助，乃言：“憔急万分，一切请兄台谨慎尽力进行。”

又，第一通撰写时间在“丁巳年”，或为公元 1917 年矣。

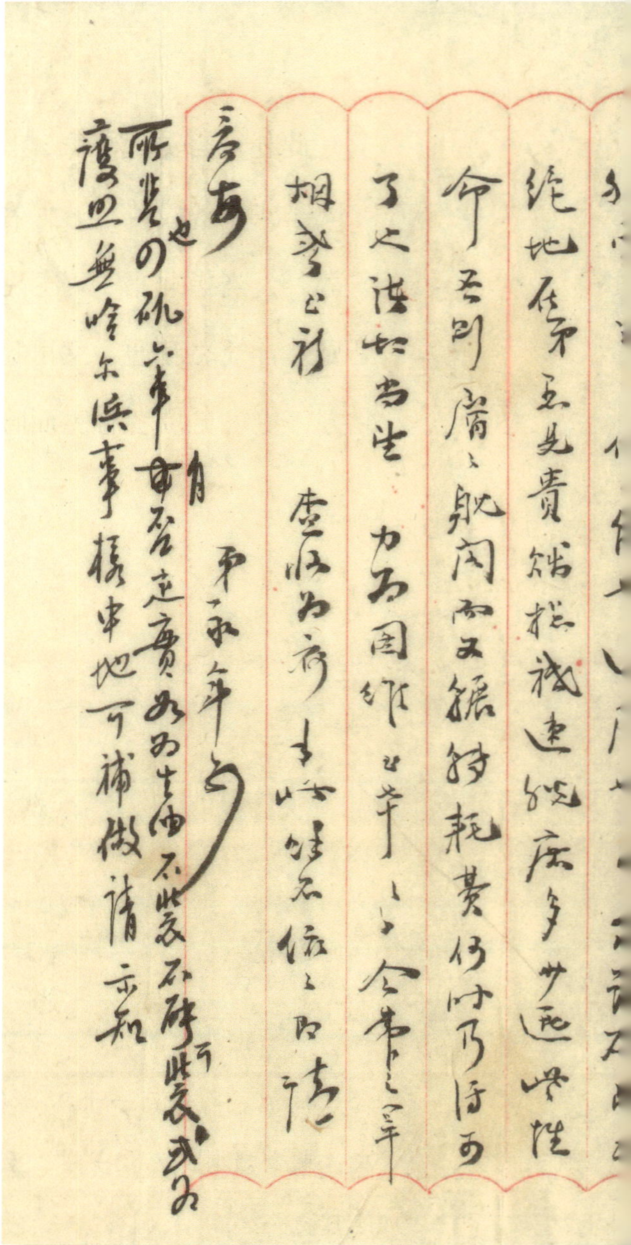

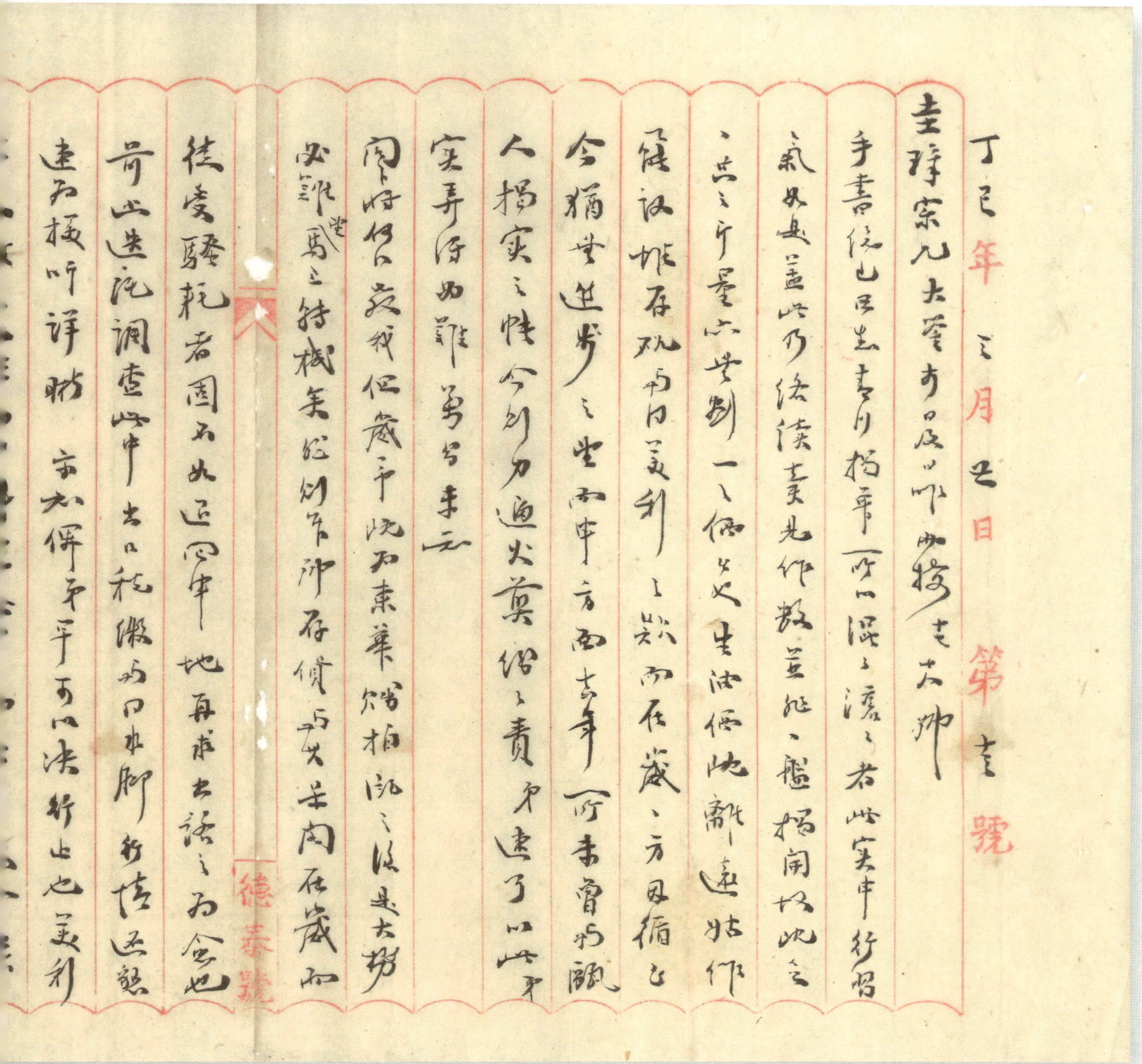

与其呆阁在崴而徒受骚耗者，固不如退回申地再求出路之为愈也。

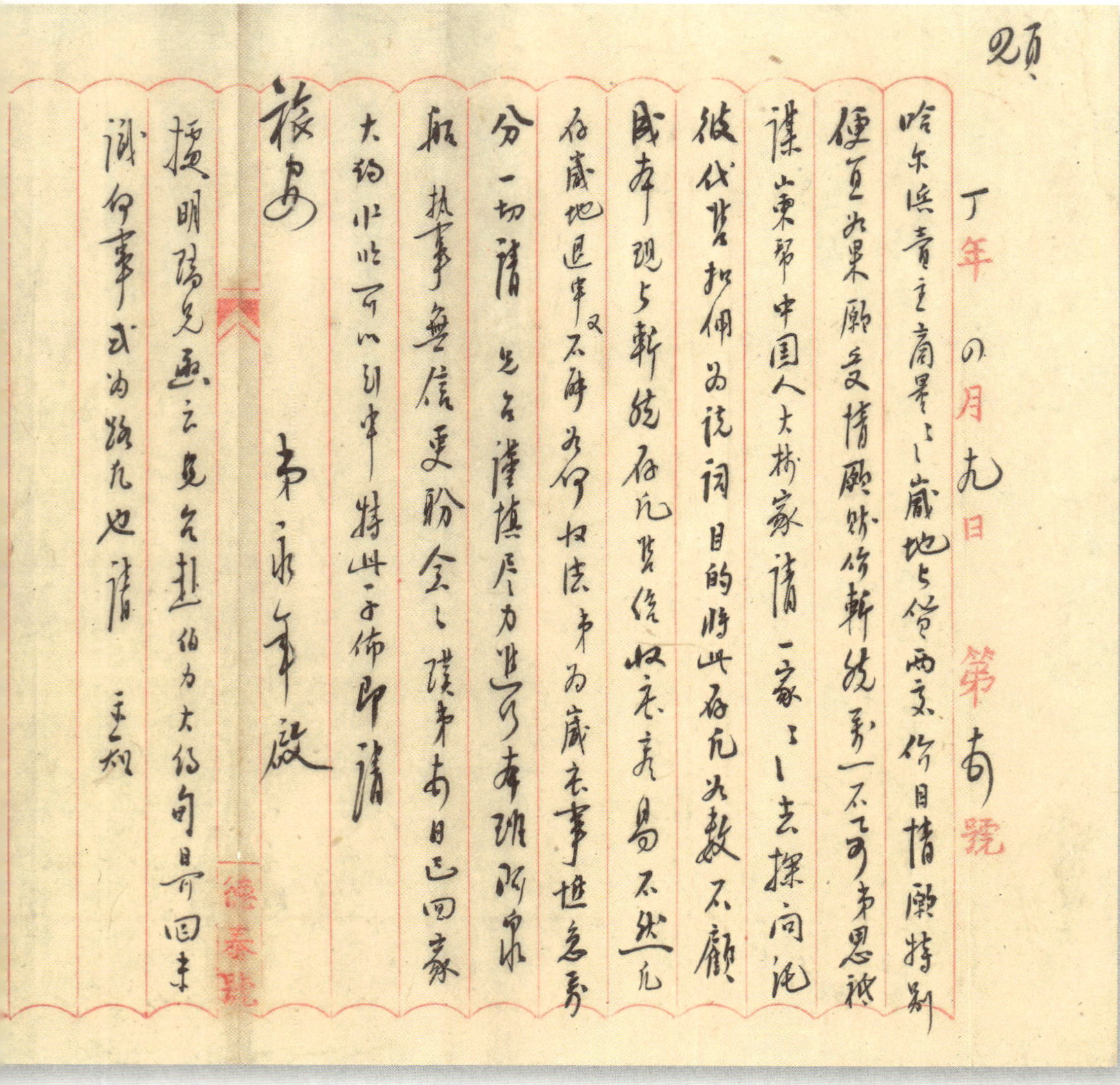

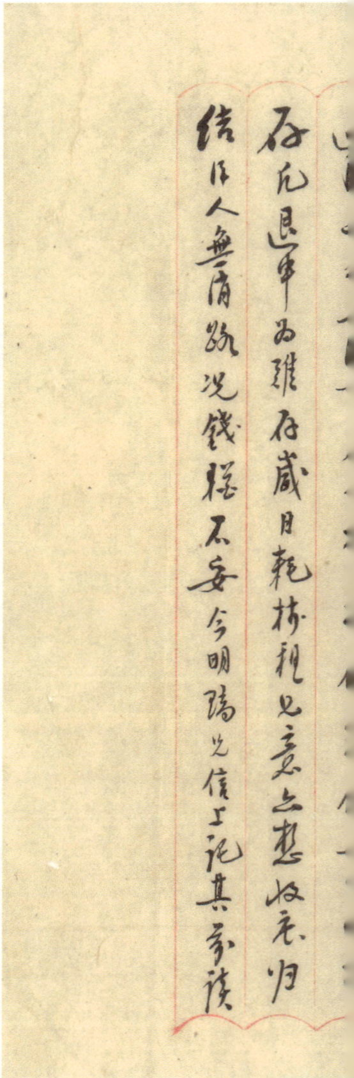

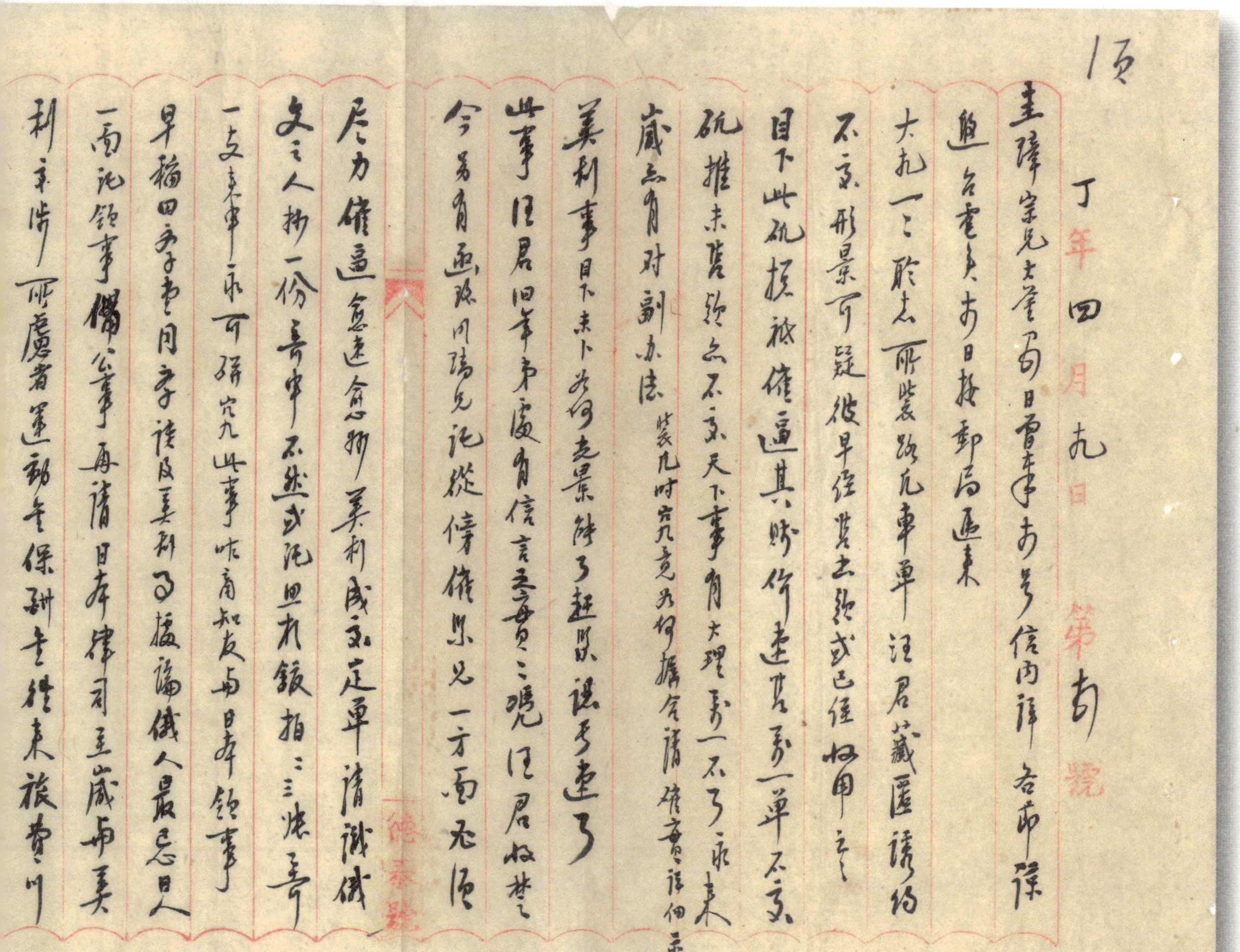

兄长与士鉴贤弟通信

二通

——

民国

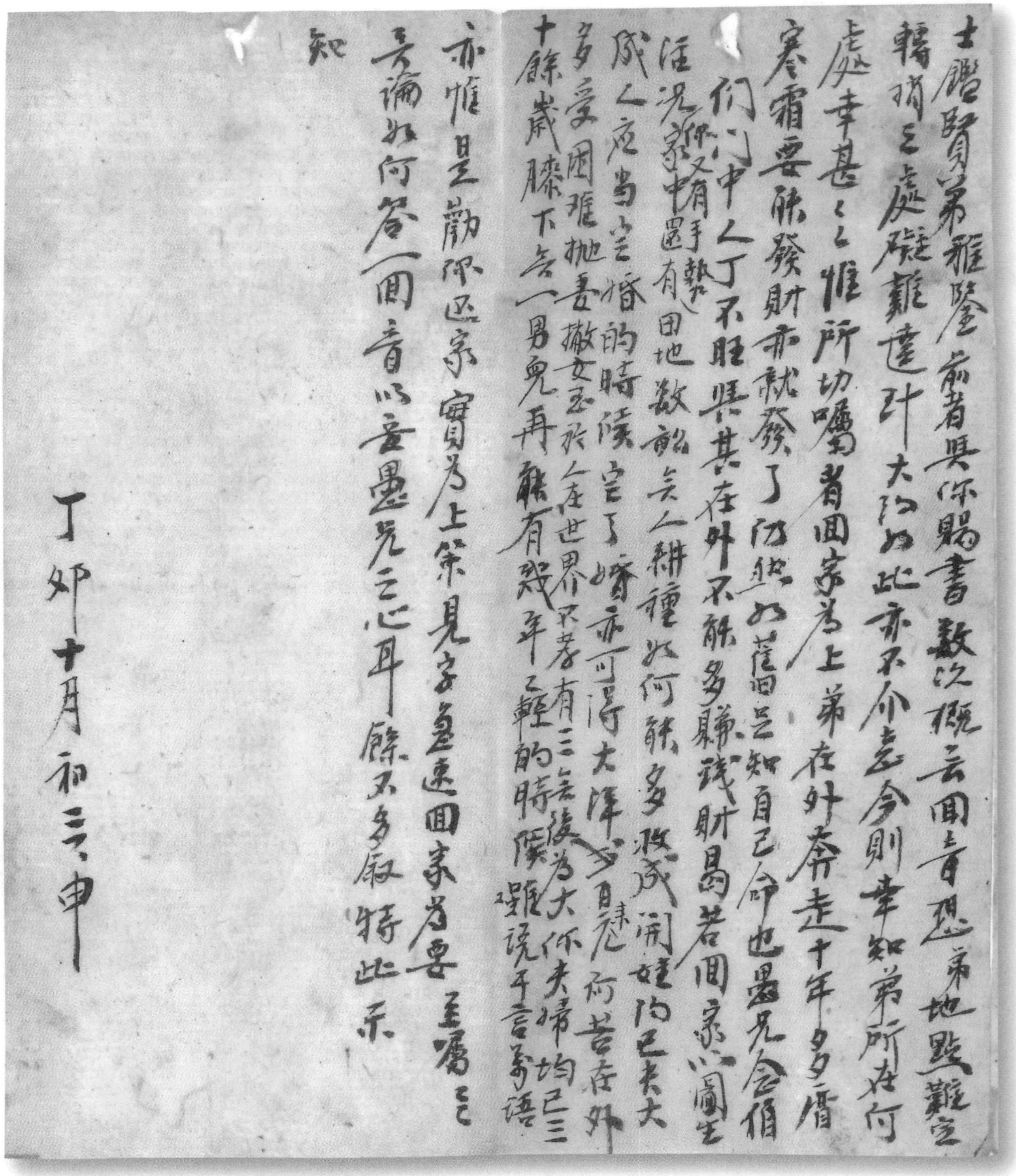
士鑑賢弟雅鑒：前者具你賜書數次，概云回音，恐弟地點難定
轉損之處，難達，計大約如此，亦不介意。今則幸知弟所在何
處，幸甚幸甚。惟所切囑者，回家為上。弟在外奔走十年多，嘗
寒霜，要除發財亦就發了，仍然如舊，只知自己命也。愚兄念佰
們門中人丁不旺，與其在外不能多賺錢財，曷若回家以圖生
活。況你家中又有手藝，還有田地數畝，無人耕種，如何能多收成。閏娃今已長大
成人，應當完婚的時候，完了婚，亦可得大洋，自種所苦存好
多。受困難拋妻撇女丟於人，在世界不孝有三，無後為大。你夫婦均已三
十餘歲，膝下無一男兒，再能有幾年之輕的時候，難說千言萬語
亦惟是勸你返家，實為上策，見字急速回來為要，至囑至囑。
未諭如何，答一回音，以安愚兄之心耳。餘不多敘，特此示
知
丁卯十月初三日申

此宗信札得自“孔夫子旧书网”，据店主言，其本人为山西长治人，信札购自山西沁源乡下。从信函内容看，当为兄弟间之通信。上款人“士鉴”其时在东北做生意，多年未归，兄长寄书言明家中境况窘迫，劝其不要“抛妻撇女”。又言：“至于人在世界，‘不孝有三，无后为大’。你夫妇均已三十余岁，膝下无一男儿，再能有几年年轻的时候？虽说千言万语，亦惟是劝你还家，实为上策。”由此亦可见时人之家庭观念，以及其时商业之难为，故此札亦可算晋商之重要史料矣。

此通落款为“丁卯”，公元纪年或为1927年。

释　文 / 第一通

士鉴贤弟雅鉴：

前者与你赐书数次，概无回音。想弟地点难定，转捎之处碍难达计，大约如此，亦不介意。今则幸知弟所在何处，幸甚幸甚！

惟所切嘱者，回家为上。弟在外奔走十年，多历寒霜，要能发财亦就发了，仍然如旧，足知自己命也。愚兄念咱们门中人丁不旺，与其在外不能多赚钱财，曷若回家以图生活？况你又有手艺，家中还有田地数亩，无人耕种，如何能多收成？

开娃均已长大成人，应当完婚的时候，完了婚亦可得大洋弍百来元。何苦在外多受困难，抛妻撇女。至于人在世界，“不孝有三，无后为大”。你夫妇均已三十余岁，膝下无一男儿，再能有几年年轻的时候？虽说千言万语，亦惟是劝你还家，实为上策。

见字急速回家为要，至嘱至嘱！无论如何答一回音，以安愚兄之心耳。余不多叙，特此示知。

丁卯十月初三，申

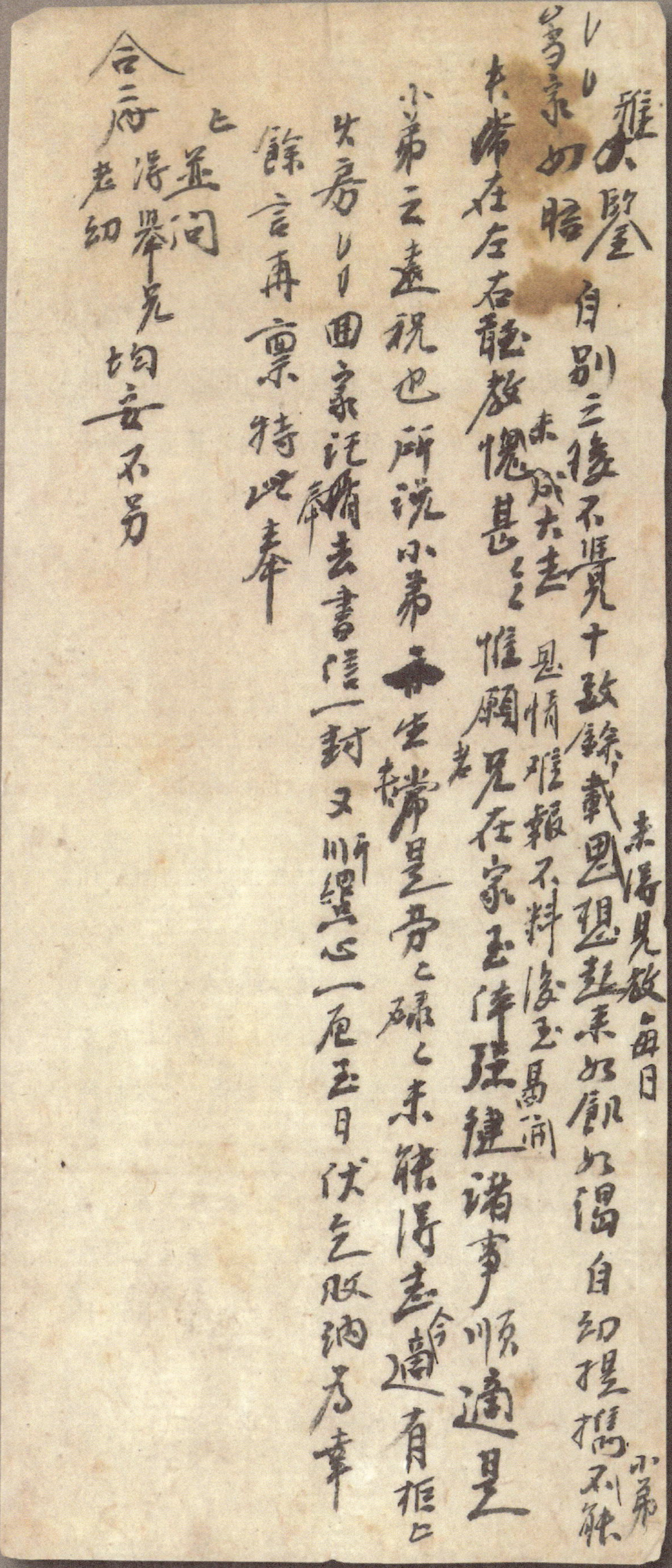

雅大鉴 自别之后不觉十数馀载思想起来如饥如渴自幼提携小弟不能未得见教每日
々々寓家如晤
大哥在左右听教愧甚々々未成大志恩情难报不料后玉昌闹惟顾兄在家玉体康健诸事顺适是者
小弟之远祝也所说小弟生意常是哥々照々来能得志合适有拒々
失房々々回家托请带去书信一封又所缮心一函玉日伏乞收纳为幸
馀言再禀特此奉
々并问
合府老幼得举兄均安不另

弟士鉴之回复颇为简洁，唯表达歉意愧意，言："每日思想起来，如饥如渴。自幼提携小弟，不能夫常在左右听教，未成大志，愧甚愧甚！"常年不归，或因生意惨淡而有难言之隐也。

释　文 / 第二通

□□雅鉴：

当家如晤。自别之后，不觉十数余载未得见教，每日思想起来，如饥如渴。自幼提携小弟，不能夫常在左右听教，未成大志，愧甚愧甚！恩情难报，不料后至隔开。惟愿兄在家玉体强健，诸事顺适，是小弟之远祝也。

所说小弟一生，常是劳劳碌碌，未能得志。今适有柜上火房□□回家，托奉去书信一封，又□□点心一匣，至日伏乞收纳为幸。余言再禀，特此奉上，并问合府（得举兄、老幼）均安。不另。

廿日 又致前亭函

昨日發寄一函，想承在達。未審台端今接到吾弟來函並叶謙諒先生抄下呈件，讀悉之下，殊深駭異。王大宬存心深惡，既已言明我與閣下隱忍之款，當據事實聲敘，將長圖並其詐我取財之風聲訴及閣下，說明存款往來，費手續，再查考何以與王大宬兩理，我何出面，何得由洪佛矢先生抄其根稿一則，寄甬請付良翰之先生與對方律師談做，察根自是一種離授情理者。 弟擬速將該項根稿及與該案有關係之一切文件全部檢出寄交到府之日，由甬法我契心齋須檢之補投證用，不易抄一份寄下，用爱函葉謙諒先生存備，存請收下，轉致葉謙諒先生爲荷，至禱。

附葉抄呈件二份

案來後之時不及檢送，請先留報紙，檢出弟信保持[illegible]

北法泰

一

兄沧亭致胞弟荷亭、信亭

四通

民国二十二年

四通信札，皆兄长致函胞弟。兄名沧亭，三弟名荷亭，五弟名信亭。信函多谈及生意之事，致五弟信亭之函则告知将离沪赴粤安排。兄弟之间声气相通，多所鼓励扶持。

第一通信末有印章落款，交代写信时间，为“中华民国廿二年十一月廿六日”，则书信撰于公元1933年矣。

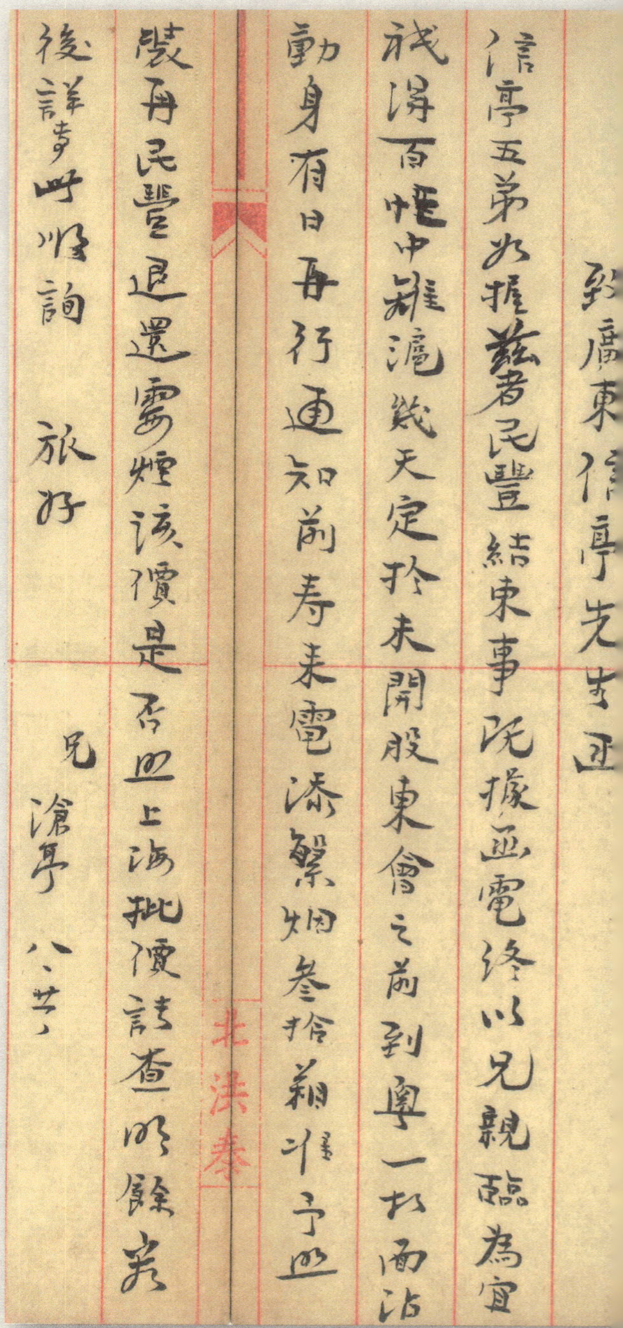

致廣東信亭先生函

信亭五弟如握：茲者民豐結束事既據函電終以兄親臨為宜，祗得百忙中離滬幾天。定於未開股東會之前到粵，一切面洽。動身有日，再行通知。前壽來電添繁烟叁拾箱，准予照裝。再民豐退還霉煙，該價是否照上海批價？請查明，餘容後詳。專此順詢，旅好

兄 滄亭 八·廿一

释 文 / 第二通

致广东信亭先生函

信亭五弟如握：

兹者民丰结束事既，据函电，终以兄亲临为宜，只得百忙中离沪几天。定于未开股东会之前到粤，一切面沾。动身有日，再行通知。

前寿来电，添繁烟叁拾箱，准予照装。再民丰退还霉烟，该价是否照上海批价？请查明，余容后详。专此顺询，

旅好！

兄 沧亭

八 · 廿一

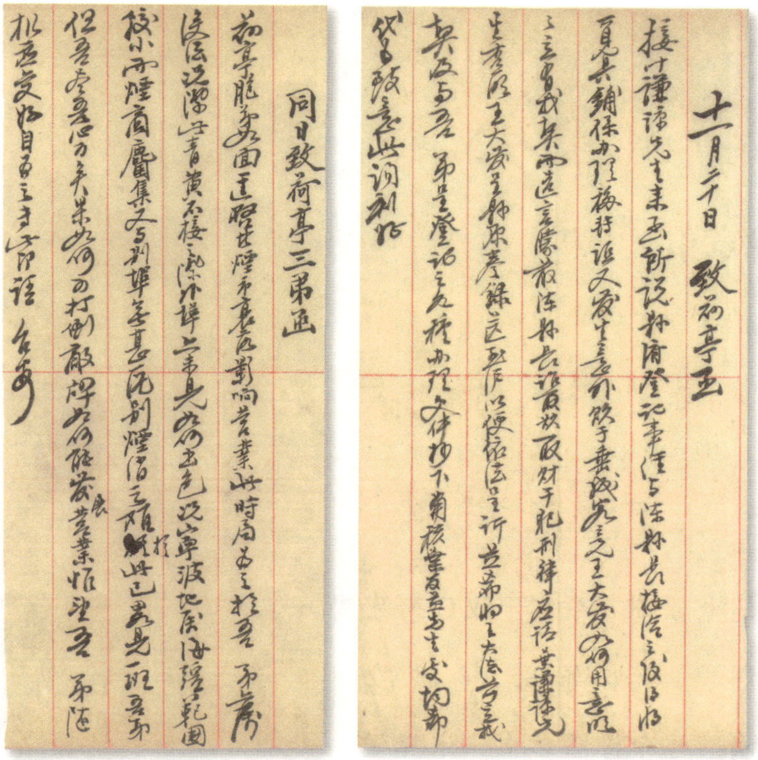

释　文 / 第四通

同日致荷亭三弟函

荷亭胞弟如面迳启者：

烟市衰落，影响营业。此时局为之，于吾弟亦属没法。况际此青黄不接之际，外埠亦未见如何出色。况宁波地属海疆，范围较小，而烟商麕集又与别埠无甚区别，烟消之难，于此已略见一班。吾弟但吾尽吾心可矣，果如何可打倒敌牌，如何能发展营业？惟望吾弟随机应变，好自为之。专此即请，台安。

由函知，三弟荷亭在宁波遇“烟市衰落”之困境，兄长乃寄书劝慰，鼓励打气，诚可感兄长之亲情与责任。

姊致龙章弟

一通（附实寄封一）

民国

书信上款周龙章，于汉口警察局教练所任职。其姊寄书，言“甥女自上月起病，至今诊医多人，未见效，耗去洋数十元。……手中有数之洋均告罄尽”，故希望弟念手足情深而速筹款，以解燃眉之急，又特嘱“阅信切勿延迟”，情辞颇恳切矣。

又，姐姐之用语及书法，均平正典雅，殊可称道也。

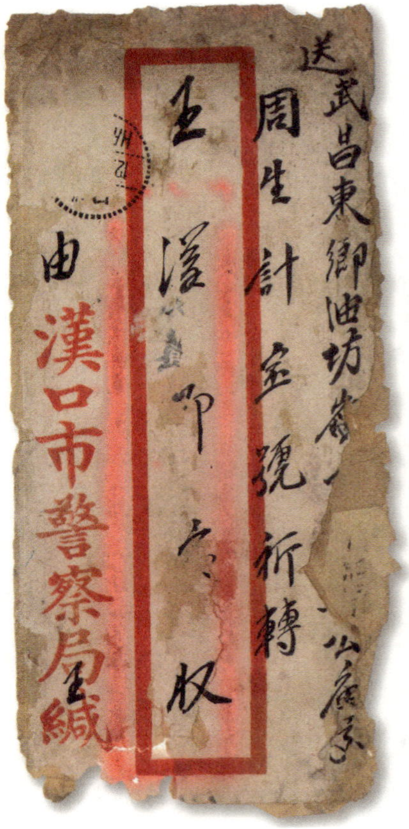

释 文

龙章弟鉴：

前函谅已收到，甥女自上月起病，至今诊医多人，未见效，耗去洋数十元。中西医院均诊过，依然未好。手中有数之洋均告罄尽，汉卿全不负责。□□骨肉连皮，不能不管。但现在告贷无门，情形难堪。望弟念手足关系，速代挪洋□元带汉，以资应用诊病。望阅信切勿延迟，有无请先来信。念在姐弟，余不多述，并问安好，阖族均安。

姊 言

八·廿九

来信请寄：府南一路450号沈姓转。

有勋所借之款，请弟向有功速要带汉。如不还，速来信。

①“罄”，原作“馨”，或误，据文意改。

阅信切勿延迟有暇请先来信

念在姊弟份不多述並问

安好

姊言　八、廿九

阖府均安

来信请寄南府路450号沈姓转

有勋所借之款请弟向有功速还要带信

务不要迟速来信

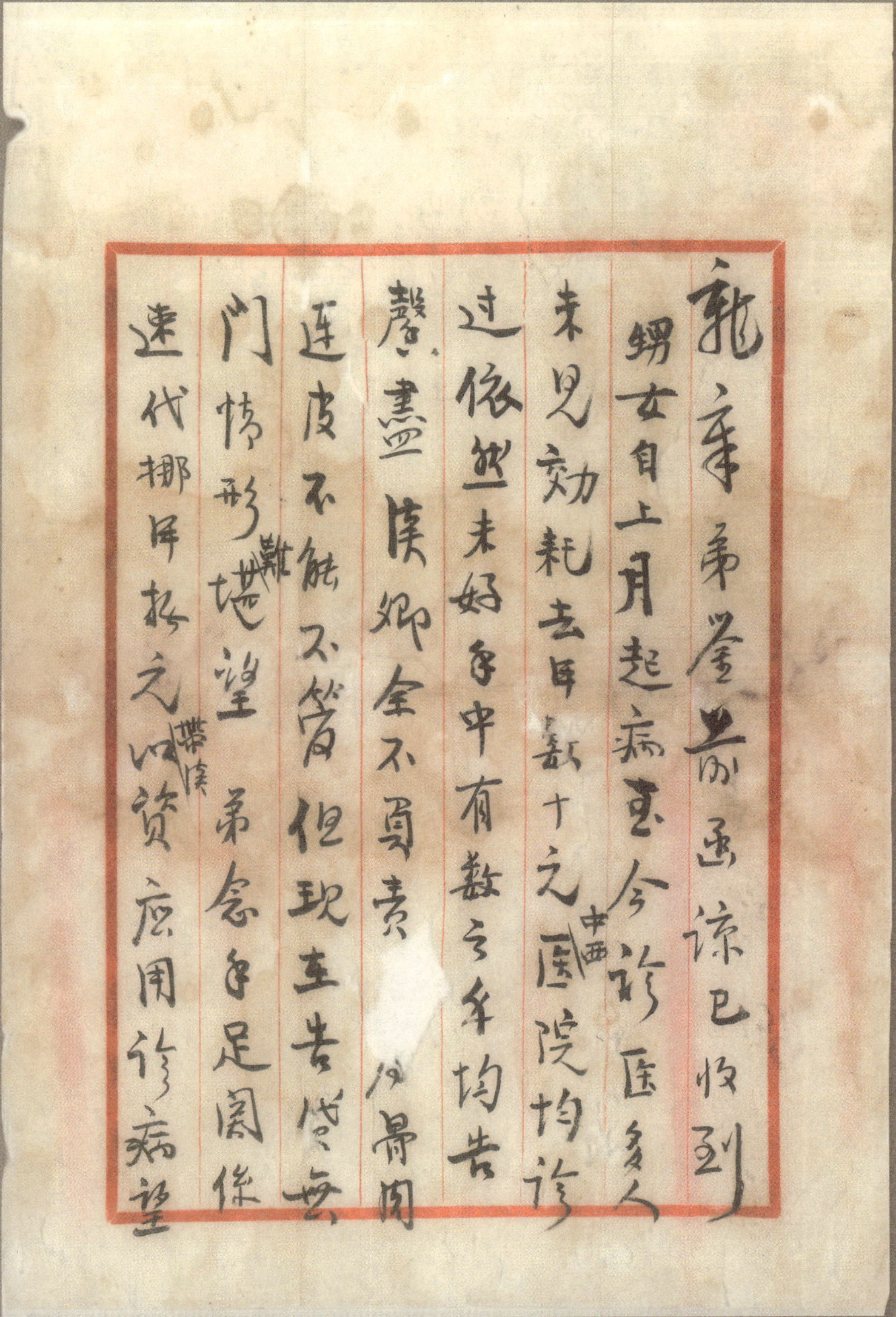
乾年弟鉴：前函谅已收到。锡女自上月起病至今，诊医多人，未见効，耗去年数十元，中西医院均诊过，依然未好，手中有数之钱均告罄。尽侯卿全不负责，以骨肉连皮，不能不管，但现在告贷无门，情形难堪，望弟念手足关系，速代挪洋拾元，以资应用。诊病望貴姻〻粧次自二月叨擾以後倏忽數月之隔不知姻〻康健否 弟心甚掛念 啓者去歲年底承先借款一事言定今春小收付还怎奈大小麥收程減少不能還來上月三哥來漢 弟因為洋（已在至七八元）數不敷故未帶漢今兹由本月十八日請託生計帶洋拾圭元在胡德衡初先生處不知姻〻可曾收到（否則賜一回音以免憂慮）前日忽接來函所言外甥患病至今愈否 再者王漢卿款項一月日後面談可也餘不多敘 敬請

粧安

古曆五月廿七日 周龍章 頓首

弟龙章致贤姐

一通

——

民国

龙章弟致函贤姐，言辞亦甚典雅。“妆次”“妆安”二语，亦上款为女性书信之规范用语。弟弟言“倏忽数月之隔，不知姐姐康健否？弟心甚挂念”，乃出乎姐弟之真情。又交代诸项事宜办理情况，以慰贤姐之牵挂。

释　文

贤姐姐妆次：

自二月叨扰以后，倏忽数月之隔，不知姐姐康健否？弟心甚挂念。启者去岁年底，承光借款一事，言定今春小收付还，怎奈大小麦收程减少，不能变卖。上月三哥来汉，弟已左至七八元，因为洋数不敷，故未带汉。今又由本月十八日，请托生计带洋拾壹元，在胡衡初先生处，不知姐姐可曾收到？否则赐一回音，以免忧虑。

前日忽接来函，所言外甥患病，至今愈否？再者王汉卿款项一事，日后面谈可也。余不多叙，敬请，

妆安！

古历五月廿一日

周龙章 启

母亲大人之贵恙近来好否请代为请安及姐姐、
嫂嫂安好 近来很忙 缘根在会社担承月底决算 乃
更名为农产公社 刻已就绪 以前所有之同僚尚在
忙极殊难详知 专此敬颂
近安

男 子家驹叩上
八月十八晚十点

存之名辖勤务之名 裙裁着留存根核征合张仲□君转
新京主店经理所遣一席 由新京本社调查科赵纪三君（系旧家北巷子人）
接任该处同张人员全未更动 薪水一节 对向高要发
表来月为暂许可 每人五月才留给保证下
月许可下来时必须、孩年上不误 三之后 方已购廿大雁上
此请 叶商已收 家中秋田如何

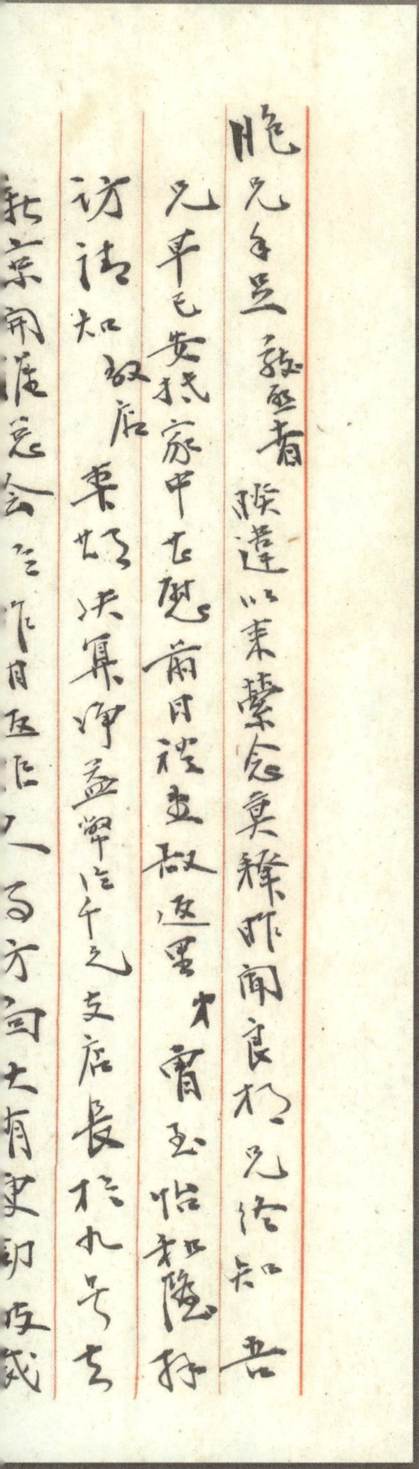

弟致胞兄

一通

——

民国

此札乃弟写与胞兄，抬头言："胞兄手足敬启者，睽违以来，萦念莫释。昨闻良想兄，终知吾兄早已安抵家中，甚慰。"又于末尾问询家事及交代近况，言："家中秋田如何？母亲大人之贵恙近来好否？请兄代为请安，及姐姐、嫂嫂等。弟迩来很忙，缘粮食会社于本月底决算，乃更名为农产公社，刻已就绪。以前所有之关系，尚在急极办理，请知。"

此非客套语，诚手足情深，亦可感一家和睦融洽，其乐融融矣。

家庭为国家之本，夫妇为人伦之始。《易传》有云：『男女正，天地之大义也。』《中庸》亦云：『君子之道，造端乎夫妇。』此类收录相关信札十余通，以见夫妇之间相濡以沫、相敬如宾之亲情与态度，借以强调婚姻、家庭在社会构成中之重要地位。

百年家书

二

君子之道，造端夫妇

景行堂李用箋

思賢
敬二兒知悉爾母連日因傷風咳嗽飲食不香夜卧咳喘更甚今午後睡小覺忽然痰迷抽痰不能說話叫她祇能答允而已心裏明白日來每思念思賢請李康田醫生診治服藥如能挽回臨时不會發烈恐难痊見信望你姊及你速回南京一行特示此諭

父字 十二、十五

父亲致思贤、思敬二儿

二通

——

民国

此二札为父亲致二子信函，首通语气急迫，告知其子母咳喘病情危重，觉“恐难痊”，故寄书要二子“见信望你姊及你速回南京一行”。

修第二通书信时，其妻已经亡故。父亲致思贤儿，言曾去过亡妻坟上两次；又言：“尔母月的百日，上海在静安寺做佛事，亲友到得很多，总算有场面。尔母在天有灵，一定很快慰的。”夫妻之深情，亦颇可感知矣。

释　文 / 第一通

思贤、思敬二儿知悉：

尔母连日因伤风咳嗽，饮食不香，夜卧咳喘更甚。今午后睡小觉，忽然痰迷，抽痰不能说话，叫她只能答允而已，心里明白，日来每思念思贤。请李康田医生诊治服药，如能挽回，临时可愈，否则恐难痊。见信望你姊及你速回南京一行，为父此谕。

父　字

十二·十五

景行堂李用箋

思賢兒知悉久未通信念念我近來身体甚好午後無甚事做看看小牌常在家中不大出外走多路遠無此精力到坟上去過二次祇我一个人坐人力車秀秀洪生如了三个人走去走回我帶他們跑跑熟以後好讓他們獨去壙做得很好爾母月的百日上海在靜安寺做佛事親友到得很多很称有場面爾母在天有靈一定很快慰的記念你們都好望你來來信手風好麼此諭祝頌你們闔第吉祥

父字 三月初五日

释　文 / 第二通

思贤儿知悉：

久未通信，念念！我近来身体甚好，午后无甚事做，看看小牌。常在家中，不大出外走多路途，无此精力。到坟上去过二次，只我一个人坐人力车。秀秀、洪生、如如三个人走去走回，我带他们跑跑熟，以后好让他们独去。圹做得很好，尔母月的百日，上海在静安寺做佛事，亲友到得很多，总算有场面。尔母在天有灵，一定很快慰的。记念你们都好，望你来来信，手风好么？此谕。祝颂你们阖第吉祥！

父 字

三月初五日

丈夫致贤妻

三通（附实寄封一）

民国

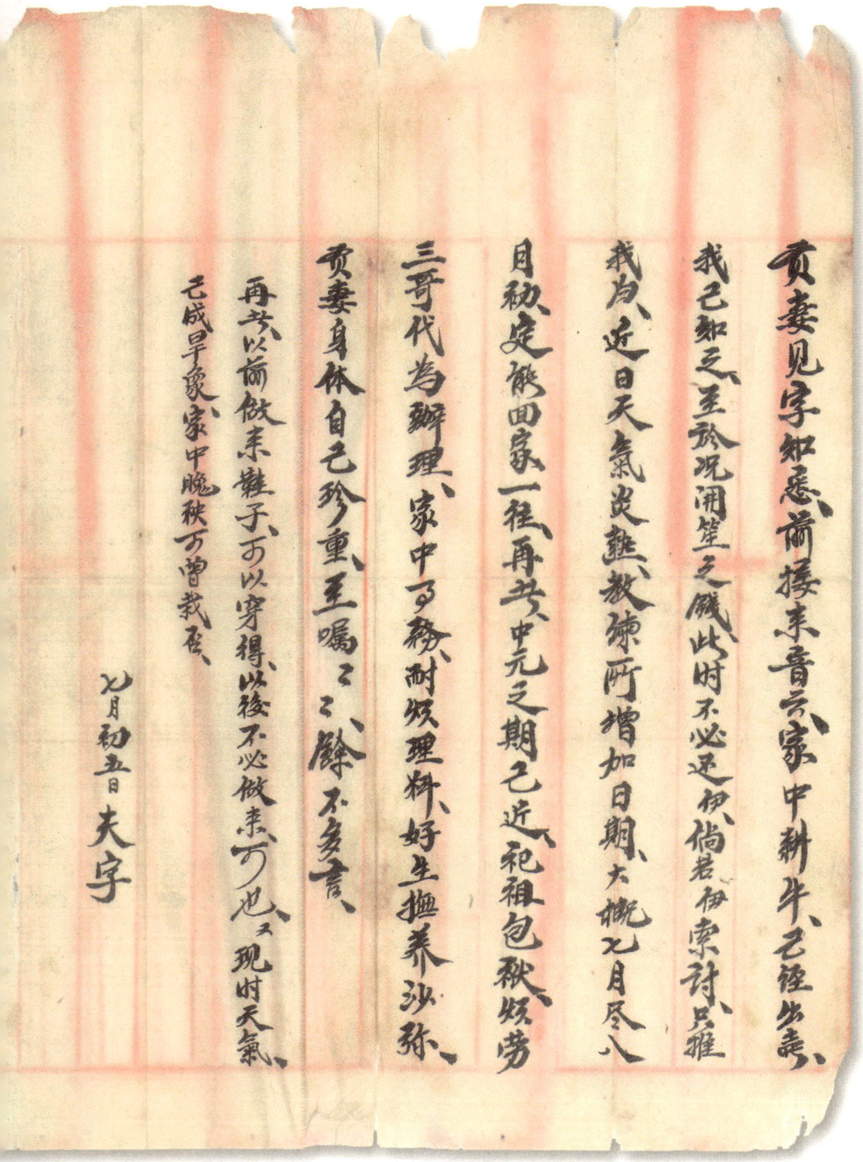

贤妻见字知悉，前接来音云，家中耕牛已经出卖，
我已知之。至于现用笔之钱，此时不必还伊，倘若伊索讨，只推
我为。近日天气炎热，教练所增加日期，大概九月尽八
月初定能回家一往。再者，中元之期已近，祀祖包袱烦劳
三哥代为办理。家中大小事务，耐烦理料，好生抚养沙孙。
贤妻身体自己珍重，至嘱至嘱。余不多言。
再者，以前做来鞋子，可以穿得，以后不必做来，可也。又现时天气
已成旱象，家中晚秋可曾栽否。
七月初五日 夫字

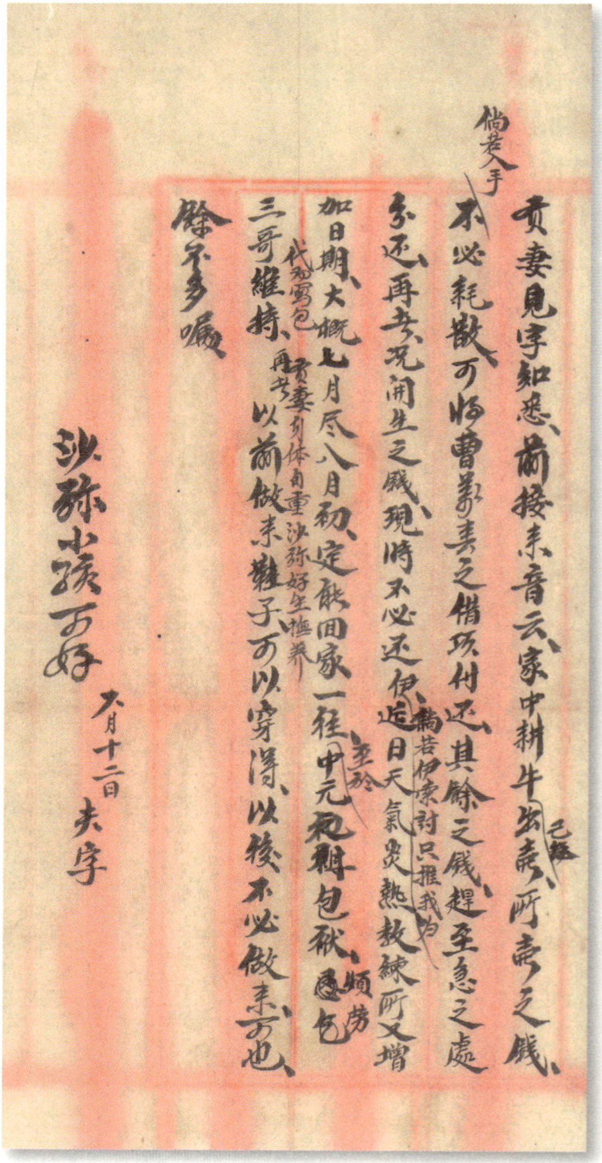

贤妻见字知悉，前接来音云，家中耕牛已经出卖，所卖之钱
不必耗散，可将曹姓责之借项付还，其余之钱，趕至急之处
多还。再者，现用笔之钱，现时不必还伊，倘若伊索讨，只推我为。近日天气炎热，教练所又增
加日期，大概七月尽八月初定能回家一往。至于中元祀祖包袱，烦劳代为写包
三哥维持。再者，贤妻身体自重，沙孙好生抚养。以前做来鞋子，可以穿得，以后不必做来可也。
余不多嘱
沙孙小孩可好
六月十二日 夫字

寄书者周龙章，供职于武汉公安局教练所，其妻当时在乡下。一通、二通内容相近，唯落款时间相差一月，似一为草稿，一为定稿。信中详细交代出卖耕牛钱款该如何使用，又嘱“家中事务，耐烦理料，好生抚养沙弥，贤妻身体自己珍重”。第三通虽简，亦于家中多所牵挂，问询家中庄稼收成及家中所欠债务，安排他人婚礼所随人情，又告其妻“家中一切事务，赐一回音，以免悬望”。

普通家庭之平凡生活，琐细而真实。

释　文 / 第二通

贤妻见字知悉：

前接来音云，家中耕牛已经出卖，我已知之。至于况开笙之钱，此时不必还伊。倘若伊索讨，只推我归。近日天气炎热，教练所增加日期，大概七月尽八月初，定能回家一往。再者，中元之期已近，祀祖包袱，烦劳三哥代为办理。

家中事务，耐烦理料，好生抚养沙弥，贤妻身体自己珍重，至嘱至嘱！余不多言。

再者，以前做来鞋子，可以穿得，以后不必做来可也。又，现时天气已成旱象，家中晚秧可曾栽否？

七月初五日　夫　字

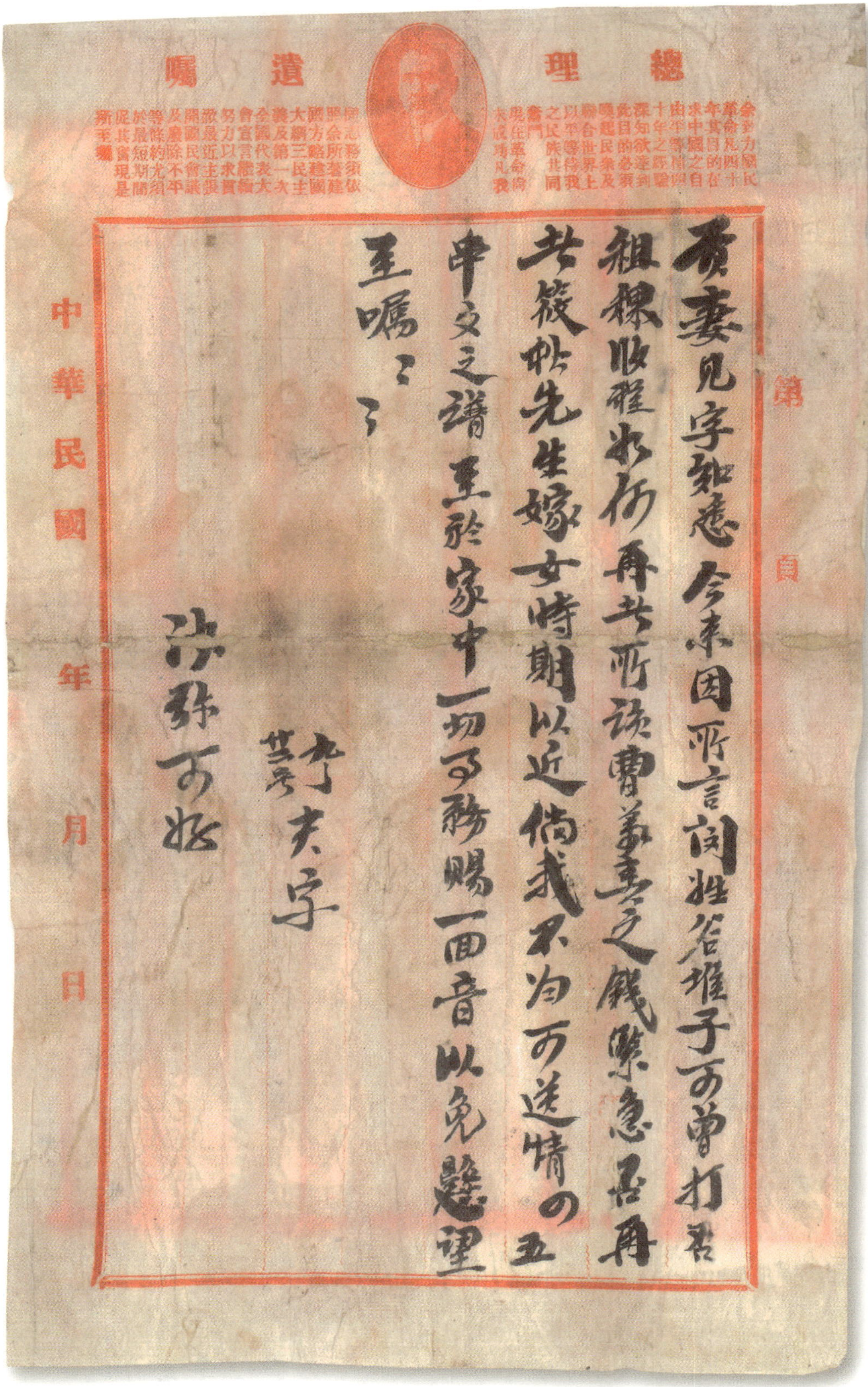

總理遺囑

第　頁

賢妻見字知悉　今來因所言閔姓名堆子可曾打君
祖棵收程收何再共所該費筆墨之錢緊急吾再
共筱帆先生嫁女時期以近倘我不為可送情の五
申交之譜　至於家中一切事務賜一回音以免懸望
至囑〻〻

夫字

汾孫可收

中華民國　年　月　日

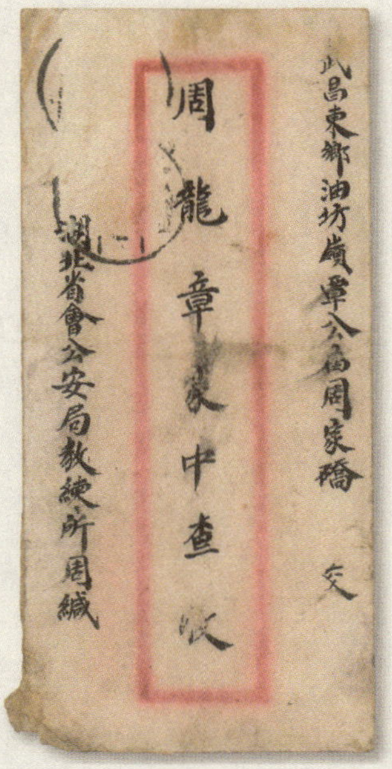

释　文 / 第三通

贤妻见字知悉：

今来因所言闵姓谷堆子，可曾打否？租稞收程如何？再者所该曹万春之钱紧急否？再者筱松先生嫁女时期以近，倘我不归，可送情四五串文之谱。至于家中一切事务，赐一回音，以免悬望。至嘱至嘱！

九月廿二号　夫　字

沙弥可好？

杨氏致龙章良人

二通（附实寄封二）

民国

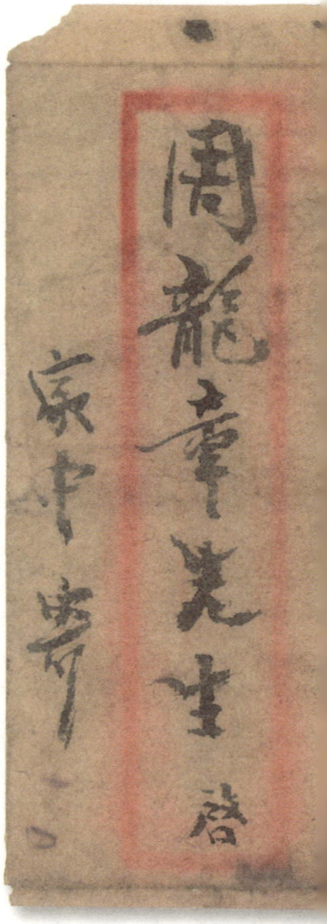

此二通为周龙章妻子所书，自署“拙荆杨氏”，当即为龙章函中之“贤妻”。杨氏在乡下操持家务，难处可想而知。信中言及“年节将近，四路开销在急。第一，式嫂之钱，时时索讨；再者，曹万春之钱，屡次追逼……”，令人顿生恻隐之心。二通书信，龙章皆有回复，并一一给出应对方案。家庭生活，唯有夫妻协力，同舟共济，方可渡过难关。

杨氏虽在乡下，而抬头称“良人文鉴”“良人见字如晤”，又自称“拙荆”，且书法大气，亦知书达礼者也。

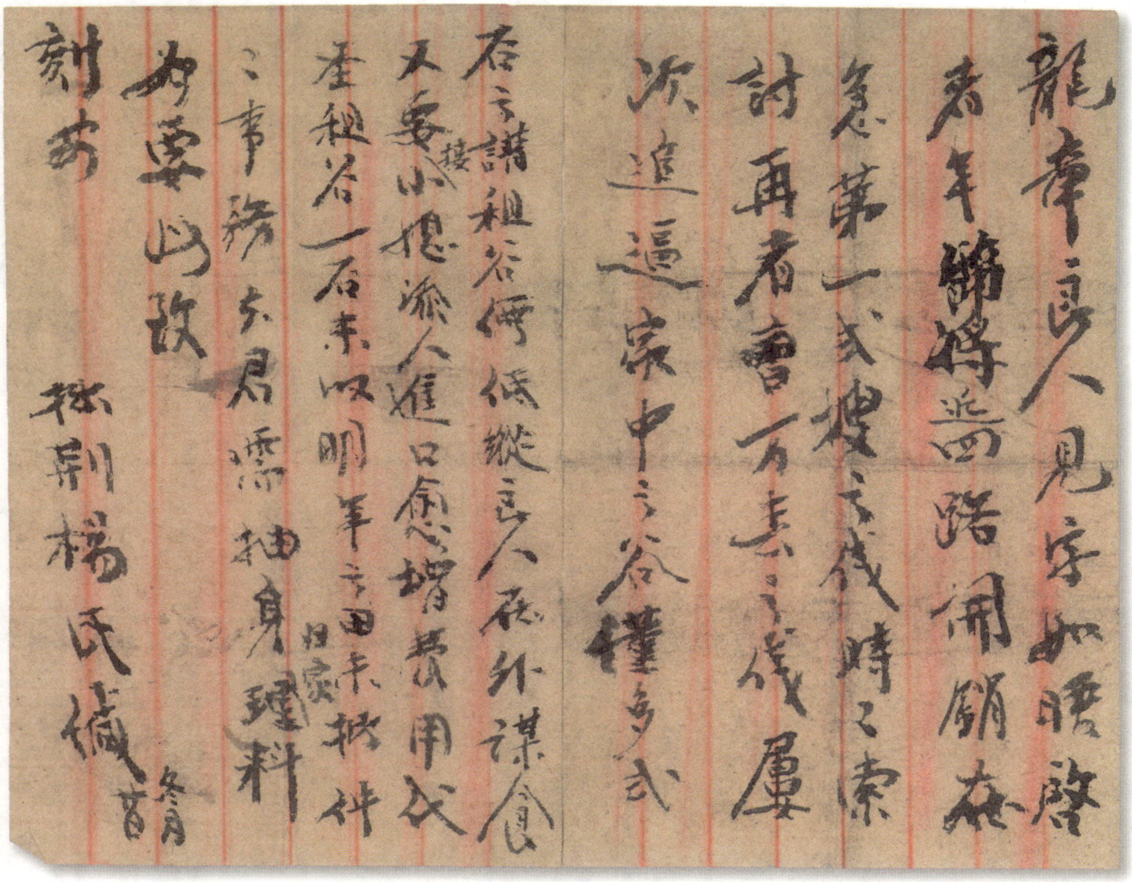

释　文 / 第一通

龙章良人：

见字如晤，启者。年节将近，四路开销在急。第一，式嫂之钱，时时索讨；再者，曹万春之钱，屡次追逼。家中之谷，仅多式石之谱。租谷价低，纵良人在外谋食，又要接小媳，添人进口，愈增费用。代圣租谷一石未收，明年之田未批。

件件事务，夫君需抽身归家理料为要。此致，

刻安！

抽荆 杨氏 缄

冬月廿日

龍章夫人文鑒：啟者，得函，家
務達知。代盈堆子已於，下大屯石
壽屏欽免。昨承尚家兩議，今歲年
程堂以舊能免祖譜，倘堆子未於。
殺松嫁期。家中無不送情，曾萬
春免行之甚急。第二所增婢、
子之外，未利其多。現時零用
急不請，希洋數元，以應燃眉
之急。家中沒有出貨。去年熟
知。孫經事煩，難以詳書，容此
敬候
（家中糧食不多，價又不好，不能變賣）
（一沙弥仔好，不必罣念）
妝安
秋月
家拙荊楊識

释　文 / 第二通

龙章良人文鉴：

启者详函。家务达知。代盛堆子已打，下欠壹石壹戽欲免，叫尔归家面议。今岁年程丰收，焉能免租？谱伢堆子未打。筱松嫁期，家中无□送情。曹万春鱼行之□甚急，兼之所借焕文之□，本利具要。现时零用急□，请带洋数元，以应然眉之急。家中没有出质，夫所熟知。纸短事烦，难以详书。耑此敬候，时安！

（家中粮食不多，价□不好，不能变卖。）

（沙弥伢好，不必挂念。）

玖月廿弍

拙荆 杨 缄

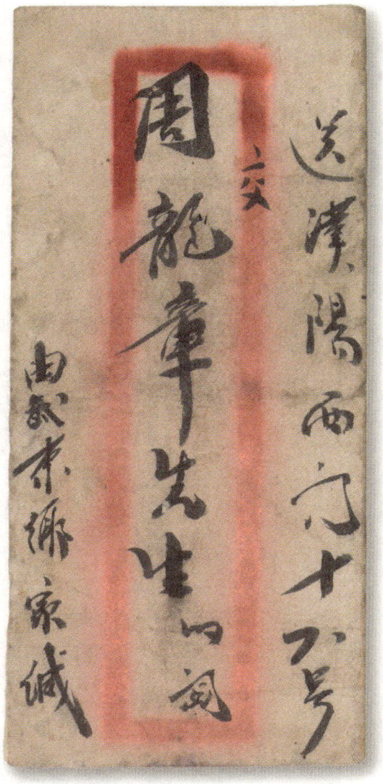

叶若兰致商务印书馆

一通

一九五五年一月二十四日

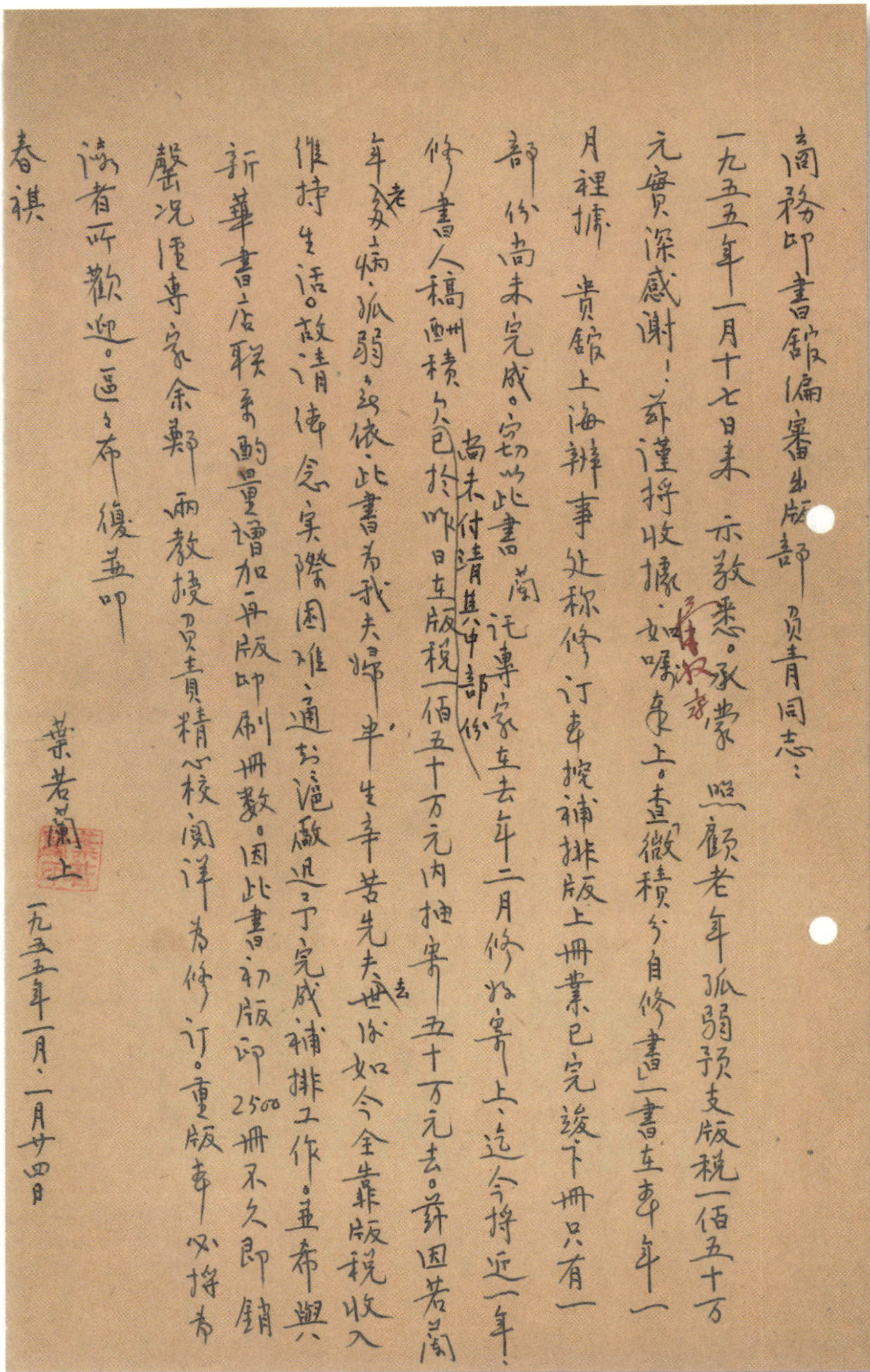
商務印書館編審出版部負責同志：
一九五五年一月十七日來 示敬悉。承蒙 照顧老年孤弱預支版稅一佰五十萬
元，實深感謝！茲謹將收據（簽收）如囑奉上。查「微積分自修書」一書在本年一
月裡據 貴館上海辦事处称修订本挖補排版上冊業已完竣，下冊只有一
部份尚未完成。竊以此書 蘭 託專家在去年二月修改寄上，迄今將近一年，（尚未付清其中部份）
修書人稿酬積欠已於昨日在版稅一佰五十萬元內抽寄五十萬元去。茲因若蘭
年老多病，孤弱無依，此書為我夫婦半生辛苦，先夫去世，如今全靠版稅收入
維持生活。故請 俯念實際困難，通知滬廠迅予完成補排工作，並希與
新華書店聯系酌量增加再版印刷冊數。因此書初版印2500冊不久即銷
罄，況滬專家余鄭兩教授負責精心校閱，詳為修訂，重版本必將為
讀者所歡迎。遙遙布復，並叩
春祺
葉若蘭上
一九五五年一月廿四日

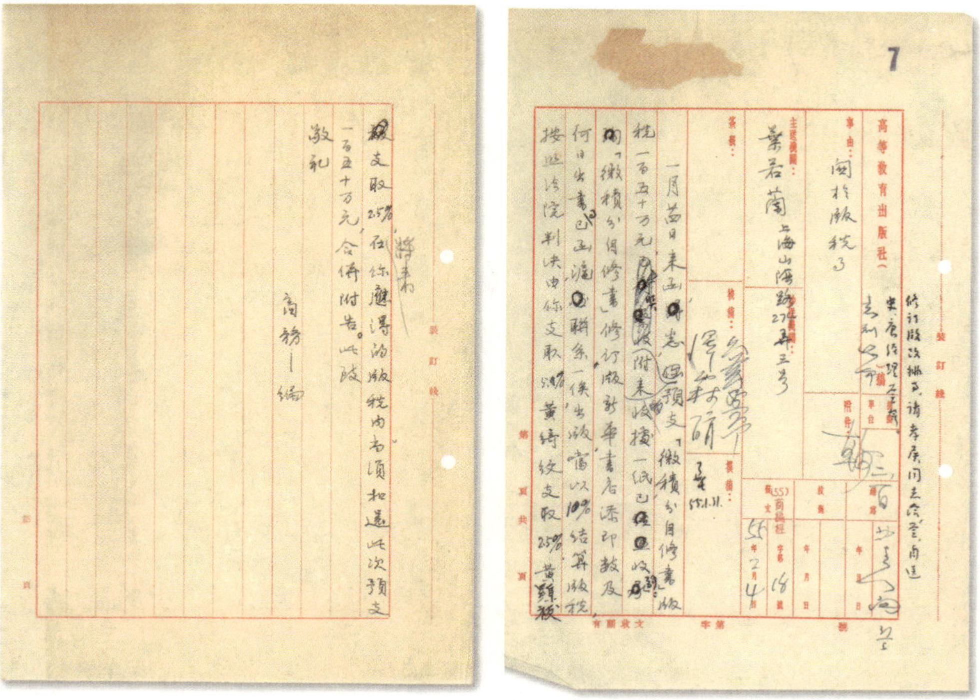

（附：出版社寄叶若兰）

致函者叶若兰女士，为数学家黄述善教授夫人。黄述善所著《微积分学自修书》于 1951 年 8 月由商务印书馆初版发行，后又屡有修订再版。1955 年，黄述善先生已经去世，商务印书馆预支版税一百五十万元付与叶若兰。叶复信表示感谢，又希望出版社当推进挖补本工作进度。信中言："兹因若兰年老多病，孤弱无依，此书为我夫妇半生辛苦。先夫去世后，如今全靠版税收入维持生活。故请体念实际困难，通知沪厂迅予完成补排工作。并希与新华书店联系，酌量增加再版印刷册数。"

著书不易，所言"夫妇半生辛苦"当属实情。且民国以来教授生前可靠工资养家，去世后家属生活困顿，亦甚普遍矣。

丈夫志坚致妻子丽娟

二通（附实寄封一）

一九五八年八月二十六日

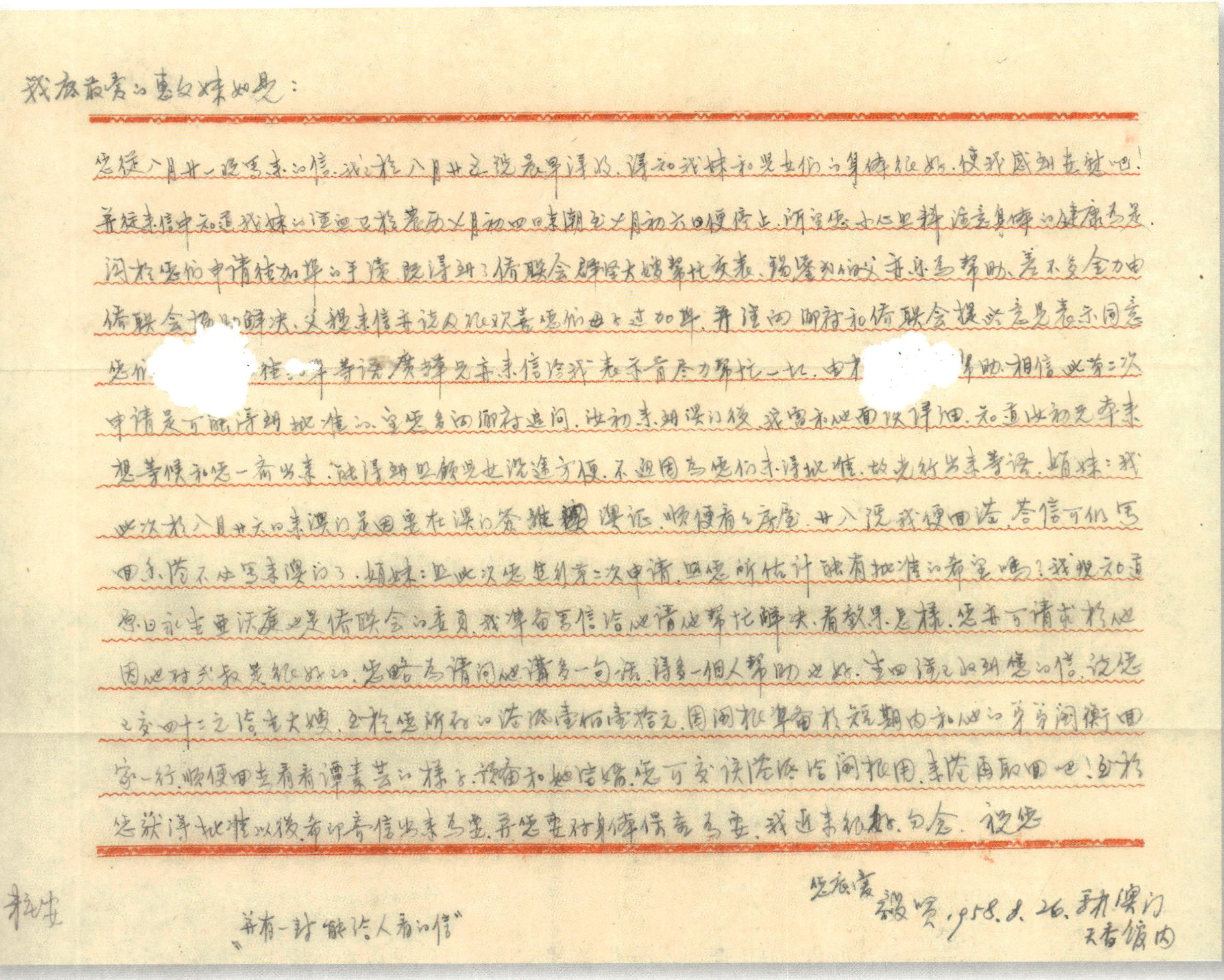

我最亲爱的惠文妹如见：

您从八月廿一號寄来的信，我已於八月廿五號先早得收。得知我妹和儿女们的身体很好，使我感到安慰哩！并从来信中知道我妹的经血已於农历七月初四日来潮至七月初六日便停止，所望您小心照料注意身体的健康为是。关於您们申请往加拿的手续，既得到了侨联会雷坚大嫂帮忙交表、瑞婆和何人亦乐为帮助，并不负全力由侨联会协助解决。又获来信并说大家很欢喜您们母子过加拿，并经向乡村和侨联会提出意见表示同意您们[illegible]往加拿等语。广镛兄亦来信给我表示肯尽力帮忙一切。由[illegible]帮助，相信此第二次申请是可能得到批准的。望您多向乡村追问。此初来到澳门後，我曾和他面谈详细，知道他初先本来想等候和您一齐出来，能得到照顾儿女们途方便。不过因为您们未得批准，故先行出来等语。贤妹，我此次於八月廿六日来澳门是因要在澳门签澳证，顺便看看房屋。廿八號我便回港，寄信可仍写回香港不必写来澳门了。贤妹，照此次您进行第二次申请，照您所估计能有批准的希望吗？我现知道原日承宝亚沃庞也是侨联会的委员，我准备写信给他请他帮忙解决，看效果怎样。您亦可请求於他，因他对我叔是很好的。您略为请问他讲多一句话，得多一個人帮助也好。另回港後收到您的信，说您已交四十元给雷大嫂。至於您所存的港纸叁佰叁拾元，因开根准备於短期内和他的弟弟开衡回家一行，顺便回去看看谭素芸的样子，预备和她结婚，您可交港纸给开根用，来港再取回也！至於您获得批准以後，希即寄信出来为要。并您要对身体保重为要。我近来很好勿念。祝您

程安

您夫
毅贤 1958.8.26 于澳门
天香馆内

"并有一封能给人看的信"

广州龙归人周丽娟之父周幹芬，邀请女儿全家申请移民加拿大，至 1958 年 8 月已基本妥当。丈夫志坚于澳门写信给妻子丽娟，交代赴加拿大之行程安排，颇为周密细致。

志坚同时寄书二通，一通典雅平正，属“一封能给人看的信”，信中亦多表现出对父母亲之关怀及对妻子、儿女之体贴疼爱；另一通则体现夫妻间之亲昵，上款为“我底最爱的惠文妹如见”，落款为“您底爱毅贤”，所用当皆为各自乳名，且信中涉私密之言颇多，诚然可感夫妇二人之深情也。

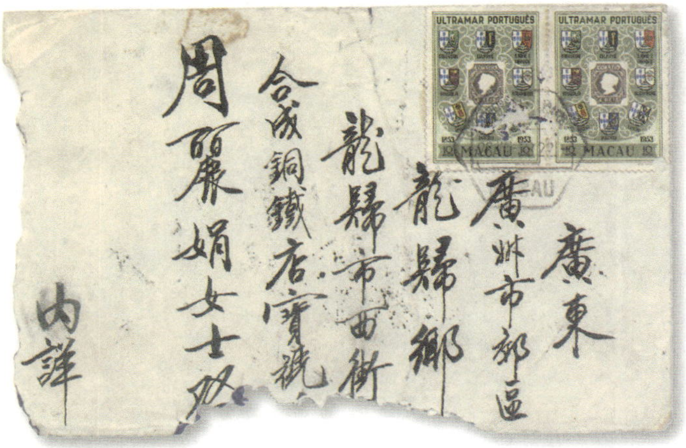

丽娟：

料您知儿女们的身体近好，父母亲也就得康安吧！八月廿一號我曾接到岳父大人来信并汇给我收用美金叁佰元，信中谈及他们各人的近况安好以外，并谈及关于我们往加拿船期经已預定購十一月份總統號克利夫蘭三等位，通知時間便将船票寄回港到船公司創位云。同時并谈及冬可能希望丽娟早日来港在短期内速快办妥来加手续一齐搭船前往，使对儿女们得到易於沿途照料。这是岳父大人主要之希望[illegible]未知[illegible]於您们申请来港的手续怎应樣呢？实令人担心之極。目前我正忙[illegible]定購[illegible]胎典衣物各類，又有药材、人参、玉桂、鹿茸也、衣服等物买备带往加拿，所以近来我为了买物较之忙碌，更由於我原是以澳门身份证办理往加，是以我於八月廿六號来澳门办理簽妥離澳证，不至臨事忙忙不暇也。如果您的申请手续批准以後希到即来港办手续，希能早日与我同船前往。金惠半伯母经已将您交入離港加拿大移民局入境申请问话，问题您们倘未得批准，祈向澳政府與僑联会協助办理。假若得到批准，行李尽可能省得方便，儿女们沿途须特别小心照料，在船上切要小心携带儿女。当您批准後可到即来信，我便馬上来澳门接您。又希您離家前應该好好地孝敬您父母親才是。祈望您对身体加以注意保健，儿女亦同樣須要照顧。我近况很好，祈勿介意。玉麟兄现居河南休养，未知他近况如何？祈来信道及详细，俾免掛念，余日再叙。祝您

康健

志坚 於1958.8.26.

丽娟：

料您和儿女们的身体近好，父母亲也获得康安吧！八月廿一号我曾接到岳父大人来信，并汇给我收用美金式佰元。信中说及他们各人的近况安好以外，并说及关于我的往加埠船期，经已预定购十一月份总统号克利夫兰三等位，迟些时间便将船票寄回港到船公司划位云。同时并说及尽可能希望丽娟早日来港，在短期内速快办妥来加手续，一齐搭船前往，使对儿女们得到易于沿途照料。这是岳父大人主要之希望，但未知□于您们申请来港的手续怎么样呢？实令担心之极。

目前我正在忙于定购□□胎与衣物各类，又有药材、人参、玉桂、鹿茸片、衣杠等物，买备带往加埠。所以近来我为了买物较之忙碌，更由于我原是以澳门身份证办理往加，是以我于八月廿六号来澳门办理签妥离澳证，不至临事忙忙不暇也。如果您的申请手续批准以后，希刻即来港办手续，幸能早日与我同船前往。金志牛五伯母经已将纸交入驻港加拿大移民局入抵申请问话。问题您仍旧未得批准，祈向乡政府与侨联会协助办理。

假若得到批准，行李尽可能省得方便。儿女们沿途须特别小心照料，在船上切要小心携带儿女。当您批准后，可刻即来信，我便马上来澳门接您。又当您离家前，应该好好地去安慰父母亲才是。所望您对身体予以注意保健，儿女亦同样须要照顾。

我近况很好，祈勿介意。玉麟弟现居河南休养，未知他近况如何？祈来信道及详细，俾免挂念，终日为盼。祝您，

康健！

志坚　于 1958.8.26

父亲致诸儿女

一通

一九六〇年九月三日

此札为丈夫在妻子逝世一周年之际，专为子女而写，以对妻子作深深缅怀。信中回忆妻子出身之贫寒，幼时之磨难；又回忆妻子生儿育女，勤俭持家，对家庭之巨大付出，字字血泪，令人唏嘘。

父亲对儿女言，你们的母亲“待人和气、老实、忠厚，是她不可移的品质”，她的“慈祥，待人接物的具体行为，及她的道德、勤俭朴素的作风、刻苦耐劳的精神，对我已经刻划入骨”。父亲教导子女：“希望你们弟兄，寻循你母亲在世的一切事迹，模仿她伟大的品行道德，努力学习，成为革命的优秀继承者，克服一切苦难，抚养小的弟妹成长。这是继承你母亲的遗志，亦是革命事业的一环。”

夫妇相濡以沫、相敬如宾之情，于此显见。“窦燕山，有义方”，此父亲亦为善于“父教”者也。

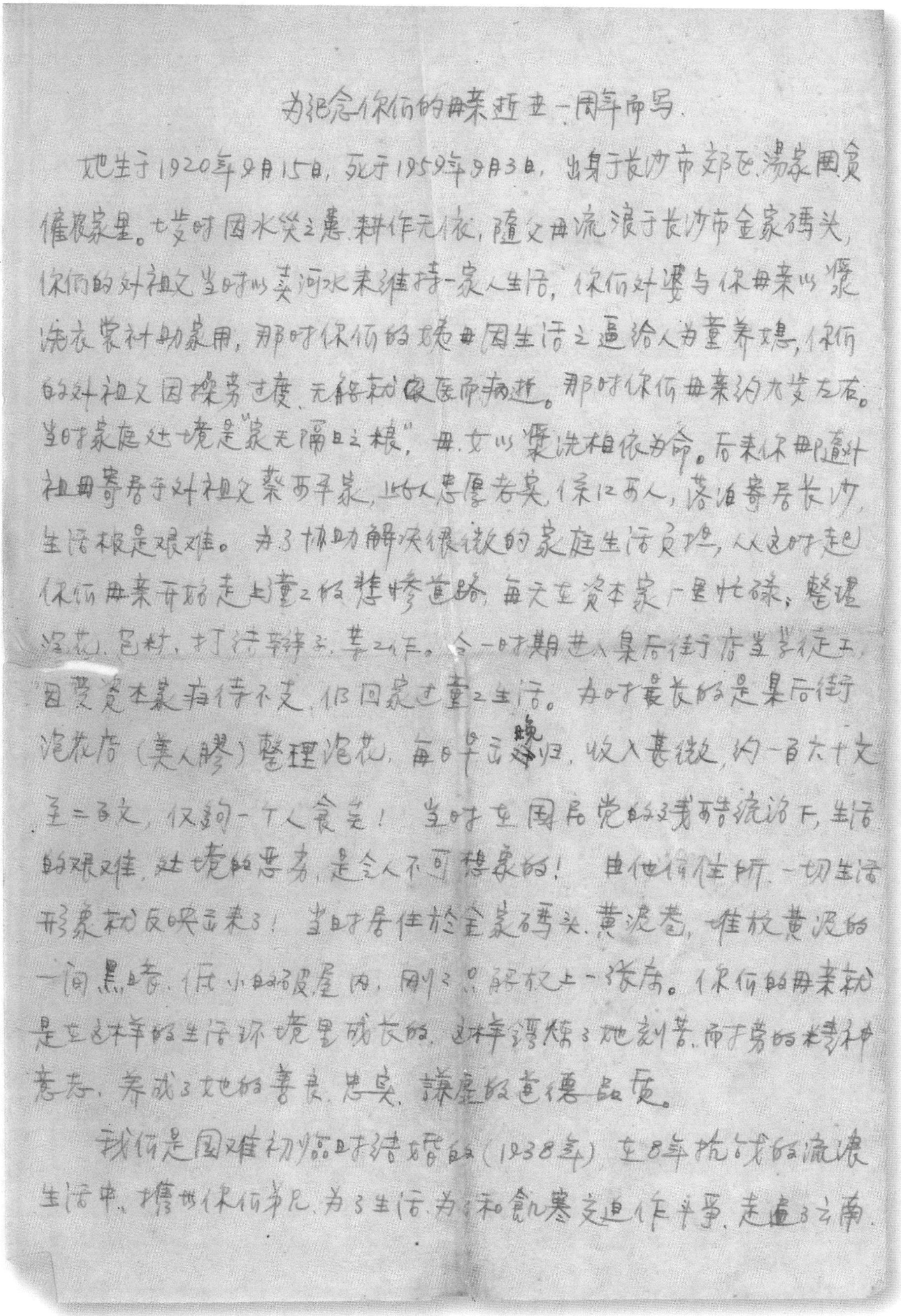

为纪念你们的母亲逝世一周年而写

她生于1920年9月15日，死于1959年9月3日，出身于长沙市郊区汤家圃贫雇农家里。七岁时因水灾之患，耕作无依，随父母流浪于长沙市金家码头，你们的外祖父当时以卖河水来维持一家人生活，你们外婆与你母亲以浆洗衣裳补助家用，那时你们的姨母因生活之逼给人为童养媳，你们的外祖父因操劳过度、无能就医而病逝。那时你们母亲约九岁左右。当时家庭处境是“家无隔日之粮”，母、女以浆洗相依为命。后来你母随外祖母寄居于外祖父蔡西平家，此人忠厚老实，係仁爱人，落泊寄居长沙，生活极是艰难。为了协助解决很微的家庭生活负担，从这时起你们母亲开始走上童工的悲惨道路，每天在资本家厂里忙碌：整理棉花、包材，打结辫子等工作。令一时期进入某后街厂当学徒工，因受资本家虐待不支，仍回家过童工生活。为时最长的是某后街棉花店（美人牌）整理棉花，每日早出晚归，收入甚微，约一百六十文至二百文，仅够一个人食盐！当时在国民党的残酷统治下，生活的艰难，处境的恶劣，是令人不可想象的！由他们住所、一切生活形象就反映出来了！当时居住於金家码头、黄泥巷，堆放黄泥的一间黑暗、低小的破屋内，刚刚只能放上一张床。你们的母亲就是在这样的生活环境里成长的，这样锻炼了她刻苦、耐劳的精神意志，养成了她的善良、忠实、谦虚的道德品质。

我们是国难初临时结婚的（1938年）在8年抗战的流浪生活中，携带你们弟兄，为了生活、为了和饥寒交迫作斗争，走遍了云南、

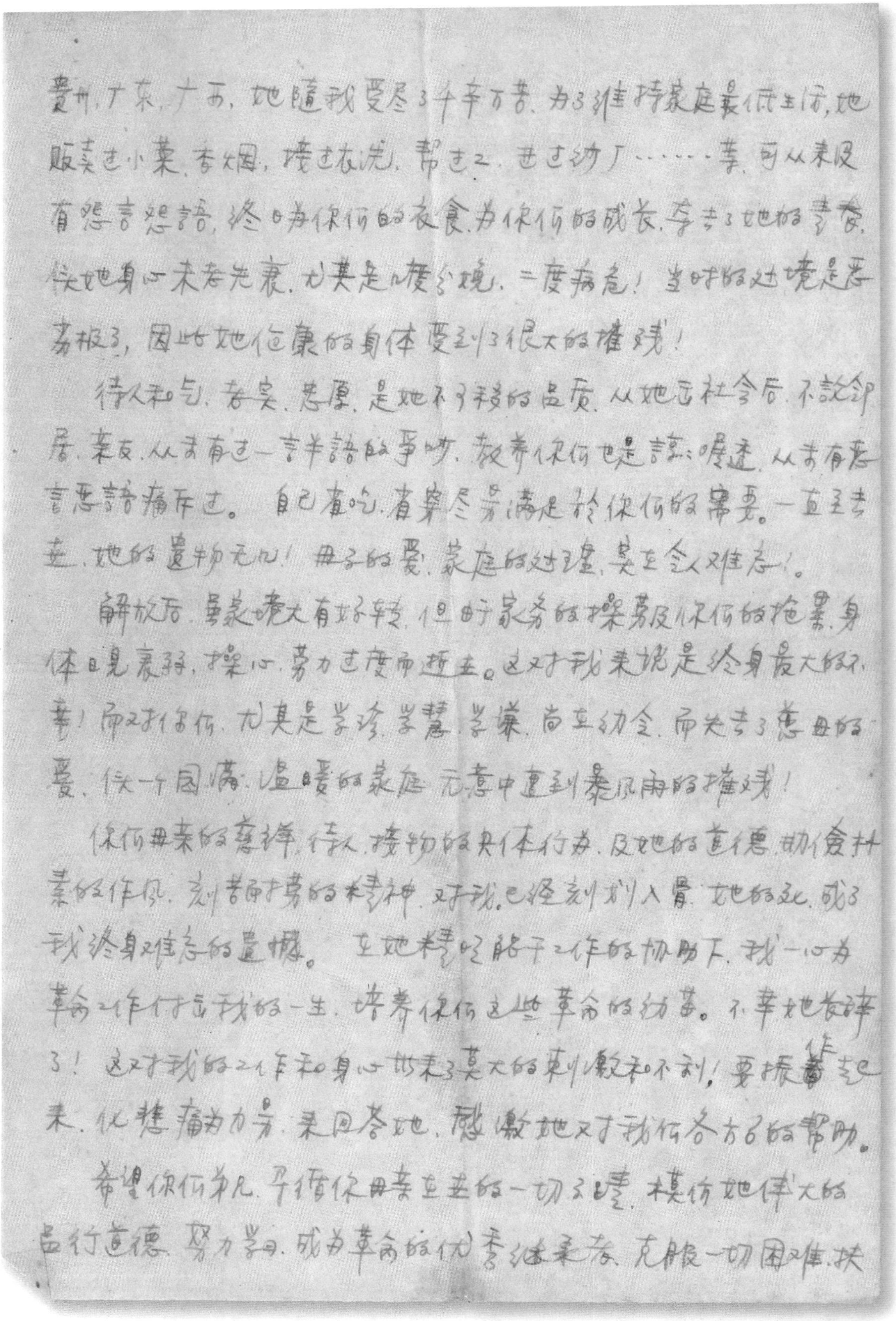

贵州、广东、广西，她随我受尽了千辛万苦。为了维持家庭最低生活，她贩卖过小菜、香烟，接过衣洗，帮过工，进过纺厂……等，可从未没有怨言怨语，终日为你们的衣食、为你们的成长，夺去了她的青春，使她身心未老先衰，尤其是临分娩，二度病危！当时的处境是恶劣极了，因此她健康的身体受到了很大的摧残！

待人和气、老实、忠厚，是她不可移的品质。从她出社会后，不论邻居、亲友，从未有过一言半语的争吵，教养你们也是谆谆嘱述，从未有恶言恶语痛斥过。自己省吃、省穿尽量满足于你们的需要。一直至去世，她的遗物无几！母子的爱、家庭的处理，实在令人难忘！。

解放后，虽家境大有好转，但由于家务的操劳及你们的拖累，身体日见衰弱，操心、劳力过度而逝去。这对我来说是终身最大的不幸！而对于你们，尤其是学玲、学慧、学谦，尚在幼令，而失去了慈母的爱，使一个圆满、温暖的家庭无意中遭到暴风雨的摧残！

你们母亲的慈祥，待人、接物的具体行为，及她的道德、勤俭朴素的作风，刻苦耐劳的精神，对我已经刻划入骨，她的死，成了我终身难忘的遗憾。在她精明能干工作的协助下，我一心为革命工作付出我的一生，培养你们这些革命的幼苗。不幸她长辞了！这对我的工作和身心带来了莫大的刺激和不利！要振作起来，化悲痛为力量，来回答她，感激她对我们各方面的帮助。

希望你们弟兄，遵循你母亲生前的一切言行，模仿她伟大的品行道德，努力学习，成为革命的优秀继承者，克服一切困难，扶

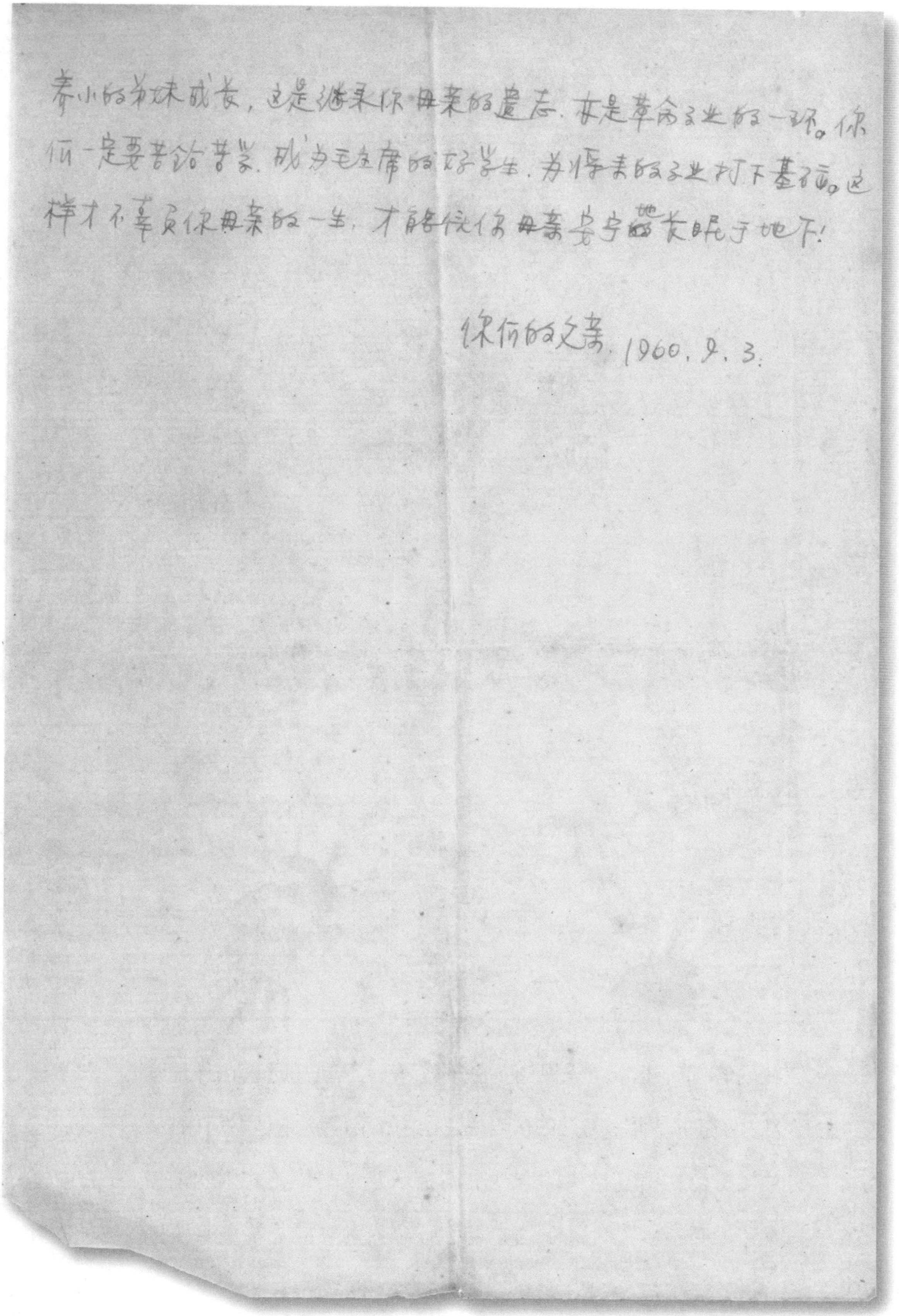

养小的弟妹成长，这是继承你母亲的遗志，也是革命事业的一环。你们一定要苦钻苦学，成为毛主席的好学生，为将来的事业打下基础。这样才不辜负你母亲的一生，才能使你母亲安宁长眠于地下！

你们的父亲 1960.9.3.

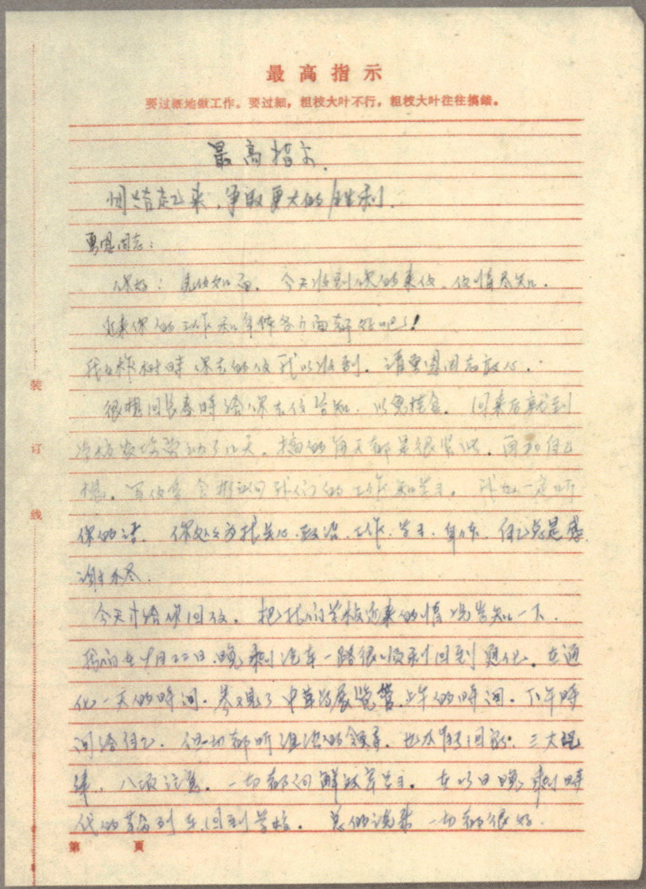

最高指示

要过细地做工作。要过细，粗枝大叶不行，粗枝大叶往往搞错。

最高指示。

团结起来，争取更大的胜利。

勇恩同志：

[illegible]

第　页

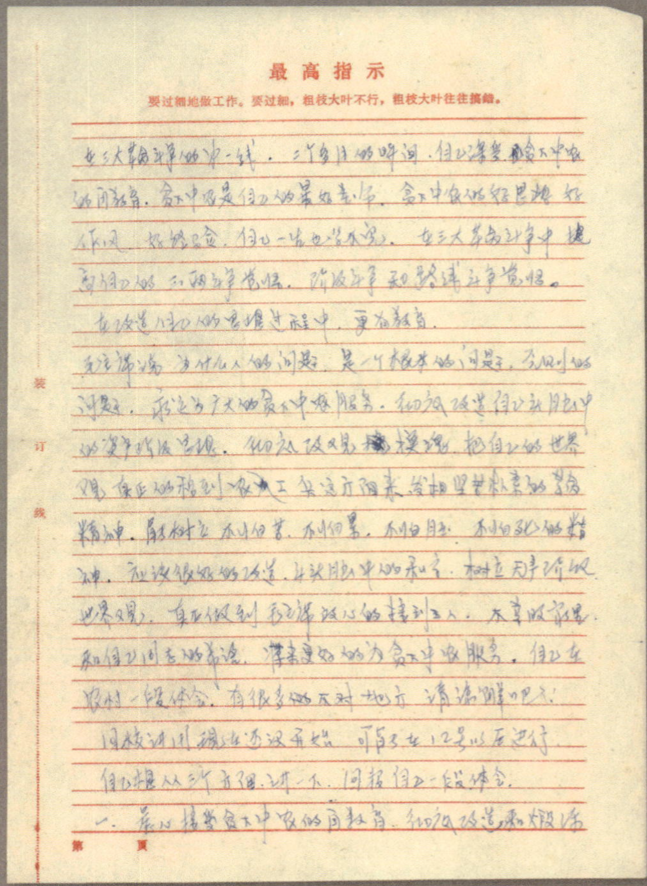

最高指示

要过细地做工作。要过细，粗枝大叶不行，粗枝大叶往往搞错。

[illegible]

第　页

玉琴致勇恩同志

二通

一九七〇年九月二十八日

从信札内容知，玉琴与勇恩当为一对恋人，玉琴其时正在外地学校进修学习。两通书信均作于1970年，故无论所用信笺还是书信内容，均有鲜明时代特色：信笺抬头印有“最高指示”，书信正式内容前，又抄录一段“最高指示”；又于信中，称呼恋人为“同志”，且不断

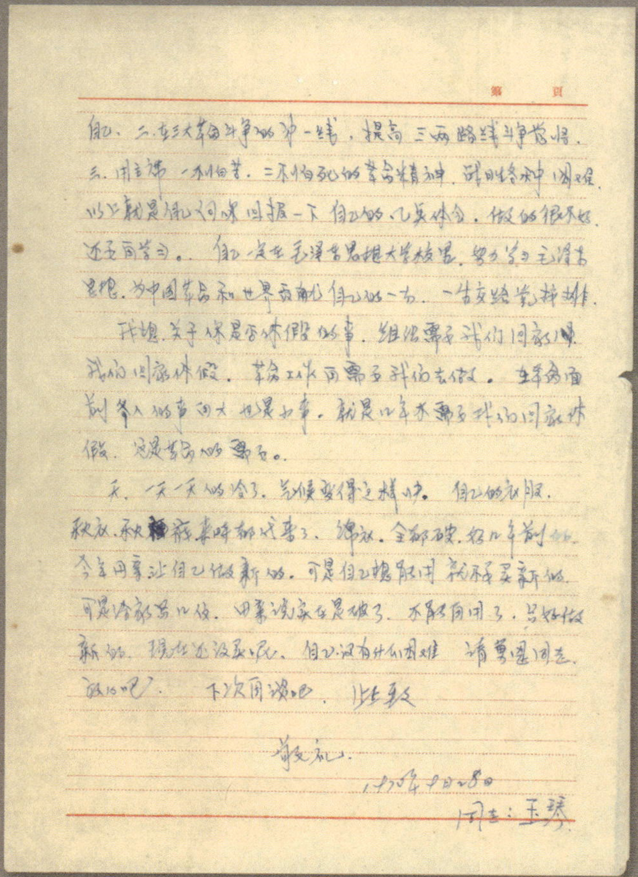

第 页

自己。二、在三大革命斗争的第一线，提高三两路线斗争觉悟。三、用主席"一不怕苦，二不怕死"的革命精神，战胜各种困难。以上就是我们向你汇报一下自己的一点体会，做的很不好，还要向学习。自己一定在毛泽东思想大学校里，努力学习毛泽东思想，为中国革命和世界革命献出自己的一切，一生交给党安排。

我想，关于你是否休假的事，组织需要我们回家，[illegible]我们回家休假，革命工作需要我们去做。在革命面前，个人的事再大也是小事，就是几年不需要我们回家休假，这是革命的需要。

天，一天一天的冷了，气候变得这样快。自己的衣服，秋衣、秋裤棉裤都成旧的了，棉衣，全部破，好几年前的，今年回家让自己做新的，可是自己没时间，就不要买新的，可是冷就只好[illegible]。回来说家里是破了，不能再用了，只好做新的，现在还没取呢。自己没有什么困难，请[illegible]同志放心吧。下次再谈吧。此致

敬礼！

[illegible]年[illegible]月28日

同志：玉琴

申明，“在革命面前，个人的事再大也是小事，就是几年不需要我们，回家休假，这是革命的需要”“首先把革命工作放到首位，个人的事情服从革命的利益”。

此札亦可反映出特定时代之文化背景。

最高指示

我赞成这样的口号，叫做“一不怕苦，二不怕死”。

最高指示：

共产党员无论何时何地都不应以个人利益放在第一位，而应以个人利益服从于民族的和人民群众的利益。

勇恩同志：

您好吧！近来工作很忙吧！选线工作快结束了吧！

刚于X日收到您的来信，心情异常(?) 知道了您最近的情况和工作的安排。上次去信，您是否收到。关于我校的安排，我们告知您了。请勇恩同志放心吧！

关于我们回家的事情，您给自己指出了。首先把革命工作放到首位，个人的事情服从革命的利益。对自己语重心长的指出来了。自己感到您在政治方面，对自己的帮助最大，真正的体现了毛主席的教导。个人的事再大也是小事，革命工作再小也是大事。我校的最近时间的安排，自己就不回家了。回家的事，不能回去了。现在我的身体和工作都还一样了。做一名学生来说，在各方面就用最高的标准来要求自己。一定向您所说的那样去做。同志讲的很是，对待个人的事情，

勇恩同志：您对自己的心情，自己很理解您。

最高指示

共产党员无论何时何地都不应以个人利益放在第一位，而应以个人利益服从于民族的和人民群众的利益。

勇恩同志：

您好吧！近来工作很忙吧！选区工作快结束了吧！

前些日子[①]收到您的来信，信情尽知，知道了您最近的情况和工作的安排。上次去信，您是否收到？关于我校的安排，我以告知您了，请勇恩同志放心吧！

关于我们回家的事情，您给自己指出了，首先把革命工作放到首位，个人的事情服从革命的利益，对自己语重心长的指出来了。自己感到您在政治方面，对自己的帮助最大，真正的体现了毛主席的教导。个人的事再大也是小事，革命工作再小也是大事。我校的最近时间的安排，自己就不再重复了。回家的事，不能回去了。

现在我的身份，不和在工作岗位一样了。做一名学生来说，在各方面就要用最〔高〕的标准要求自己。一定向您所说的那样去做，用主席的思想，对待个人的事情。

勇恩同志，您对自己的心情，自己理解您……

① “日子”，原作“子日”，疑倒，今据语意乙正。

吴孟复致妻子祝寿诗

一通

约一九八九年

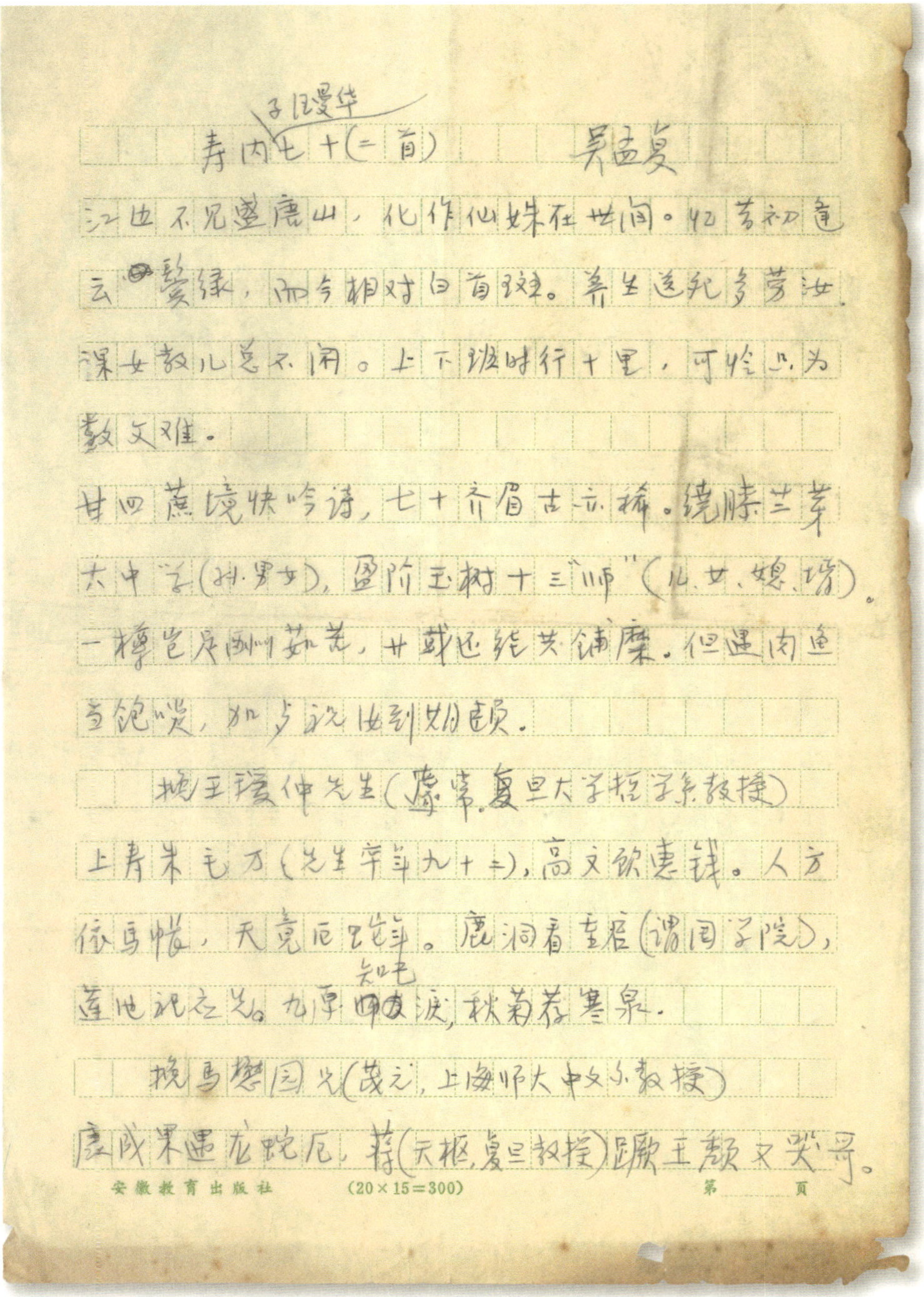

寿内子臣曼华七十（二首）　吴孟复

江山不见匡庐山，化作仙姝在世间。忆昔初逢云鬓绿，而今相对白首斑。养生送死多劳汝，课女教儿总不闲。上下班时行十里，可怜只为数文难。

廿四燕境快吟诗，七十齐眉古亦稀。绕膝兰芽六中学（孙、男女），盈阶玉树十三“师”（儿、女、媳、婿）。一樽岂足酬勤苦，廿载还能共铺糜。但愿内迫宜饱暖，加少祝汝到期颐。

挽王瑗仲先生（蘧常，复旦大学哲学系教授）

上寿米毛方（先生卒年九十二），高文欲患钱。人方依马帐，天竟厄龙年。鹿洞看室宿（谓国学院），莲池视云光。九原知己泪，秋菊荐寒泉。

挽马懋园先生（茂元，上海师大中文系教授）

庚戌果遇龙蛇厄，蒋（天枢，复旦教授）蹶王颓又哭哥。

安徽教育出版社　（20×15=300）　第　页

吴孟复先生（1919—1995），安徽庐江人，语言文字学家、古典文学研究专家，1937 年毕业于无锡国专，历任上海暨南大学、淮北师范学院等校教授。

图为吴孟复先生手书自作诗四首，两首题曰《寿内子汪曼华七十》，是为妻子所撰祝寿诗。另两首分别是为王蘧常先生（1900—1989）和马茂元先生（1918—1989）所作挽诗，因王、马二先生均仙逝于 1989 年，故四诗可能皆撰于当年。

祝寿诗二首，其一曰：

江边不见盛唐山，化作仙姝在世间。
忆昔初逢云鬓绿，而今相对白首斑。
养生送死多劳汝，课女教儿总不闲。
上下班时行十里，可怜只为数文难。

其二曰：

甘四蔗境快吟诗，七十齐眉古亦稀。
绕膝兰芽大中学，盈阶玉树十三师。
一樽岂足酬茹苦，廿载还能共餔糜。
但遇肉鱼当饱啖，加餐祝汝到期颐。

诗中，吴先生对妻子有衷心之赞美（“化作仙姝在世间”）、诚心之感谢（“养生送死”“课女教儿”），亦有动人之感慨（“而今相对白首斑”）、素朴之祝愿（“加餐祝汝到期颐”）。“执子之手，与子偕老”，夫妻情深，永远相伴！

第　　页

胡考
胡朋 同志：

你们好！你们寄来的信和照片收到了。因我们春节前都病了，住院。回来后即过春节，又忙于准备去香港。香港中文大学50周年，邀请华君武去讲讲漫画，并在校中举办一个小型漫画展，故迟迟未能复信，请谅。

我们二月23号动身去香港，3月8号在广州举办华君武漫画展，3月底回京。回来后再联系。

你们身体好么？祝你们身体健康、长寿！

华君武 宋琦 二月19日

18×15=270　　中国美术家协会

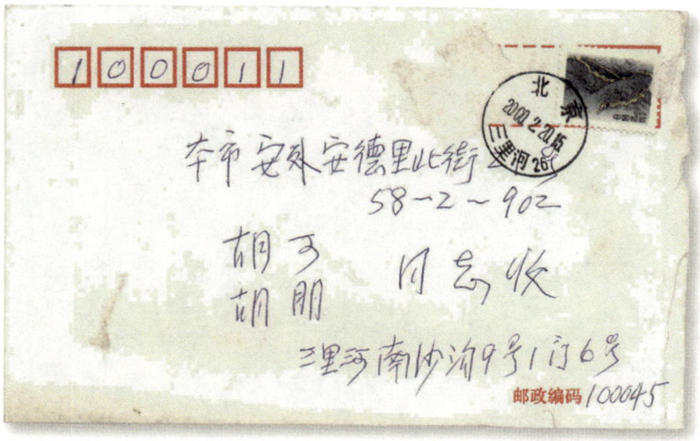

华君武、宋琦致胡可、胡朋

一通（附实寄封一）

二〇〇〇年二月十九日

华君武、宋琦夫妇和胡可、胡朋夫妇，皆为我国现代文艺界著名人士。华君武先生（1915—2010），著名漫画家，历任《人民日报》美术组组长、文艺部主任，中国美协副主席等。其夫人宋琦女士（1921—2004），曾学习、工作于延安“抗大”和“鲁艺”，新中国成立后供职于人民日报社等部门。胡可先生（1921—2019）为著名戏剧家，曾任解放军艺术学院院长，长期从事文艺宣传工作，创作有《在战斗里成长》等名剧。其夫人胡朋女士（1916—2004）亦为知名表演艺术家，曾主演《回民支队》《烈火中永生》等电影。

2000年2月，华君武、宋琦夫妇致函胡可、胡朋夫妇，告知准备去香港中文大学参加庆祝活动，并于香港、广州两地举办漫画展。

信函抬头列胡可、胡朋夫妇二人之名，落款亦列华君武、宋琦夫妇二人之名，实包含夫妇“平等”之观念。又信函内容当为宋琦执笔，而华君武签名则由本人，盖其时华老已届年迈矣。

《易传》云：『家人有严君焉，父母之谓也。』

一家之中，父母当有尊严、威严，并负重要之引导责任。如此，方可使家道正而天下定。此类信札，撰者多为名人之后。诸君皆能自觉铭记先人教导，缅怀和弘扬先人德业，立身行道，多所建树，堪为楷模也。

百年家书

四

立身行道，家奉严君

郑振铎之子郑尔康致袁锦翔

一通（附实寄封一）

一九八三年三月二十七日

郑尔康先生（1938—2012），著名作家、翻译家郑振铎先生（1898—1958）独子。少年从军，后入北京外交学院学习，任职于人民文学出版社、中国对外翻译公司等单位。受父亲影响，亦擅写作，出版有散文集《石榴又红了》等，又曾撰写研究论文《郑振铎和他的作品》，编辑二十卷本《郑振铎全集》，于弘扬其父学术，贡献甚大。

信函内容，主要总结其父郑振铎先生的翻译活动及特点。信中对于郑振铎翻译活动阶段之划分，以及对其翻译作品“既忠实原作，又不受原作拘束”之评价，皆客观真实，堪属珍贵的郑振铎研究资料。

此信上款为武汉大学英语系教授袁锦翔，袁锦翔曾致函郑尔康，要其提供相关资料，其时或正编纂《名家翻译研究与赏析》（湖北教育出版社1990年版）一书。书中辟有专节，曰“郑振铎翻译琐谈——兼析《飞鸟集》《新月集》译诗”，或即本自此札。

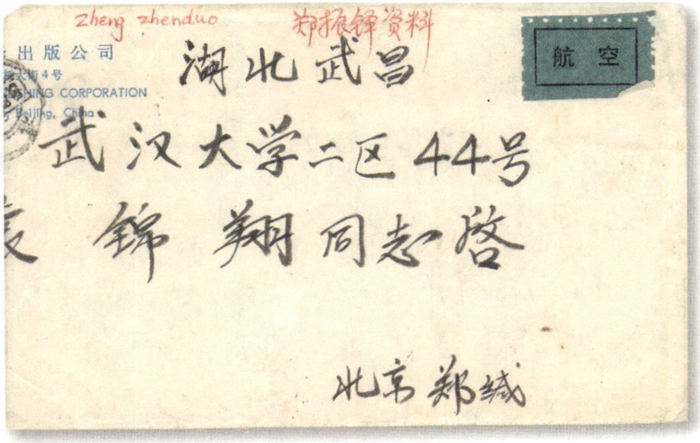

释　文

锦翔同志：

现寄上您要我答复的有关先父翻译活动的一些问题，共五页，请查收。

所知实在有限，恐远非您所要求；同时近来手头要编要写的安排很紧，敝公司内杂事也较多，匆匆致复，比较杂乱，望乞您多多谅解！

匆此奉复，顺颂，

教安！

郑尔康

一九八三年三月廿七日

又及：另邮寄奉《飞鸟集》新版本（上海译文社）一册，请收。

锦翔同志：

现寄上您要我答复的有关先父翻译活动的一些问题，共五页，请查收。

所知实在有限，恐达不到您所要求；同时近半年头要编要写的安排很紧，故文字内容事也较多，匆匆致复，比较杂乱，並乞您多多谅解！

匆此奉复，顺颂

教安！

郑尔康 一九八三年三月廿七日

又及：另邮寄奉《飞鸟集》新版本（上海译文社）一册，请收。

1、年表（已复）
2、先父的翻译活动大约可分
二、初习翻译，翻译介绍
（一九一八至一九二
二、翻译太戈尔诗，继续
品，並译了不少童话
（一九二二至一九二
三、广泛介绍各国文学
（一九二五至一九三
（一）第一阶段
一九一八年先父在北京铁
期间，常去青年会图书馆看书
瞿秋白、耿济之等人。瞿、耿
修馆学生，常借俄文原著来读
响，也常借些高尔基、契诃夫
文版译文来读。这期间，他们
作品来。瞿、耿从俄文译、文
文来最先译的多是契诃夫剧本
俄国戏曲集》交给商务印书馆
本人译作外，还收了瞿、耿等
亲回忆，这是他第一次获得了

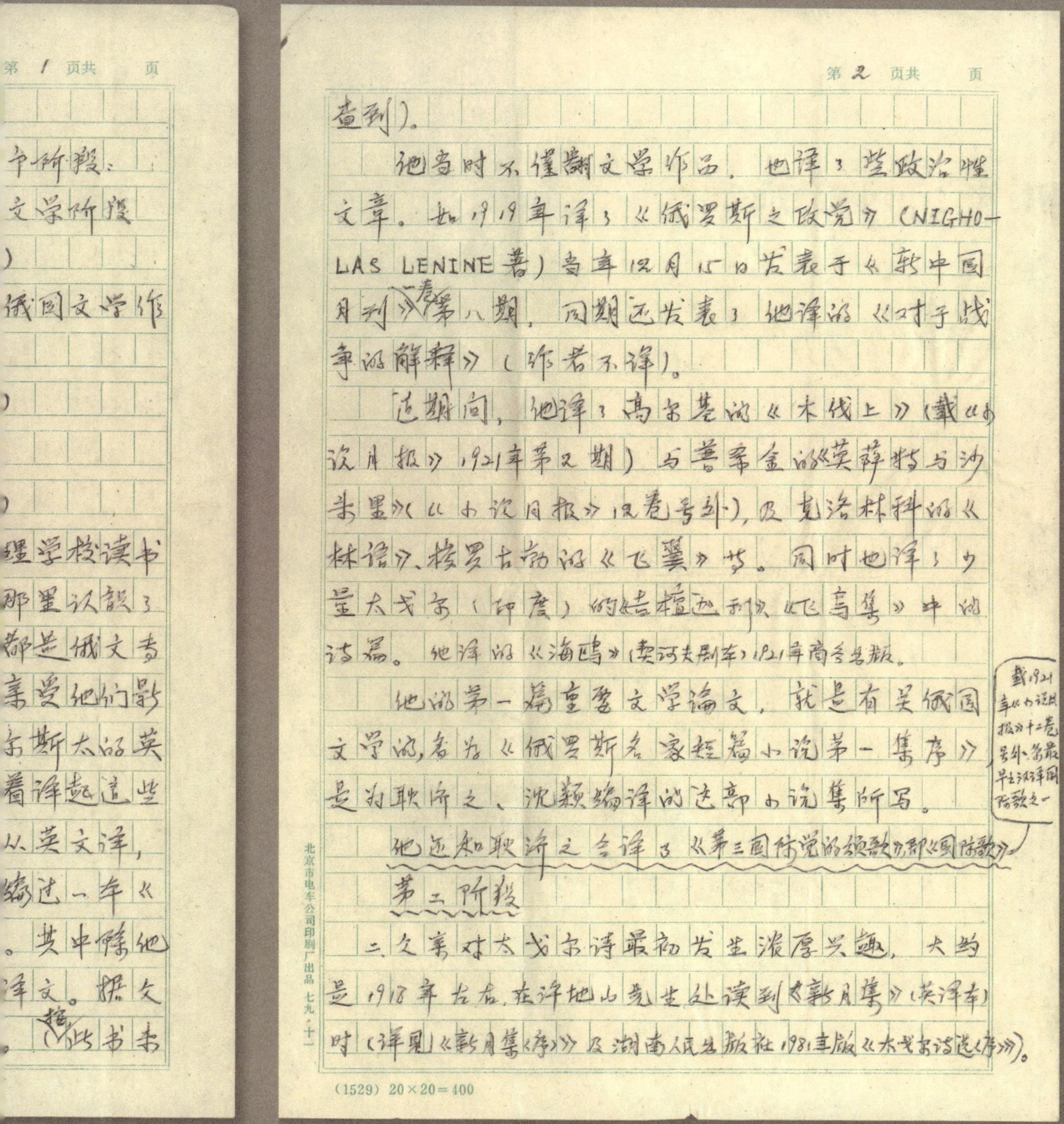

第2页共　页

查到）。

他当时不仅翻译文学作品，也译了些政治性文章。如1919年译了《俄罗斯之政党》（NICHOLAS LENINE著）当年12月15日发表于《新中国月刊》一卷第八期，同期还发表了他译的《对于战争的解释》（作者不详）。

这期间，他译了高尔基的《木筏上》（载《小说月报》1921年第2期）与普希金的《莫萨特与沙来里》（《小说月报》12卷号外），及克洛林科的《林语》、梭罗古勃的《飞翼》等。同时也译了少量太戈尔（印度）的《吉檀迦利》、《飞鸟集》中的诗篇。他译的《海鸥》（契诃夫剧本）1921年商务出版。

他的第一篇重要文学论文，就是有关俄国文学的，名为《俄罗斯名家短篇小说第一集序》是为耿济之、沈颖编译的这部小说集所写。

他还和耿济之合译了《第三国际党的颂歌》即《国际歌》（载1921年《小说月报》十二卷号外，为最早汉译国际歌之一）。

第二阶段

二、父亲对太戈尔诗最初发生浓厚兴趣，大约是1918年左右，在许地山先生处读到《新月集》（英译本）时（详见《新月集·序》及湖南人民出版社1981年版《太戈尔诗选·序》）。

北京市电车公司印刷厂出品 七九·十一

（1529）20×20＝400

陶行知之子陶城致姚新吾

一通（附实寄封一）

一九八三年六月二十五日

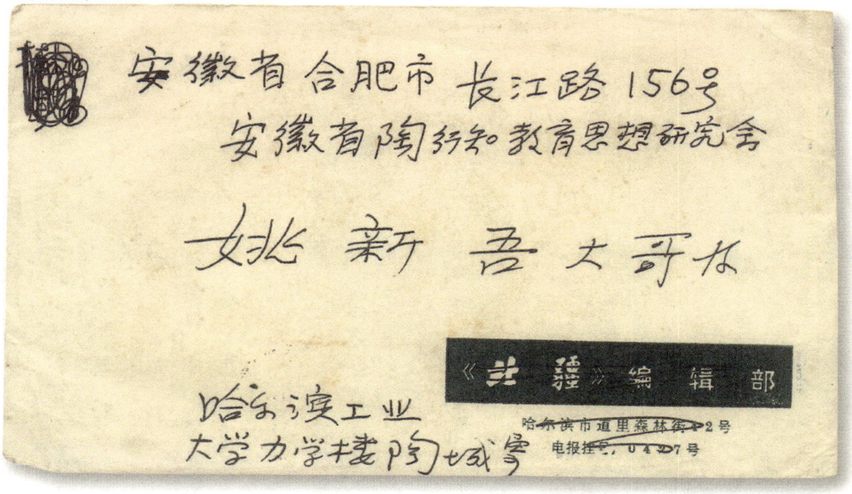

陶行知先生（1891—1946）是我国现代著名教育家、思想家，早年曾在上海发起成立“中国教育学会”，亦为著名爱国人士。其子陶城，任教于哈尔滨工业大学力学系，曾被评为黑龙江省先进科技工作者。

信函上款姚新吾先生，时任安徽省陶行知教育思想研究会会长（陶行知为安徽歙县人），与陶城相熟。信中言及陶城将作为代表出席全省先进科技工作者会议并作典型发言，故专门撰写《学习陶行知的教育思想，办好科技培训工作》一文。陶城称：“该文中心思想，我是三年来怎样用先父教育思想在我市办好科技培训，既是有一定的理论，又有大量的实践。”由此可见其家学渊源。

函中又提及陶城曾撰《回忆先父陶行知》一文，亦可见晚辈于父辈精神之弘扬。

哈尔滨市科学技术协会公用笺 1

新吾大哥：很是想念，很是抱歉，小弟未及回信，是小弟的不是，敬希千万原谅。

四月份我去沪参加中国力学学会教育委员会扩大会会议。四月底回哈后，一度病了，后因要出席省科技先进工作者会议，要我写大会发言稿，又因忙于筹备哈尔滨市力学学会第三届年会及理事改选，撰写第二届理事会总结报告，这一切会务包括论文收集，会员（400多人）分会登记，很多会务杂事全压在我这个秘书长身上，马上接着接待世界著名力学家卞学鐄讲学与赵元任之女儿音乐教授赵如兰（他们29日到哈），我又召开了全市中专力学教师两次座谈会，直到昨天晚上才结束，把小弟忙得不亦乐乎。今接来信，马上于今晨写此信（我已被选为省先进科技工作者）

为了出席全省先进科技工作者会，我赶写出一篇论文“学习陶行知的教育思想，办好科技培训工作”一文，该文中心思想是我三年来怎样用先生教育思想在我市办好科技培训，既是有一定的理论，又有大量的实践，

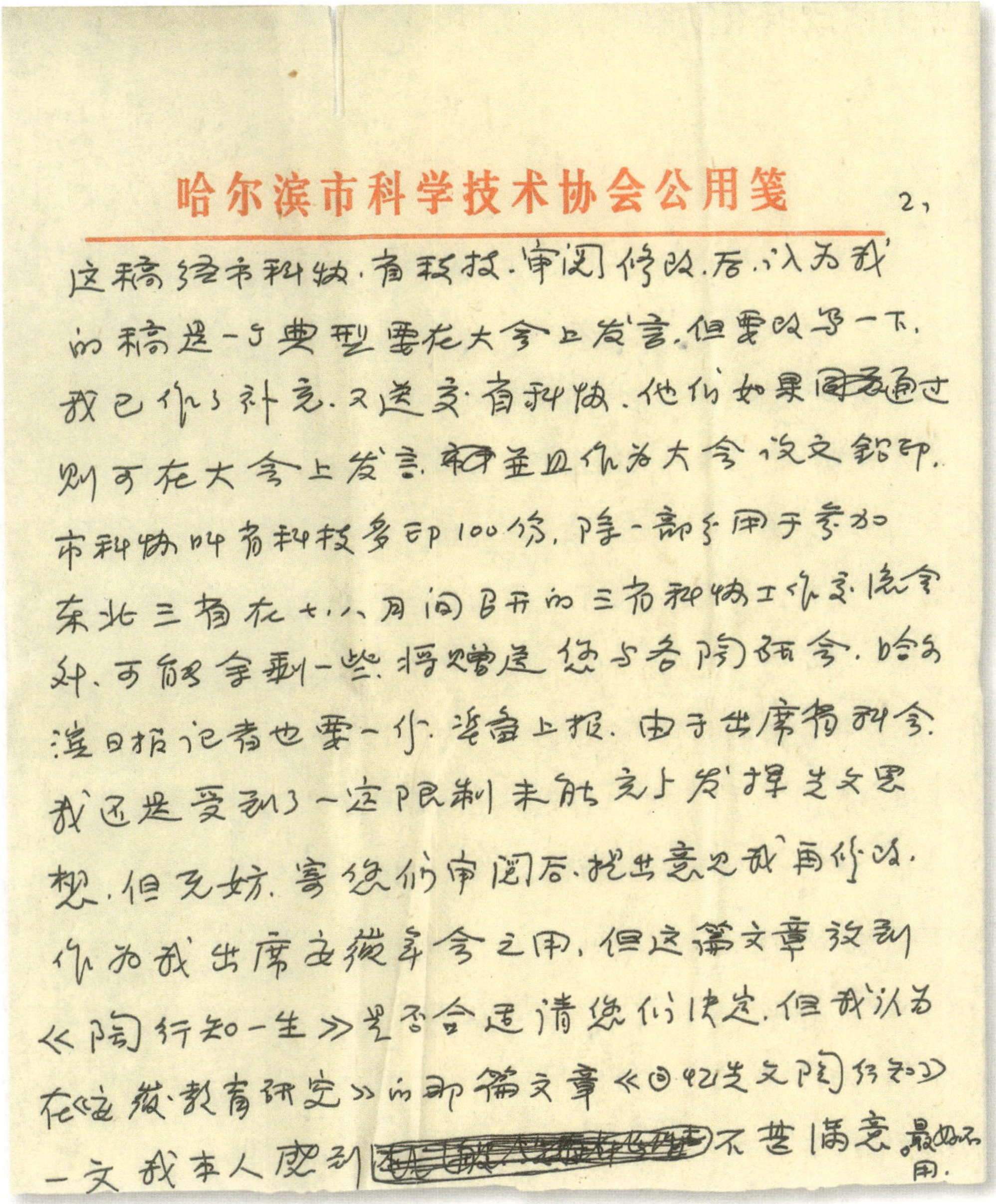

哈尔滨市科学技术协会公用笺

2，

这稿经市科协、省科技、审阅修改后，认为我的稿是一个典型要在大会上发言，但要改写一下。我已作了补充，又送交省科协，他们如果通过则可在大会上发言，并且作为大会论文铅印。市科协叫省科技多印100份，除一部分用于参加东北三省在七、八月间召开的三市科协工作交流会外，可能会剩一些，将赠送您与各陶研会。哈尔滨日报记者也要一份准备上报。由于出席省科会我还是受到一定限制未能充分发挥先父思想，但无妨，寄您们审阅后，提出意见我再修改，作为我出席全省年会之用。但这篇文章放到《陶行知一生》是否合适请您们决定。但我认为在《生活教育研究》的那篇文章《回忆先父陶行知》一文我本人感到不甚满意，最好不用。

茅盾之子韦韬致柯玉生

一通

约一九八三年八月二十日

茅盾先生（1896—1981）是我国著名作家、文学评论家、社会活动家，是我国现代文学的先驱之一。韦韬先生为其独子，主要在新闻战线工作。在一篇访谈中，韦韬先生曾言：“父亲去世后，我们有一个想法，……就是要把茅公一生所做的事情发扬光大，把他所写的东西比较完整地保存下来给后人。为此，在这二十多年里，我们为父亲做了几件事：建立茅盾故居，续写完成回忆录《我走过的道路》，撰写出版《父亲茅盾的晚年》和《我的父亲茅盾》等，出版《茅盾全集》，成立茅盾研究会。最后一件事是为父亲生前留下来的档案资料找到了很好的归宿，移交给家乡——桐乡市档案馆保存。”

慎终追远，继承发扬，诚后辈之责任！此札所用信笺，即“茅盾全集编辑委员会”专用。信中提及《茅盾童话选》《茅盾全集》的出版，《茅盾全集》于1984年由人民文学出版社出版，曾获第六届“国家图书奖”。

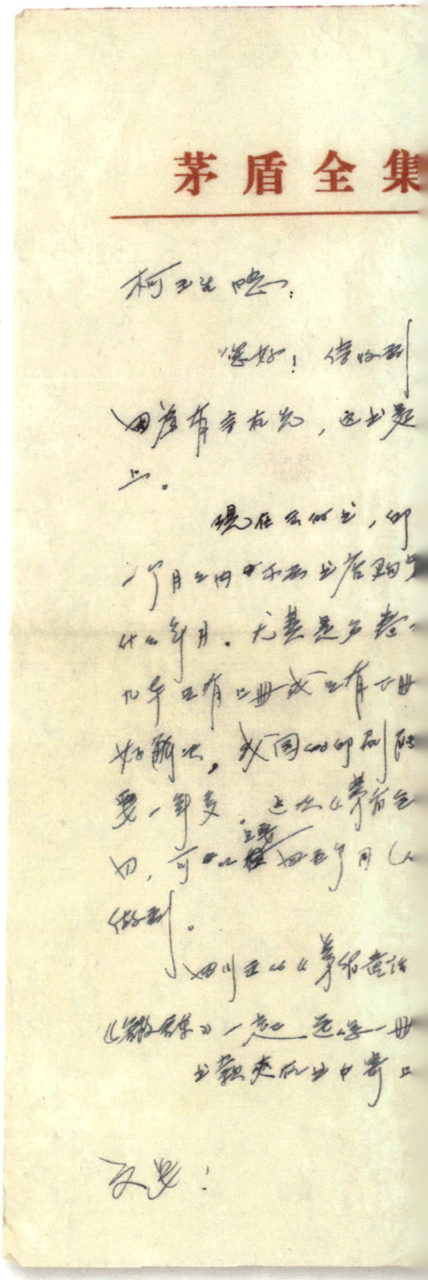
茅 盾 全 集

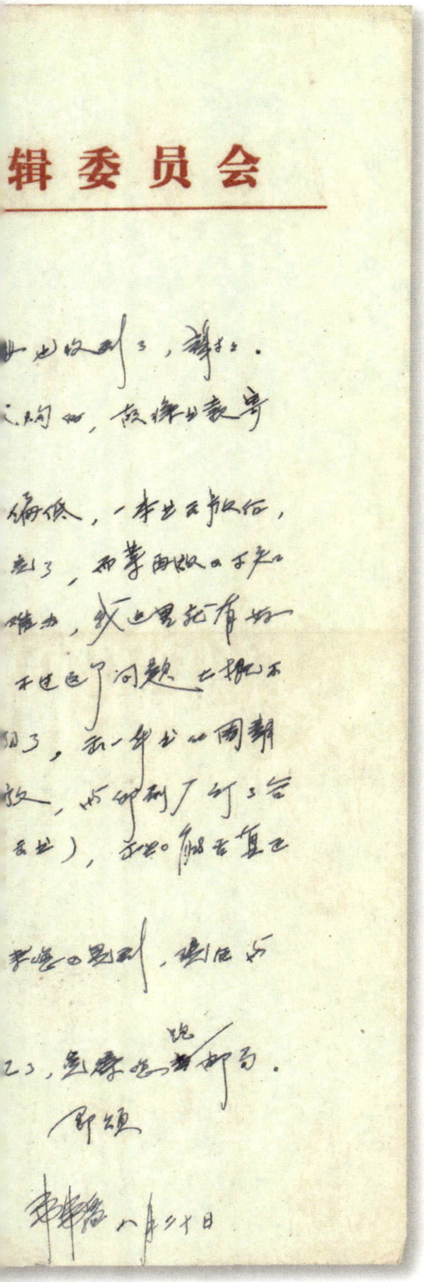
辑委员会

释　文

柯玉生同志：

您好！信收到了，书七册也收到了，谢谢。因为有言在先，这书是请您代购的，故将书款寄上。

现在出的书，印数总患偏低，一本书出版后，一个月之内不去书店购买，就售完了，而等再版又不知什么年月。尤其是分卷出的书更难办，我这里就有好几本只有上册或只有下册的书。不过这个问题大概不好解决，我国的印刷能力太薄弱了，出一本书的周期要一年多。这次《茅盾全集》的出版，与印刷厂订了合同，可以只要四五个月(从发稿到出书)，不知能否真正做到。

四川出的《茅盾童话选》，想来您已见到，现在与《锻炼》一起送您一册。

书款夹在书中寄上，不邮汇了，免得您跑邮局。即颂，

文安！

韦韬

八月二十日

叶圣陶之子叶至善致《中国教育报》编辑部

一通（附实寄封一）

一九八四年五月十五日

叶至善先生（1918—2006），著名教育家叶圣陶先生（1894—1988）长子，著名少儿科普作家、优秀编辑工作者。受父亲影响，长期从事写作与编辑工作，历任开明书店和中国青年出版社编辑、中国少儿出版社社长，主编过《中学生》杂志。

1984年5月15日，叶至善先生致函《中国教育报》编辑部，从内容看，当是代父亲致函。编辑部曾约叶圣陶先生写一篇序言，因叶老其时已九十高龄且患感冒，故文章写得有点“文不对题”。编辑部花了很大力气修改，叶老依然觉不尽如人意。叶至善先生在信中称“我父亲说实在对不起你们，让你们白费了气力，序言仍旧没法用”，足见叶老对作品要求之严格，对文字工作之敬畏。

信中又言：“他要自己写信向你们道歉并说明他的意思，可是我做儿子的实在不忍他手术才过又要多费心思，所以由我来转达他的意思。我只有一句话，恳求你们从爱护我的父亲出发，千万不用这篇序言。”由此一一可见儿子对父亲之孝敬爱护，又可见父子两代敬业尽职、止于至善之严谨态度，着实令人肃然起敬！

信的末段谈及对批评文章的处理态度，亦属文学批评范畴之真知灼见。

释　文

编辑部负责同志：

你们花了很大的力气，修改了我父亲写的那篇序言，结果仍旧“文不对题”。我把你们改的部分和后面没有改的部分念给父亲听了，父亲说，他只好向你们道歉。你们是把中选的应征文送给他的，但是他的视力极度衰退，实在没法看；你们可能把集子的内容向他说得很明白，因为他当时已经开始感冒，没有听清楚，以后在轻度发烧的情况下写文章，连文不对题的文章也没有说充畅。后来，你们发觉这篇序言文不对题，去医院跟他商量如何修改。他手术才过，回忆不起他在那篇序言中写了些什么，因而无从考虑，也实在没有精神考虑，只好说由你们去改吧。

可是从改的结果看，第一段还可勉强，以下的仍旧文不对题。我父亲说实在对不起你们，让你们白费了气力，序言仍旧没法用。他还说文不对题是客观的，是读者都能看出来的，不会因为他作者点了头，就改变了情况，文就变得对题了。他要自己写信向你们道歉并说明他的意思，可是我做儿子的实在不忍他手术才过又要多费心思，所以由我来转达他的意思。我只有一句话，恳求你们从爱护我的父亲出发，千万不用这篇序言。此事就到此了结，我不能在〔这〕件事情上再花工夫了，请原谅。

附来的那篇文章，我没有看。我以为，不管谁发表的文章，总有人有不同看法的。写批评文章的人对原先的那篇文章有没有误解，批评有没有诚意（对不对倒在其次），应该由编辑去判断；要不要在刊物上发表，也应该由编辑决定，不必跟被批评的那篇文章的作者商量，更用不到征得他的同意。因为作者在批评他的文章发表之前，是很难表示意见的。等到批评文章发表之后，被批评的作者方可写文章或者表示接受批评，或者进行反驳，或者不置可否，不写文章。我建议你们是否可以采取这样的原则，否则不容易在报刊上展开批评。

实在对不起，我忙得不亦乐乎，贾岩同志是知道的。字迹潦草，又涂又改，不重抄了，很对不起。敬颂，

编安。

叶至善

5月15日

稿件另行封寄，请注意查收。

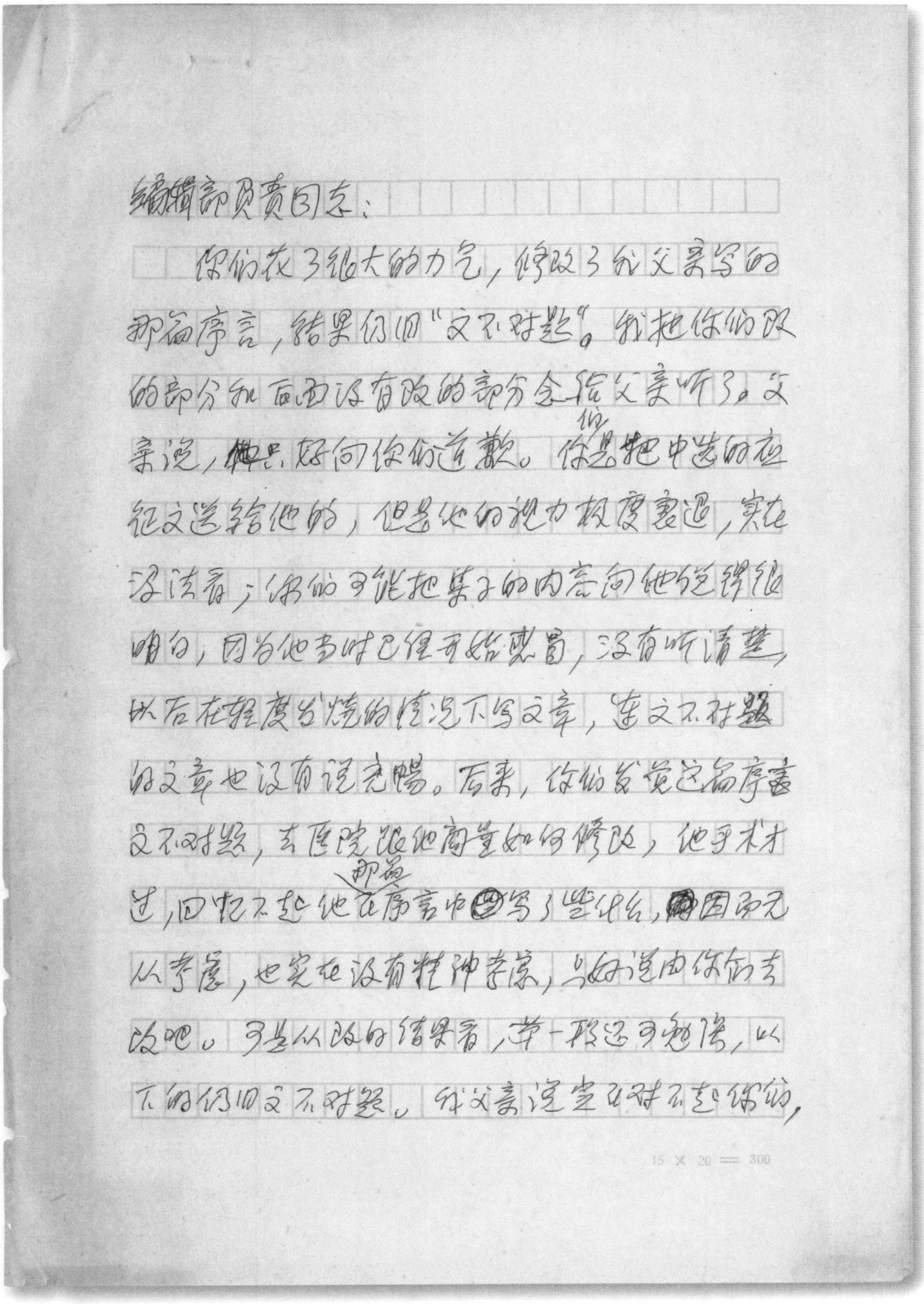
编辑部负责同志：

你们花了很大的力气，修改了我父亲写的那篇序言，结果仍旧"文不对题"。我把你们改的部分和后面没有改的部分念给父亲听了。父亲说，他只好向你们道歉。你们是把中选的应征文送给他的，但是他的视力极度衰退，实在没法看；你们可能把集子的内容向他说得很明白，因为他当时已经开始患病，没有听清楚，以后在轻度发烧的情况下写文章，连文不对题的文章也没有说通畅。后来，你们发觉这篇序言文不对题，去医院跟他商量如何修改，他手术过，回忆不起他在那篇序言中写了些什么，因而无从考虑，也实在没有精神考虑，只好说由你们去改吧。可是从改的结果看，第一段还可勉强，以下的仍旧文不对题。我父亲说实在对不起你们，

15 × 20 = 300

让你们白费了气力，序言仍旧不适用。他还说文不对题是客观的，是读者都能看出来的，不会因为他作者点了头，就改变了情况，文就变得对题了。他要自己写信向你们道歉并说明他的意思，可是我做儿子的实在不忍他手术才过又要多费心思，所以由我来转达他的意思。我只有一句话，恳求你们从爱护我的父亲出发，千万不用这篇序言。此事就到此了结，我不能在件事情上再花工夫了，请原谅。

附来的那篇文章，我没有看。我以为，不管谁发表的文章，总有人有不同看法的。写批评文章的人对原先的那篇文章有没有误解，批评有没有诚意（对不对倒在其次），应该由编辑去判断，要不要在刊物上发表，也应该由编辑决定。不必跟被批评的那篇文章的作者商量，更

15×20＝300

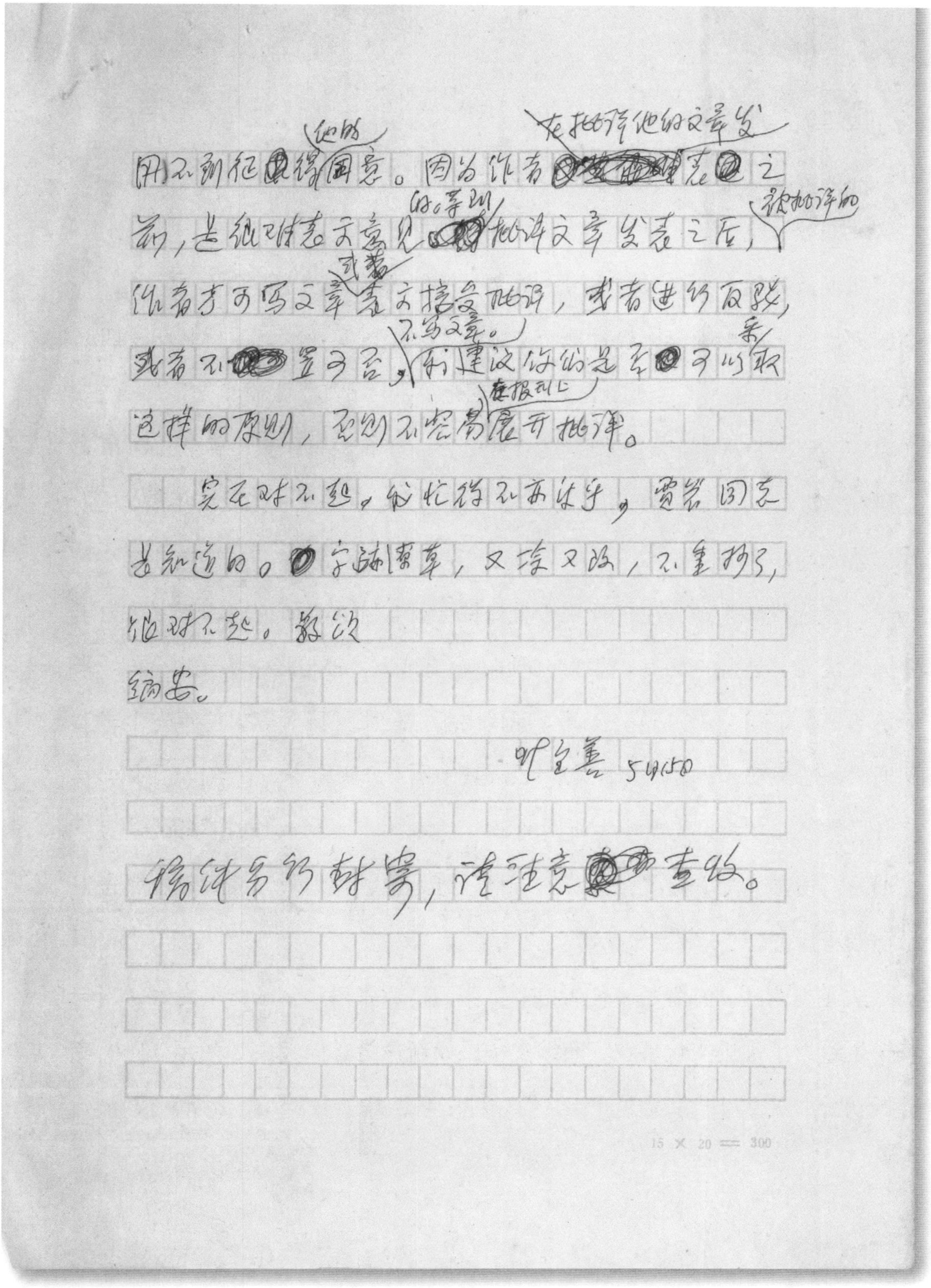

用不到征得他的同意。因为作者在批评他的文章发表之前，是很难知道有意见的。批评文章发表之后，被批评的作者才可写文章表示接受批评，或者进行反驳，或者不写文章，置之不理。我建议你们是否可以采取这样的原则，否则不容易在报刊上展开批评。

实在对不起，我忙得不可开交，贵报同志是知道的。字迹潦草，又涂又改，不重抄了，很对不起。敬祝

编安。

叶至善 5月15日

稿件另行封寄，请注意查收。

张元济之子张树年致陈梦熊

二通

一九八四年五月二十四日、十二月二十二日

张元济先生（1867—1959），号菊生，浙江海盐人，出身名门，清末进士，中国近代杰出的出版家、教育家、文献学家、爱国实业家，主持影印《四部丛刊》和校印百衲本《二十四史》等，嘉惠士林甚巨。其子张树年先生（1907—2004），虽主要从事金融工作，然在文史方面亦有深厚积累，曾任上海市文史研究馆馆员。树年先生于弘扬其父德业不遗余力，编有《张元济年谱》《张元济蔡元培往来书信集》，著有《我的父亲张元济》等。

信函上款陈梦熊先生，任职于上海社会科学院文学研究所，毕生致力于中国现代文学史料的发掘、整理与研究，卓有成就。曾与张树年先生合编《张元济年谱》，与董进泉先生合著《现代出版楷模张元济》等。树年先生寄书两通，一通函索《学术研究》文章[①]，因其中所言“废科举、兴学校、创学会、广开民智”，“就是先严毕生所做的事”。其中“先严”，即指张元济先生。二通言《祖国丛书》之《张元济》“早已订入选题计划”，并邀陈梦熊先生承担撰写任务。

夫子有言：“知者乐，仁者寿。”张元济、张树年父子皆享高寿，当与其毕生致力于推进文化事业、赓续中华民族新命之志向相关。张元济先生晚年撰联云“数百年旧家无非积德，第一件好事还是读书”，信哉斯言！

①此文题为《维新运动与中国近代科技发展》，发表于《学术研究》1984年第2期，作者为曾近义、颜泽贤。

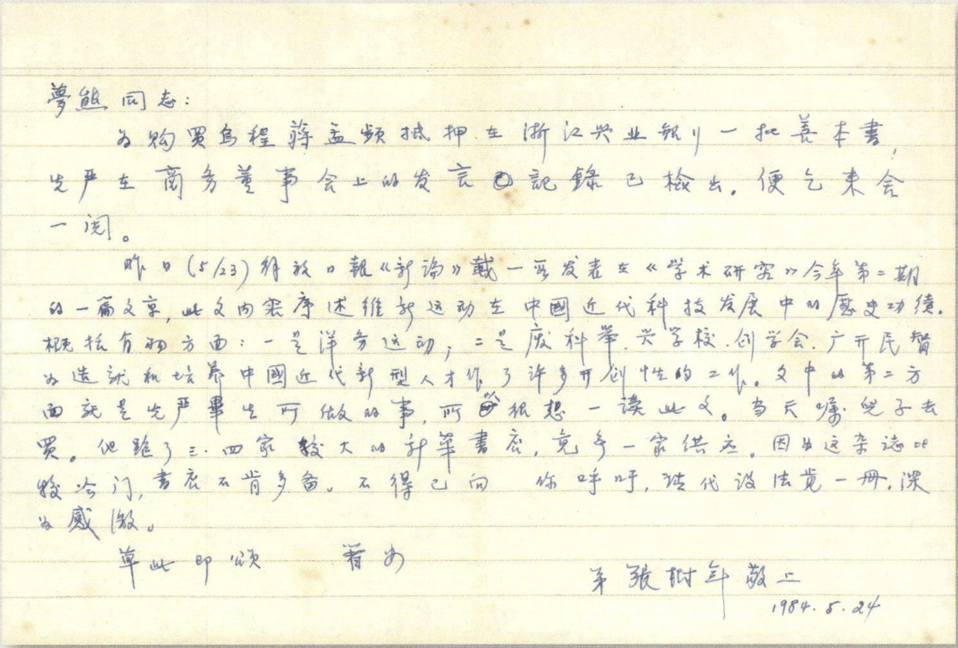

梦熊同志：

为购买乌程蒋孟频抵押在浙江兴业银行一批善本书，先严在商务董事会上的发言记录已检出，便乞来舍一阅。

昨日（5/23）解放日报《新论》载一段发表在《学术研究》今年第二期的一篇文章，此文内容序述维新运动在中国近代科技发展中的历史功绩，概括有两方面：一是洋务运动；二是废科举、兴学校、创学会，广开民智，为造就和培养中国近代新型人才作了许多开创性的工作。文中的第二方面就是先严毕生所做的事，所以很想一读此文。当天嘱儿子去买，他跑了三、四家较大的新华书店，竟无一家供应。因为这杂志比较冷门，书店不肯多备。不得已向你呼吁，请代设法觅一册，深为感激。

草此即颂 著安

弟张树年敬上

1984.5.24

释 文 / 第一通

梦熊同志：

为购买乌程蒋孟频抵押在浙江兴业银行一批善本书，先严在商务董事会上的发言记录已检出，便乞来舍一阅。

昨日（5.23）解放日报《新论》载一段发表在《学术研究》今年第二期的一篇文章，此文内容序述维新运动在中国近代科技发展中的历史功绩，概括有两方面：一是洋务运动，二是废科举、兴学校、创学会，广开民智，为造就和培养中国近代新型人才作了许多开创性的工作。文中的第二方面，就是先严毕生所做的事，所以很想一读此文。当天嘱儿子去买，他跑了三四家较大的新华书店，竟无一家供应。因为这杂志比较冷门，书店不肯多备。不得已向你呼吁，请代设法觅一册，深为感激。

草此即颂，著安！

弟 张树年 敬上

1984.5.24

夢熊同志：

好久不见，念念。丁老读了大作，提出一点建议嘱奉告，即商务公私合营在1954年五月，而不是1956年。

人民出版社出版《祖國丛書》，先严列入传记之中。青年報社那位女记者现在推说工作忙，不准备写。我以此事去信告知该社張同志。顷得其复信说：《張元济》一题早已订入选题计划。你以家属身份可以再联系和介绍作者。未知吾兄有意承担否？如有意望来舍一谈。此请 冬安

張樹年 敬上

1984.12.22

释　文 / 第二通

梦熊同志：

好久不见，念念。丁老读了大作，提出一点建议，嘱奉告，即商务公私合营在1954年五月，而不是1956年。

人民出版社出版《祖国丛书》，先严列入传记之中。青年报社那位女记者现在推说工作忙，不准备写。我以此事去信告知该社张同志，顷得其复信说："《张元济》一题早已订入选题计划，你以家属身份可以再联系和介绍作者。"未知吾兄有意承担否？如有意，望来舍一谈。此请，冬安！

张树年　敬上

1984.12.22

张树年、张人凤父子致秦慰祖

三通（附实寄封二）

二〇〇一年十一月二十四日、二〇〇二年四月二十五日、二〇〇四年四月二十五日

张人凤先生为张树年先生之子、张元济先生嫡孙，毕业于上海师范大学，任上海市文史研究馆馆员。人凤先生倾力于研究张元济先生之生平与事业，在张元济与商务印书馆研究方面贡献甚大，著有《张元济年谱长编》《智民之师·张元济》等，编有《张元济全集》《张元济研究论文集》及续编等。

书信上款秦慰祖先生供职于上海交通大学校史博物馆，其时正征集相关校史资料。上海交大前身为南洋公学，张元济先生早年曾经李鸿章（1823—1901）介绍在此工作过。

张树年先生函中提及要向上海交大校史博物馆赠送张元济主编的《续古逸丛书》一套。张人凤信函两通，第一通提及托秦慰祖复印的“先母手迹”，第二通提及向上海交大校史博物馆提供“一封1936年交通大学致张元济先生信”，又试图函索上海交大40周年校庆纪念册中张元济回忆文章及《追溯四十九年前今日之交通大学》一文。从张氏父子书信不难看出，其亦时刻不忘先祖德业也。

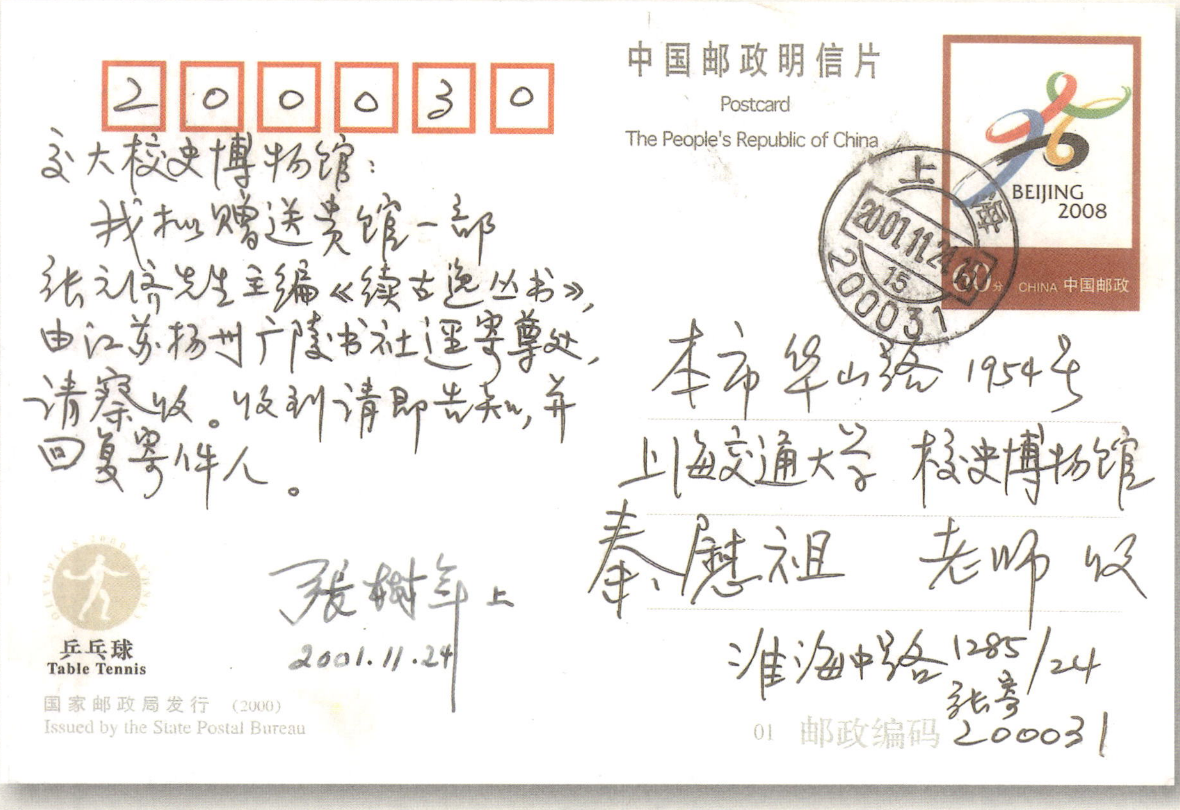

释　文 / 第一通

交大校史博物馆：

我拟赠送贵馆一部张元济先生主编《续古逸丛书》，由江苏扬州广陵书社迳寄尊处，请察收。收到请即告知，并回复寄件人。

张树年　上

2001.11.24

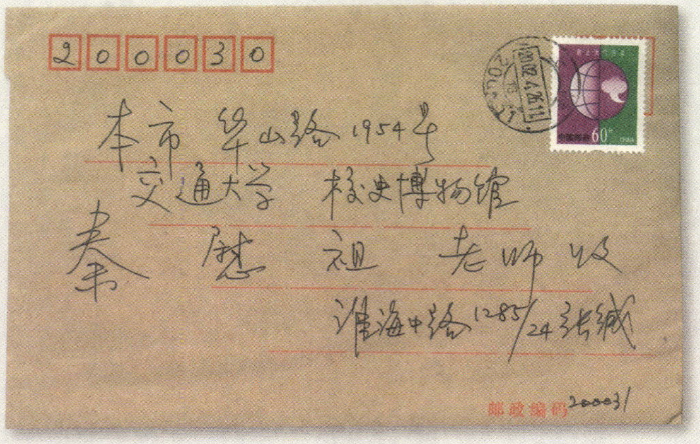

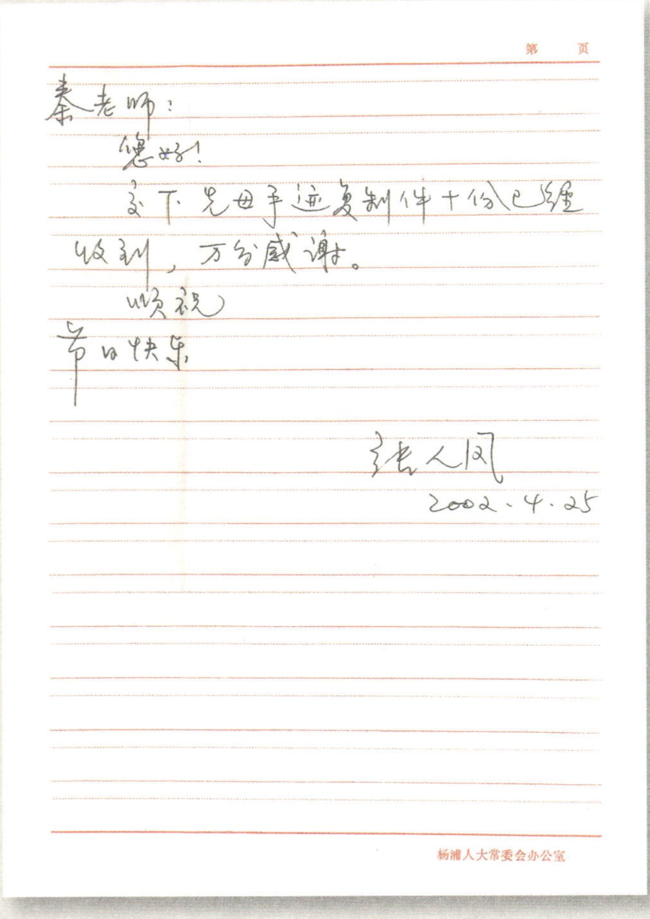

第 页

秦老师：

您好！

交下先母手迹复制件十份已经收到，万分感谢。

顺祝

节日快乐

张人凤

2002.4.25

杨浦人大常委会办公室

释 文 / 第二通

秦老师：

您好！

交下先母手迹复制件十份已经收到，万分感谢。

顺祝，节日快乐！

张人凤

2002.4.25

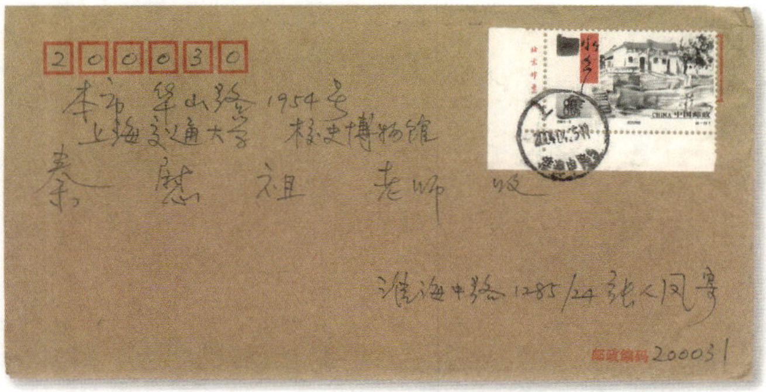

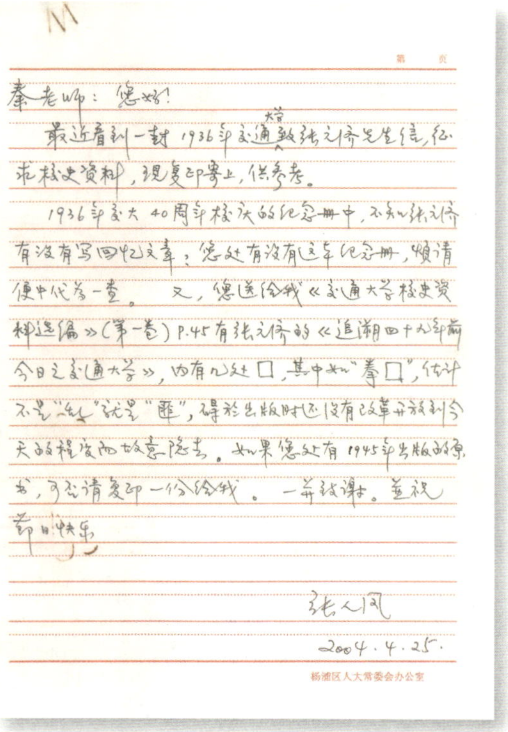

秦老师：您好！
最近看到一封1936年交通大学致张元济先生信，征求校史资料，现复印寄上，供参考。
1936年交大40周年校庆的纪念册中，不知张元济有没有写回忆文章，您处有没有这本纪念册，烦请便中代为一查。又，您送给我《交通大学校史资料选编》（第一卷）P.45有张元济的《追溯四十九年前今日之交通大学》，内有几处□，其中如"拳□"，估计不是"乱"就是"匪"，碍于出版时还没有改革开放到今天的程度而故意隐去。如果您处有1945年出版的原书，可否请复印一份给我。一并致谢。并祝节日快乐
张人凤
2004.4.25.
杨浦区人大常委会办公室

释　文 / 第三通

秦老师：

您好！

最近看到一封 1936 年交通大学致张元济先生信，征求校史资料，现复印寄上，供参考。

1936 年交大 40 周年校庆的纪念册中，不知张元济有没有写回忆文章？您处有没有这本纪念册？烦请便中代为一查。

又，您送给我《交通大学校史资料选编》（第一卷）P45 有张元济的《追溯四十九年前今日之交通大学》，内有几处□，其中如“拳□”，估计不是“乱”就是“匪”，碍于出版时还没有改革开放到今天的程度而故意隐去。如果您处有 1945 年出版的原书，可否请复印一份给我？一并致谢，并祝节日快乐！

张人凤

2004.4.25

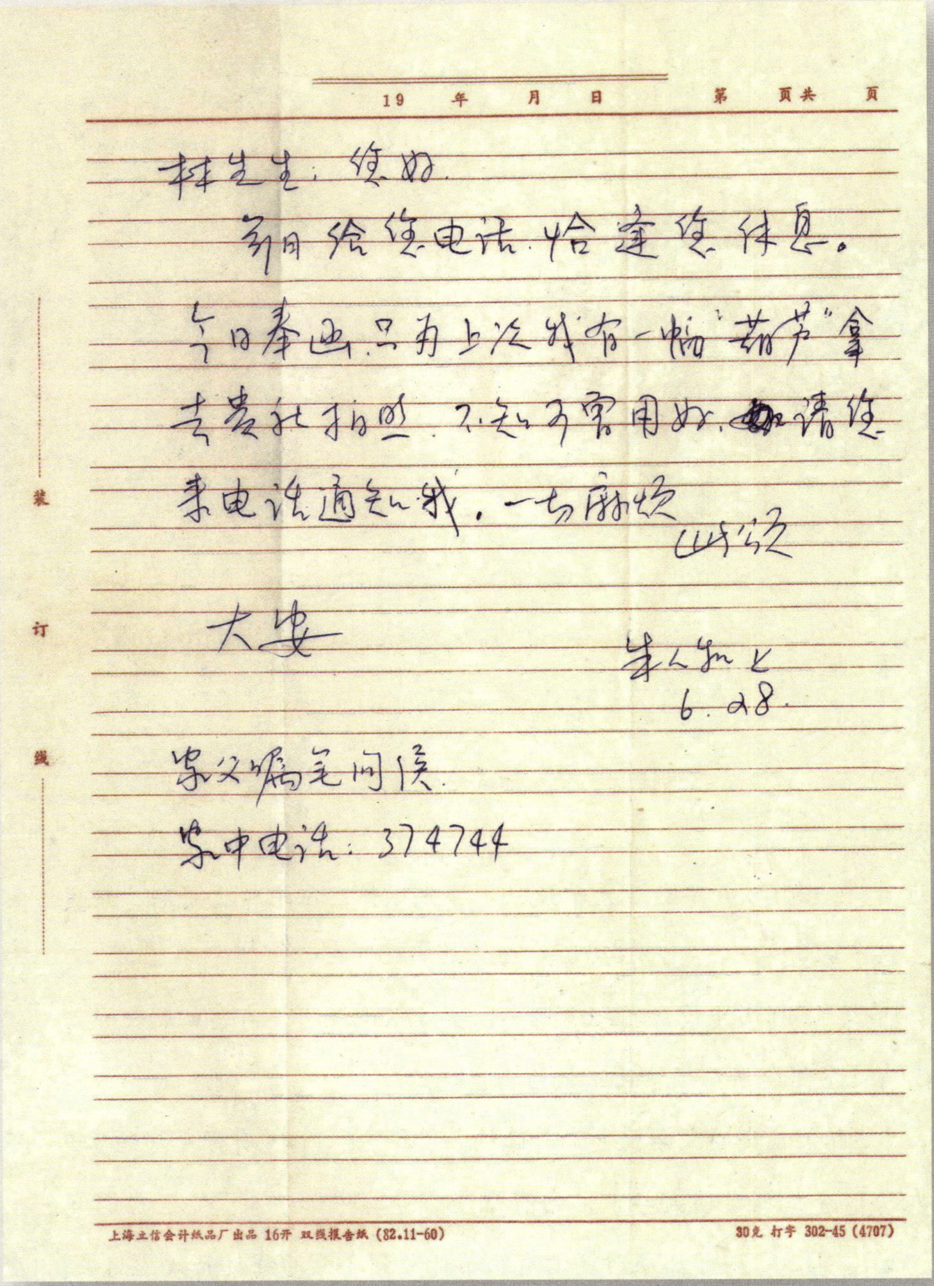

19　年　月　日　　　第　页共　页

林先生：您好。

前日给您电话，恰逢您休息。

今日奉函，只有上次我有一幅"葫芦"拿去贵社拍照，不知可曾用好，请您来电话通知我，一切麻烦

此致

大安

朱人秋上

6.28

家父嘱笔问候

家中电话：374744

装　订　线

上海立信会计纸品厂出品 16开 双线报告纸（82.11-60）　　30克 打字 302-45（4707）

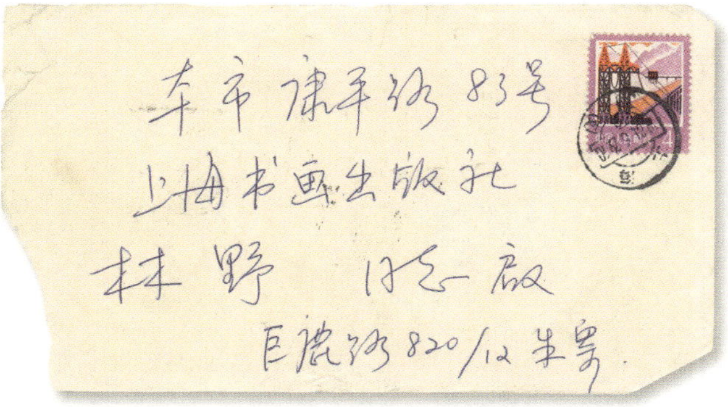

朱屺瞻之子朱人和致林野

一通（附实寄封一）

一九八四年六月二十八日

朱屺瞻先生（1892—1996），江苏太仓人，著名画家，曾任中国美协、中国书协理事，西泠印社顾问。朱人和先生为其幼子。

信札上款林野先生，为上海书画出版社编辑。书信内容无他，乃问询《葫芦》画作情况，此画或为朱屺瞻先生所作。信末附加“家父嘱笔问候”一语，颇为温馨，其时屺瞻老已九十二岁高龄矣。

梁漱溟之子梁培恕致孙乃

一通

约一九八八年

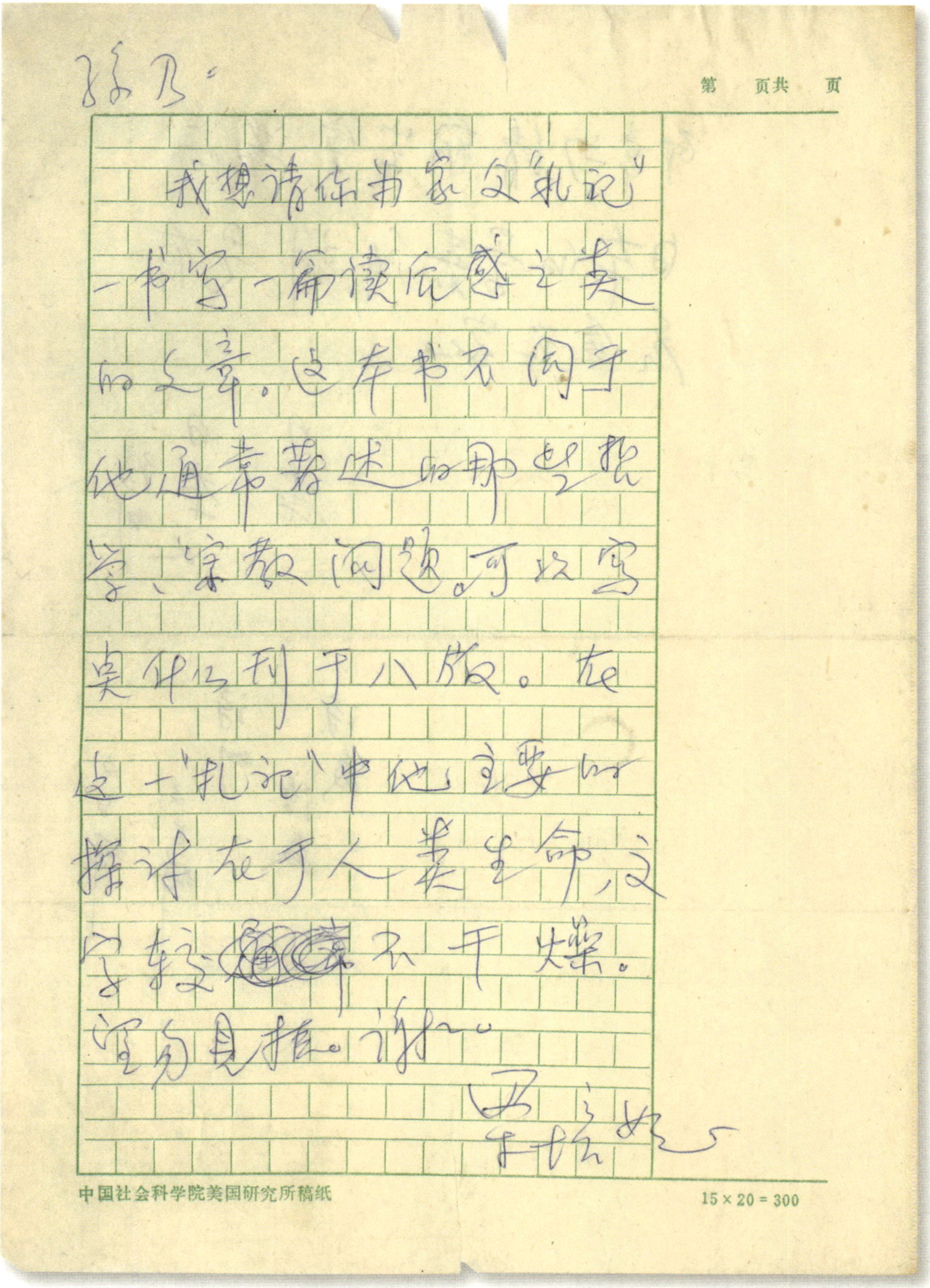

孙乃：

我想请你为家父"札记"一书写一篇读后感之类的文章。这本书不同于他通常著述的那些哲学、宗教问题。可以写点什么刊于小报。在这个"札记"中他主要的探讨在于人类生命，文字较不干燥。望勿见推。谢谢。

梁培恕

第　页共　页

中国社会科学院美国研究所稿纸　15×20＝300

梁漱溟先生（1893—1988）是我国著名思想家、哲学家、社会活动家，一生致力于乡村建设运动，是现代新儒家的代表人物，著有《东西文化及其哲学》《人心与人生》等。梁先生去世后，长子梁培宽、次子梁培恕均积极从事梁漱溟先生文稿的编辑、出版和研究工作。

此札当撰于梁先生过世之后，上款孙乃先生（1924—2009），生前任《人民日报》高级编辑。梁培恕先生信中所言“家父‘札记’”，当指梁漱溟先生所著《勉仁斋读书录》。培恕先生以为此书“不同于他通常著述的那些哲学、宗教问题”，乃约请孙乃写一篇读后感。孙氏文成，题为《〈勉仁斋读书录〉读后》，先发表于1989年3月27日《人民日报》（海外版），后被收录于《阅读梁漱溟》（中国文史出版社2012年版）一书。

释　文

孙乃：

我想请你为家父“札记”一书写一篇读后感之类的文章。这本书不同于他通常著述的那些哲学、宗教问题，可以写点什么刊于八版。在这一“札记”中，他主要的探讨在于人类生命，文字较不干燥。望勿见拒。谢谢！

梁培恕

親愛的小梅：

收到你的信很久了，一直沒回你信很抱歉，加上又是舊曆年，人很勞累，請你原諒。

你在報上[illegible]嗎：看你來的信詞文并茂，好像看一篇美好的散文，不愧是家學淵源，有美好學術修養的父母教導，再加上你的努力，更是青出於藍了。你也會像父親一樣成為國內數一數二的名作家了。

由於兩岸經濟文化各方面的交流，使兩岸關係更順暢，加上各种媒体的傳送，不再隔閡，一切發生就在目前，希望往後更能再上一層樓，你說對嗎。

由衷的希望有一日你能來台灣玩，台灣的名勝較大陸差得多了，但亞熱帶的寶島又有一种情趣。從報紙及電視媒体上看到現在北京有了很多新玩意，如舞廳、歌廳，這些也是台灣人帶去的不良風俗。我們常由電視中看到大陸河山（還有許多電視劇來大陸拍的）。姑爸前年回來，因身体關係不能遊玩，遺憾萬分，希望身体好一点回來一償宿願。

我最近身体還好，謝謝你的关心，就是手腳麻木尤甚，手握筆困難，但也不妨使喚，字寫得很難看，請你原諒。因握筆困難故信也少寫，請向爸爸媽媽代為致歉。匆匆再談。

代向爸爸媽媽問好　祝新春快樂

大姑 巽春 手上

2.26.1991

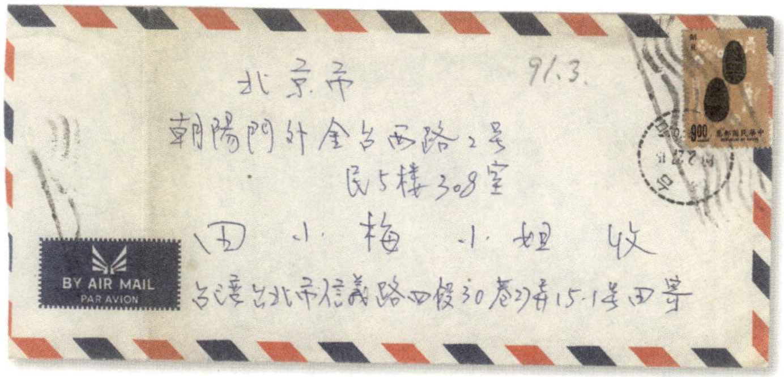

田巽春致袁鹰之女田小梅

一通（附实寄封一）

一九九一年二月二十六日

书信上款田小梅，为现代著名散文家袁鹰先生（原名田钟洛）之女。致函者田巽春女士，则为袁鹰先生之妹，故落款署为“大姑”，其时客居台北。1991 年，海峡两岸互通已有时日，故信中大姑力邀小梅到台湾游玩。信中对小梅之写作才能亦多赞许，称：“看你来的信，词文并茂，好像看一篇美好的散文，不愧是家学渊源。有美好学术修养的父母教导，再加上你的努力，更是青出于蓝了。你也要像父亲一样，成为国内数〔一〕数二的名作家了。”由此亦可见家学对子女成长之深刻影响。

郁达夫之子郁飞致黑尼先生

一通

一九九一年四月十二日

郁达夫先生（1896—1945），浙江富阳人，著名作家、革命烈士。著有《沉沦》《故都的秋》《春风沉醉的晚上》等名作，在现代文学史上享有盛名。其子郁飞先生（1928—2014），乃郁达夫先生与第二任妻子王映霞女士（1908—2000）所生，曾入读于上海暨南大学外语系，后曾在大学任教，又在浙江文艺出版社外国文学室从事翻译出版工作。

上款黑尼先生，本名陈毓淦，福建闽侯人，知名诗人、作家，与郁达夫交好。信中言：“去年完成的《瞬息京华》新译，算是替先父还了一笔文债。”《瞬息京华》即为著名作家林语堂英文名作 *Moment in Peking*（《京华烟云》）。起初，林语堂曾约郁达夫将其译为中文，但郁氏仅译几章便因故耽搁。数载后，郁飞先生费十年之功终于完成，于 1991 年由湖南文艺出版社出版，该书是 *Moment in Peking* 众多中译本中较出色的一部。

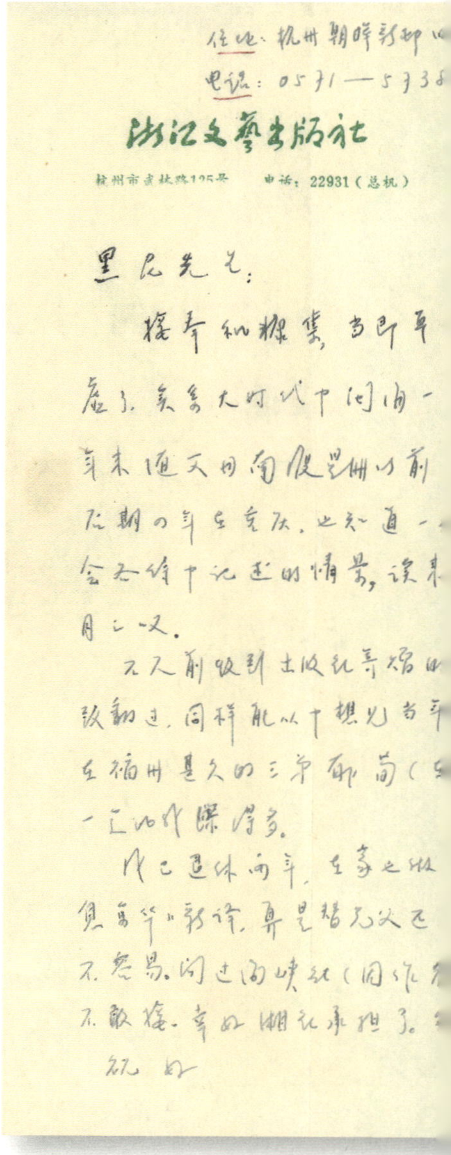
浙江文艺出版社

杭州市武林路125号　电话：22931（总机）

黑尼先生：

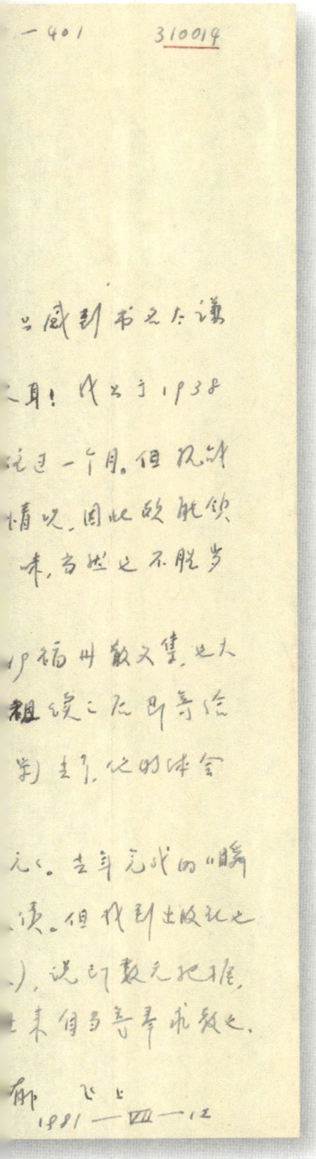
—401 310014
只感到书名太谦
耳！我只于1938
过一个月。但抗战
情况。因此颇能领
味，当然也不胜岁
福州散文集，也大
粗读之后即寄给
学）去了，他的体会
玩。去年完成的《瞬
债。但找到出版社也
），说印数无把握，
来自当寄奉求教也。
郁 飞上
1991—四—12

释　文

黑尼先生：

接奉《秕糠集》，当即草草翻阅，只感到书名太谦虚了，实系大时代中闽海一角之诗史耳！我只于1938年末随父母南渡星洲以前在福州住过一个月。但抗战后期四年在重庆，也知道一点各地情况。因此颇能领会各诗中记述的情景，读来甚感兴味，当然也不胜岁月之叹。

不久前收到出版社寄赠的1931—49福州散文集，也大致翻过，同样能从中想见当年情形。粗读之后，即寄给在福州甚久的三弟郁荀（在昆明大学）去了，他的体会一定比我深得多。

我已退休两年，在家也做点事，也玩玩。去年完成的《瞬息京华》新译，算是替先父还了一笔文债。但找到出版社也不容易，问过海峡社（因作者是闽人），说印数无把握，不敢接，幸好湘社承担了。秋后书出来，自当寄奉求教也。

祝好！

郁飞　上

1991.4.12

陈寅恪之女陈流求、陈美延致邓瑞

一通（附实寄封一）

一九九四年八月八日

陈寅恪先生（1890—1969），字鹤寿，江西修水人，著名历史学家、古典文学家、语言学家、诗人，曾任清华国学院“四大导师”之一，晚年任教于中山大学历史系。著有《隋唐制度渊源略论稿》《唐代政治史述论稿》《元白诗笺证稿》《金明馆丛稿》《柳如是别传》等，在学术界、思想界享有崇高威望。其祖父为湖南巡抚陈宝箴（1831—1900），其父为晚清著名诗人陈三立（1855—1937），家学渊源极其深厚。

致函者陈流求、陈美延，分别为陈寅恪先生之长女与幼女。陈

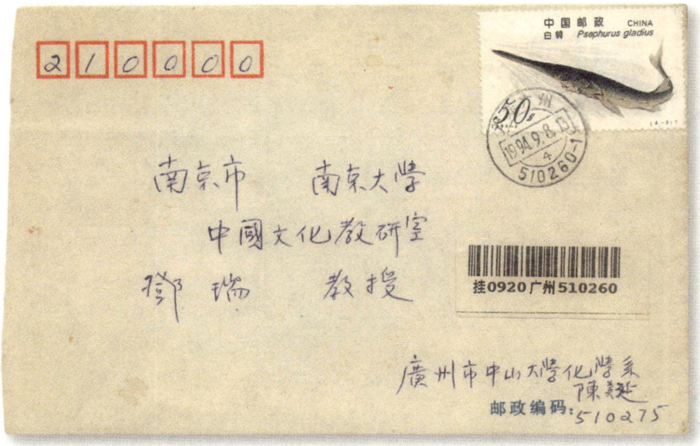

流求现为成都市第二人民医院退休职工，陈美延为中山大学化学系退休教师。陈寅恪先生去世后，两位女儿着意搜罗和整理其先父遗著，殚精竭虑，功劳甚大。

信札上款邓瑞先生，为南京大学历史系教授。陈流求、陈美延致函目的，乃请邓瑞先生查检“邓伯父遗物中有无先父的诗文、书信”。“邓伯父”，即为著名历史学家邓之诚先生（1887—1960）。邓瑞为其哲嗣，曾整理出版《邓之诚文史札记》《骨董琐记全编》等。

中 山 大 学

Zhongshan (Sun Yatsen) University Guangzhou. People's Republic of China

鄧瑞先生：

現寄上 令尊詩作复印件一張，目前僅找到此件，其余信件等尚未發現。

如能請 令兄也查到一下 鄧伯父遺物中有無先父的詩文、書信，則不勝感謝，並請示之令兄的姓名、地址、電話。

再次致謝，此頌

教祺

陳流求 美延 94.8.8

复函地址

[610016] 四川成都青石橋北街35号 陳流求

释 文

邓瑞先生：

现寄上令尊诗作复印件一张。目前仅找到此件，其余信件等尚未发现。

如能请令兄也查找①一下邓伯父遗物中有无先父的诗文、书信，则不胜感谢，并请示之令兄的大名、地址、电话。

再次致谢。此颂，

教祺！

陈流求、陈美延

94.8.8

复函地址：［610016］四川成都青石桥北街35号，陈流求。

---

①“找”，原字潦草，不易辨识。经请教陈美延教授本人，告知：“‘查’字后应为‘找’字，我们当时书写有误，又未校对，汗颜汗颜。”据改。又可感陈美延教授之谦逊品质及严谨态度。

章太炎之孙章念驰致李楚材

一通

一九九七年十月三十日

书札上款“李楚老”，当指教育家李楚材（1905—1998）。李楚材师承著名教育家陶行知，1943年创办上海位育中学并长期担任校长，毕生践行陶行知教育思想。

致函者章念驰先生，为国学大师章太炎先生（1869—1936）嫡孙，曾从事史学研究工作多年，后多致力于国际问题研究。此札内容，乃感谢李楚老以九旬高龄（时年九十二岁）“亲致手札”，并告知《随笔》杂志刊有纪念章太炎先生文章。念驰表示“驰必觅读”，并引张元济所撰挽联“无意求官问天下英雄〔能〕不入彀者有几辈？以身试法为我国言论力争自由之第一人”，以彰显其先祖父之光辉品格。

整通信札，态度谦逊，用语典雅，书法朴拙，颇见家学遗风。

释 文

李楚老钧鉴：

大函敬悉，喜出望外！能获楚老手泽，何以荣欣！楚老德重四海，寿登九旬，尚念及驰等小辈，亲致手札，令驰不胜欣喜！

十六年前，驰有幸随楚老武昌之行，迄今沥沥在目。校长风范，令学生感佩。十余年中，常在报章读到校长谔谔之言，位育精神，熠熠生辉。驰曾就读位育小学，虽仅数年，深以为豪，至今不敢有怠，不敢有辱师门。

谢谢告诉驰《随笔》纪念先祖父一文[①]，驰必觅读。先哲精神为何？《遗嘱》有训，知人论世，驰甚钦张菊生先生挽联："无意求官问天下英雄〔能〕不入彀者有几辈？以身试法为我国言论力争自由之第一人。"今人也许不会从此论评。

驰曾从事史学研究有年，近年因工作需要，从事台、港及国际问题研究，无所建树。惟不敢上辱师门下污家训，望校长继续赐教。孔子云："仁者乐，智者寿。" 校长仁智双全，必乐必寿！祈多珍摄，耑颂，

大安！

学生：章念驰 叩上

九七年十月三十日

---

①吾曾致函《随笔》杂志现任编辑王铮锴君，问询此处所言是否即指花城出版社之《随笔》杂志。经查询，铮锴君回复称："文章查到了，应该是 1997 年第 5 期（当年 9 月 10 日出刊）丁帆先生的《江南士子悲歌录（续二）》的第一篇，题名为《先辈的精神，后生的楷范——章太炎》。"在此谨致谢忱。

為我國言論力爭自由之第一人」，公人也許不
公從此論評，馳曾從事史學研究有年，近年

因工作需要從事台、港及國際問題研究，無
所述樹，雖不敢上辱師門下污家訓，望 校
長繼續賜教，孔子云：仁者智樂，智者壽，
校長仁智雙全，必樂必壽，祈多珍攝，肅頌
大安

學生 章公馳 叩上

九七年十月三十日

李楚老鈞鑒：

大函敬悉，喜出望外。能獲 楚老手澤，何以榮欣，楚老德重四海，壽登九旬，尚念及馳等小輩，親致手札，令馳不勝欣喜。十六年前 馳有幸隨 楚老武昌之行，迄今歷々在目。校長風範令學生感佩，十餘年中，常在報章讀到 校長諄々之言，從育精神，熠々生輝，馳曾就讀從育小學，雖僅數年，深以為豪，至今不敢有怠，不敢有辱師門，謝々 告訴馳《隨筆》紀念 先祖父一文，馳必覓讀，先哲精神為何，《遺囑》有訓，[illegible]

姚雪垠之子姚海天致姜东舒

一通

一九九八年七月十七日

姚雪垠先生（1910—1999），河南邓州人，著名作家，曾任中国作协名誉副主席，湖北省文联主席、作协主席，代表作为长篇历史小说《李自成》。姚海天为其哲嗣，曾任中国青年出版社编审、中国新文学学会常务理事。书信上款姜东舒先生（1923—2008）为中国知名书法家，曾任中国硬笔书法家协会主席。

函中提及，姚雪垠先生因病住院无法写作，作为儿子的姚海天，“为了却家父一大心愿，并满足广大读者的期盼，决定四、五卷仍按原计划出版”。

又向姜东舒先生道歉，可能无法顺利出版由姜书写的“家父诗词选”，然表示如果“实在出不了，将来交中国文学馆保存”。

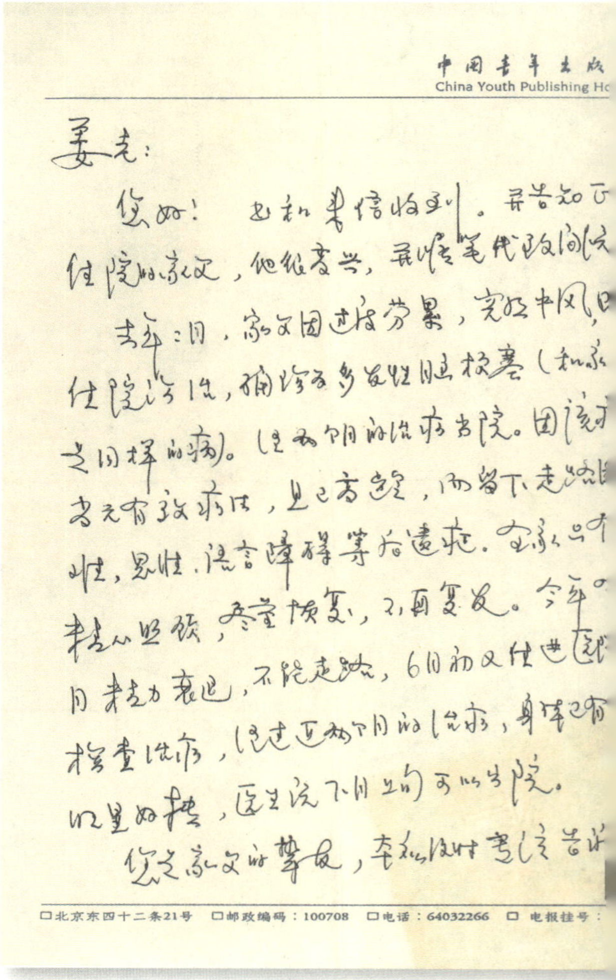
中国青年出版社
China Youth Publishing Ho

姜老：

您好！

□北京东四十二条21号 □邮政编码：100708 □电话：64032266 □ 电报挂号：

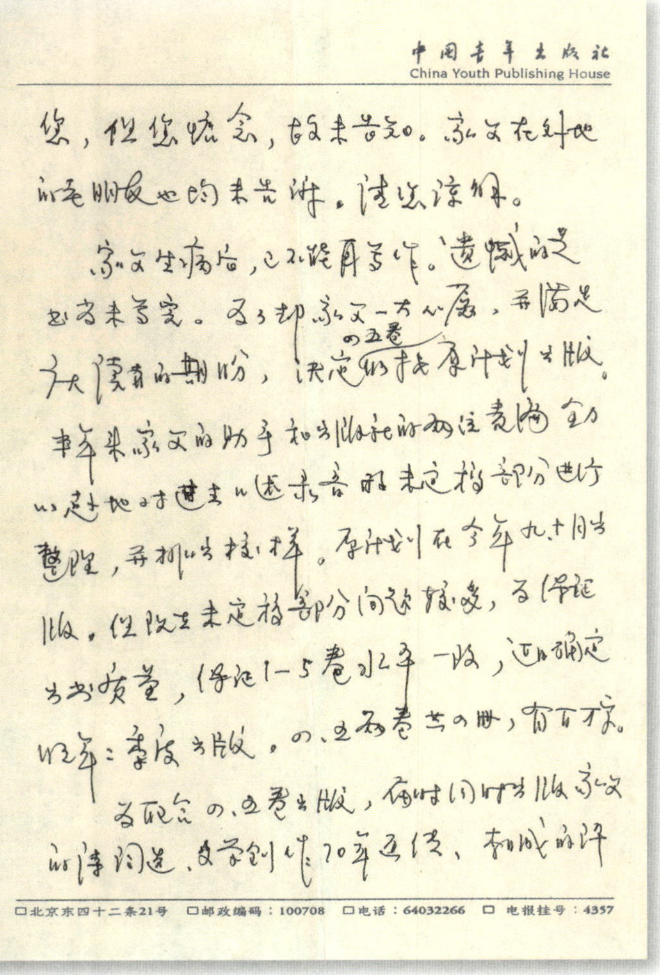

中国青年出版社
China Youth Publishing House

您，但您惦念，故来告知。家父在世的老朋友也均未告诉。请您谅解。

家父生病后，已不能再写作。遗憾的是书尚未写完。为了却家父一大心愿，并满足广大读者的期盼，决定将四五卷按原计划出版。半年来家父的助手和出版社的两位责编全力以赴地对遗著中尚未完成的未定稿部分进行整理，并抓紧校样。原计划在今年九十月出版。但因未定稿部分问题较多，为保证出书质量，保证1—5卷水平一致，近日确定明年二季度出版。四、五两卷共四册，百万字。

为纪念四、五卷出版，届时同时出版家父的诗词选、文学创作70年近作、柳成的评

□北京东四十二条21号 □邮政编码：100708 □电话：64032266 □ 电报挂号：4357

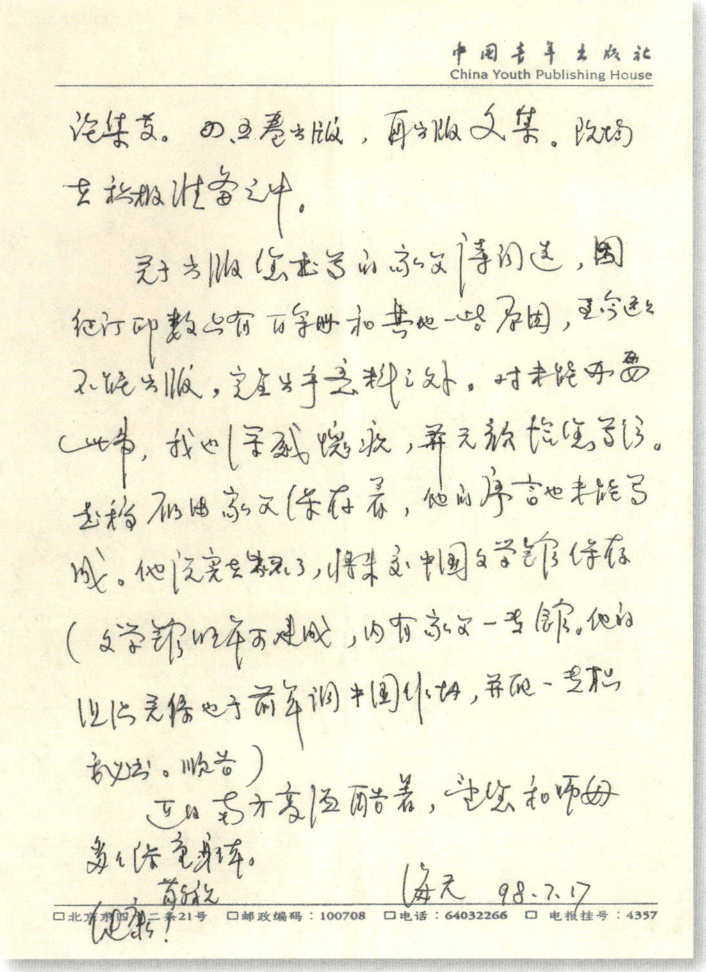

中国青年出版社
China Youth Publishing House

论集等。四、五卷出版，再出版文集。现均在积极准备之中。

关于出版您书写的家父诗词选，因征订印数只有百余册和其他一些原因，至今迟迟不能出版，完全出乎意料之外。对未能如愿之事，我也深感愧疚，并无颜给您写信。原稿仍由家父保存着，他的序言也未能写成。他说完全想起了，将来交中国文学馆保存（文学馆明年可建成，内有家父一专馆。他的近作完稿也于前年调中国作协，并配一套书柜敬送。顺告）

近日南方高温酷暑，望您和师母多多保重身体。

敬祝

健康！

海元 98.7.17

□北京东四十二条21号 □邮政编码：100708 □电话：64032266 □ 电报挂号：4357

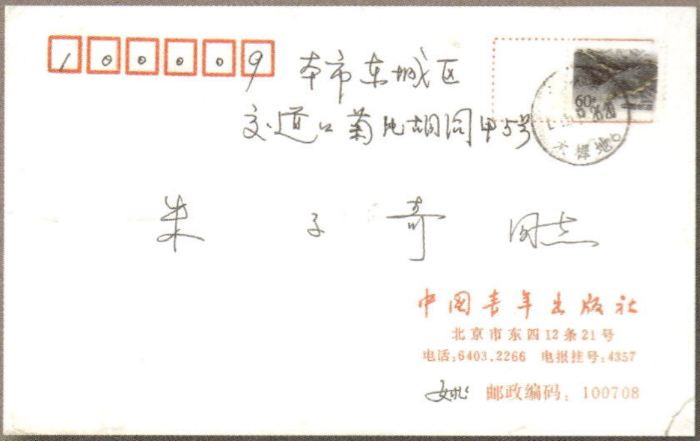

100009 本市东城区
交道口菊儿胡同甲5号

朱子奇同志

中国青年出版社
北京市东四12条21号
电话:6403.2266 电报挂号:4357
姚 邮政编码:100708

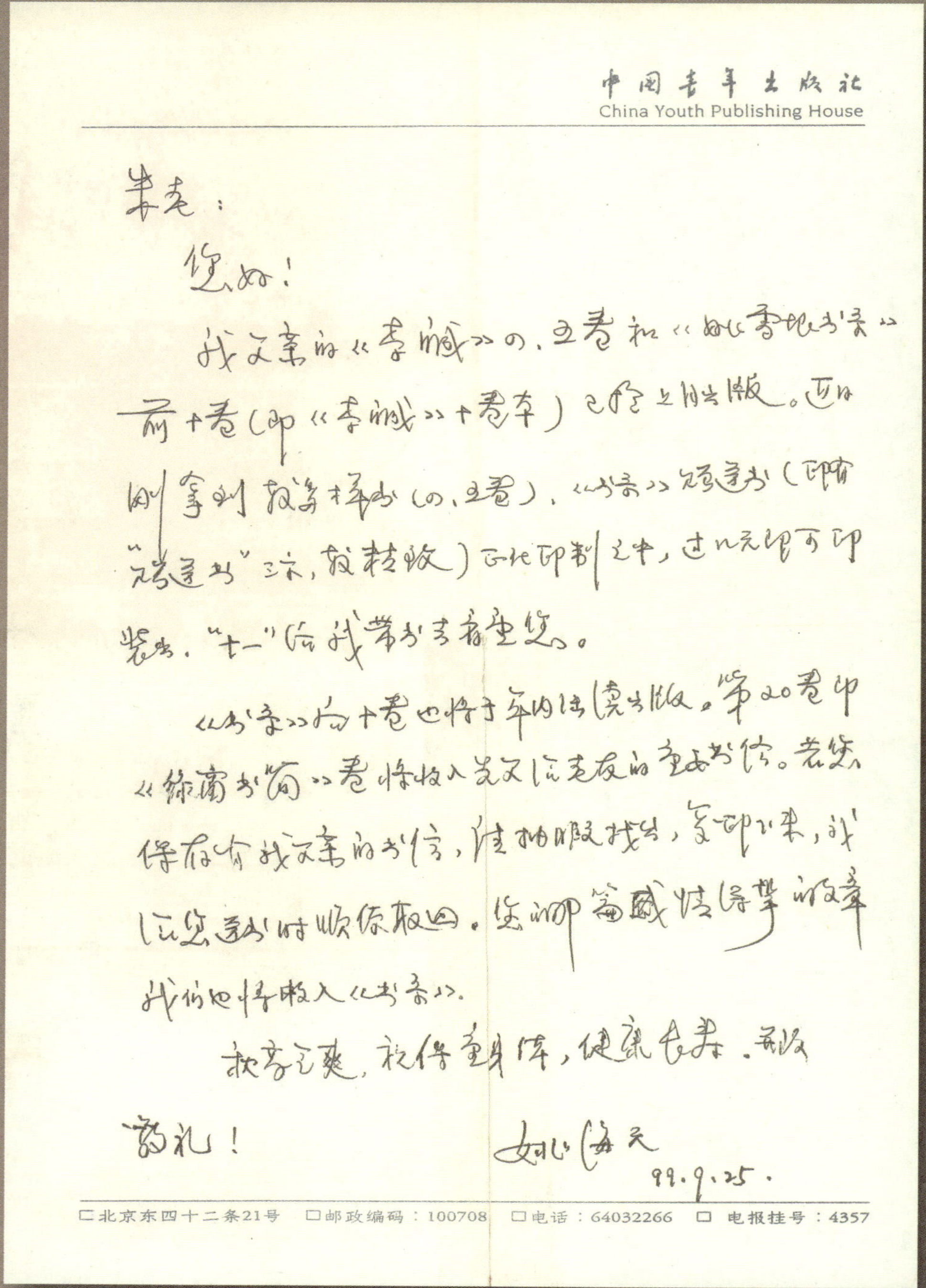

中国青年出版社
China Youth Publishing House

朱老：

您好！

我父亲的《李自成》四、五卷和《姚雪垠书系》前十卷（即《李自成》十卷本）已经出版。近日刚拿到样书（四、五卷），《书系》精装书（即有"精装书"三字，较精致）正在印制之中，过几天即可印装出。"十一"后我带书去看望您。

《书系》后十卷也将于年内陆续出版。第20卷中《绿窗书简》卷将收入先父给老友的重要书信。若您保存有我父亲的书信，请抽暇找出，复印下来，我们给您送书时顺便取回。您那篇感情深挚的文章我们也将收入《书系》。

秋高气爽，祝保重身体，健康长寿。敬致

敬礼！

姚海天
99.9.25.

□北京东四十二条21号 □邮政编码：100708 □电话：64032266 □ 电报挂号：4357

姚雪垠之子姚海天致朱子奇

一通（附实寄封一）

一九九九年九月二十五日

信札上款朱子奇先生（1920—2008），湖南汝城人，诗人、散文家、评论家，曾任中国作协常务书记。姚海天致函，除报告《李自成》四、五卷和《姚雪垠书系》的出版情况外，又向朱先生问询是否“保存有我父亲的书信”，乃俟日后编辑其父书信集之用也。

释　文

朱老：

您好！

我父亲的《李自成》四、五卷和《姚雪垠书系》前十卷（即《李自成》十卷本）已于上月出版。近日刚拿到较多样书（四、五卷）。《书系》赠送书（印有“赠送书”三字，较精致）正在印制之中，过几天即可印装出，“十一”后我带书去看望您。

《书系》后十卷也将于年内陆续出版，第20卷即《绿窗书简》卷将收入先父给老友的重要书信。若您保存有我父亲的书信，请抽暇找出，复印下来，我给您送书时顺便取回。您的那篇感情深挚的文章，我们也将收入《书系》。

秋高气爽，祝保重身体，健康长寿。并致，

敬礼！

姚海天

99.9.25

邹鲁之子邹达致黄达人

一通（附实寄封一）

二〇〇一年五月四日

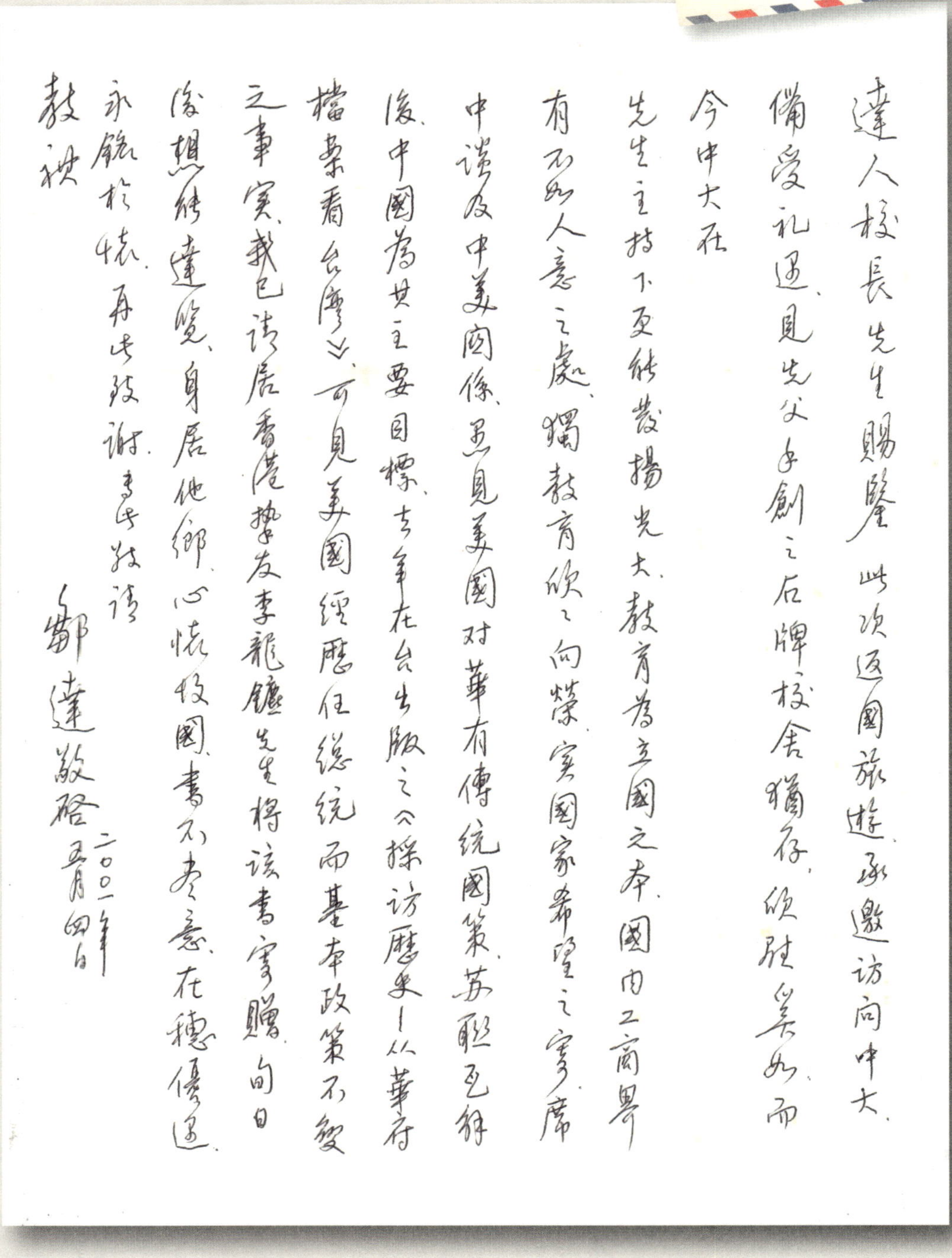

達人校長先生賜鑒：此次返國旅遊，承邀訪問中大，備受礼遇，見先父手創之石牌校舍猶存，欣慰莫名，而今中大在先生主持下更能發揚光大。教育為立國之本，國內工商界有不如人意之處，獨教育欣欣向榮，實國家希望之寄。席中談及中美關係，足見美國對華有傳統國策，蘇聯瓦解後中國為其主要目標。去年在台出版之《採訪歷史—从華府檔案看台灣》，可見美國經歷任總統而基本政策不變之事實，我已請居香港摯友李龍鑣先生將該書寄贈，向日後想能達覽。身居他鄉，心懷校國，書不盡意。在穗優遇，永銘於懷，再次致謝，專此敬請

教祺

鄒達敬啟

二〇〇一年五月四日

邹鲁先生（1885—1954），广东大埔人，国民党元老，著名教育家，1924年任国立广东大学（1926年定名为国立中山大学）首任校长。其子邹达长居美国，然虽“身居他乡”仍“心怀故国”，与国内亦多有交通。

邹达致函中山大学校长黄达人先生，对于“承邀访问中大，备受礼遇”表示感谢。又言“见先父手创之石牌校舍犹存，欣慰奚如。而今中大在先生主持下，更能发扬光大。教育为立国之本，国内工商界有不如人意之处，独教育欣欣向荣，实国家希望之寄”，由之亦可见中国高等教育之显著进步也。

释　文

达人校长先生赐鉴：

此次返国旅游，承邀访问中大，备受礼遇。见先父手创之石牌校舍犹存，欣慰奚如。而今中大在先生主持下，更能发扬光大。教育为立国之本，国内工商界有不如人意之处，独教育欣欣向荣，实国家希望之寄。

席中谈及中美关系，愚见美国对华有传统国策，苏联瓦解后，中国为其主要目标。去年在台出版之《采访历史——从华府档案看台湾》，可见美国经历任总统而基本政策不变之事实。我已请居香港挚友李龙镳先生将该书寄赠，旬日后想能达览。

身居他乡，心怀故国，书不尽意。在穗优遇，永铭于怀。再此致谢，专此敬请，教祺！

邹达　敬启

二〇〇一年五月四日

年　月　日

黎白兄、嫂：您们好！

今日寄去东北师范大学出版社寄来的《二十世纪现代汉语语法"八大家"丛书》荣获第六届国家图书奖，奖状两张（见复印件）。且在该书封底的《出版者言》中对八位作者，七位编者，进行了评介，还特别对我提出表彰（见复印件）。特将此喜讯告诉您，与您同乐！

忠心祝愿您们

健康长寿！

[illegible]

2004.1.18.

装订线

三好　　第　页

黎锦熙之女黎泽渝致黎白兄嫂

一通（附实寄封一）

二〇〇四年一月十八日

信札上款黎白先生与致函者黎泽渝女士，皆为湖南湘潭著名的“黎氏八骏”（黎锦熙、黎锦晖、黎锦曜、黎锦纾、黎锦炯、黎锦明、黎锦光、黎锦扬）之后人。

黎白为著名铁道桥梁专家黎锦炯先生（1901—1981）长子，早年参加革命，亦擅写作，撰有长篇小说《红军不怕远征难》等。黎泽渝则为著名语言学家黎锦熙（1890—1978）先生之次女，秉承父辈志愿，“终生文字改革”，收集整理黎锦熙遗著，成果丰硕。其参与编写的《二十世纪现代汉语语法“八大家”丛书》，荣获第六届国家图书奖（此奖为出版界之最高奖）。此札即寄书黎白兄嫂，以分享彰显父辈功德之喜悦。

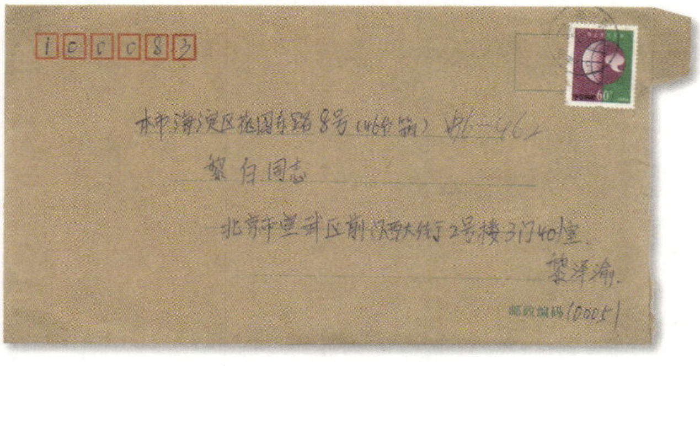

先君讳玉华先生，经纶满腹，笃好经史，曾任中小学教师多年，并在书画、中医、音乐、戏曲等领域皆有造诣。吾读中学、大学时离家，先君曾寄书数通，于吾之成长有至关重要之影响。数年后小女长成，吾亦留意因势利导，赠予书札助其进步。此类信札共收录十余通，以见一家三代家庭文化之传承。非敢示法，谨表慎终追远之意焉。

百年家书

五

先严手泽，躬行传承

先君致大伯、三伯

一通

一九九四年春

1994 年，父母离开山东阳信老家，搬迁至德州市里，跟随在德州工作的二姐生活。其时父母均已年过五十。先君兄弟四人，二伯早逝，老家尚有大伯、三伯。德州与老家虽仅隔数百里，于乡村而言已是“远方”“陌生”。

先君曾寄家书给其两位兄长，以表达数日来逐刻增加之“思家情”，并作诗一首，感慨此次离乡“是浪藉”，“是飘遥”，“陌生的生涯，开始了”。

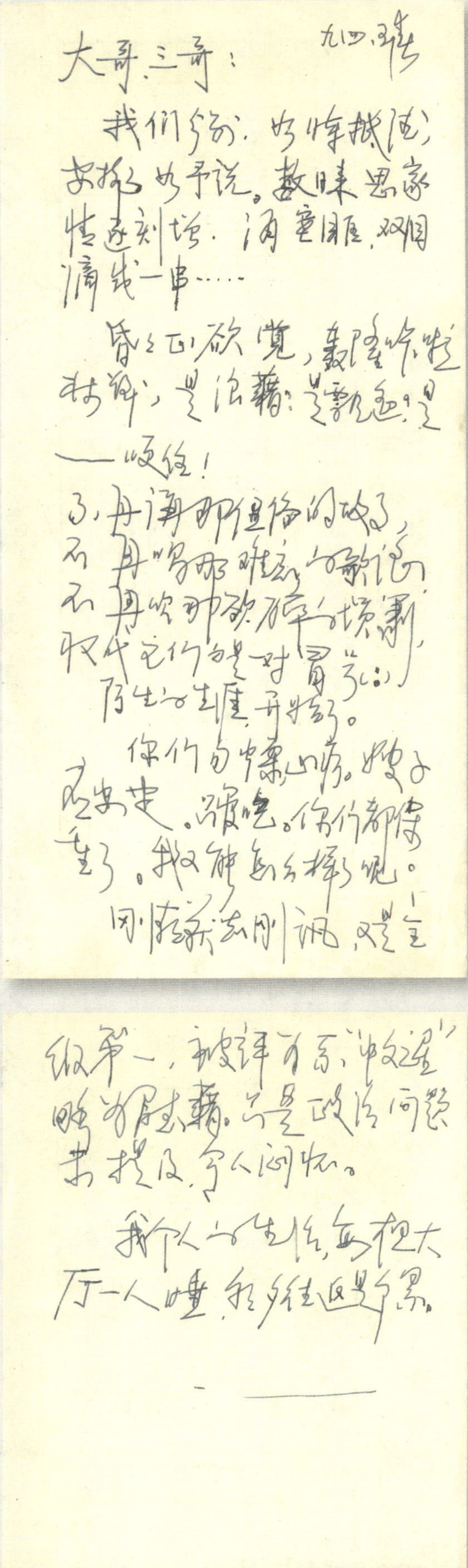

大哥、三哥：

释　文

大哥、三哥：

我们分别，如时抵德，安排如予说。数日来思家情逐刻增，涌塞眶，双泪滴成一串……

昏昏正欲觉，轰隆咔啦树倒，

是浪藉？是飘遥？是——（哽住！）

不再讲那俚俗的故事，

不再唱那难忘的歌谣，

不再吹那欲碎的埙箫，

取代它们的是一对冒号（：）

陌生的生涯，开始了。

你们勿燥，止疗。嫂子应安定，只管吃。你们都保重了。我又能怎么样了呢？

刚喜获志刚[①]讯，又是全级第一，被评为系“中文之星”，略为慰藉。只是政治问题未提及，令人闷怀。

我个人的生活，每夜大厅一人睡，朝夕往返是个累。

九四年春

---

①“志刚”，吾之乳名。

先君致大姑、大姑父，三姑、三姑父

二通

一九九四年三月初五

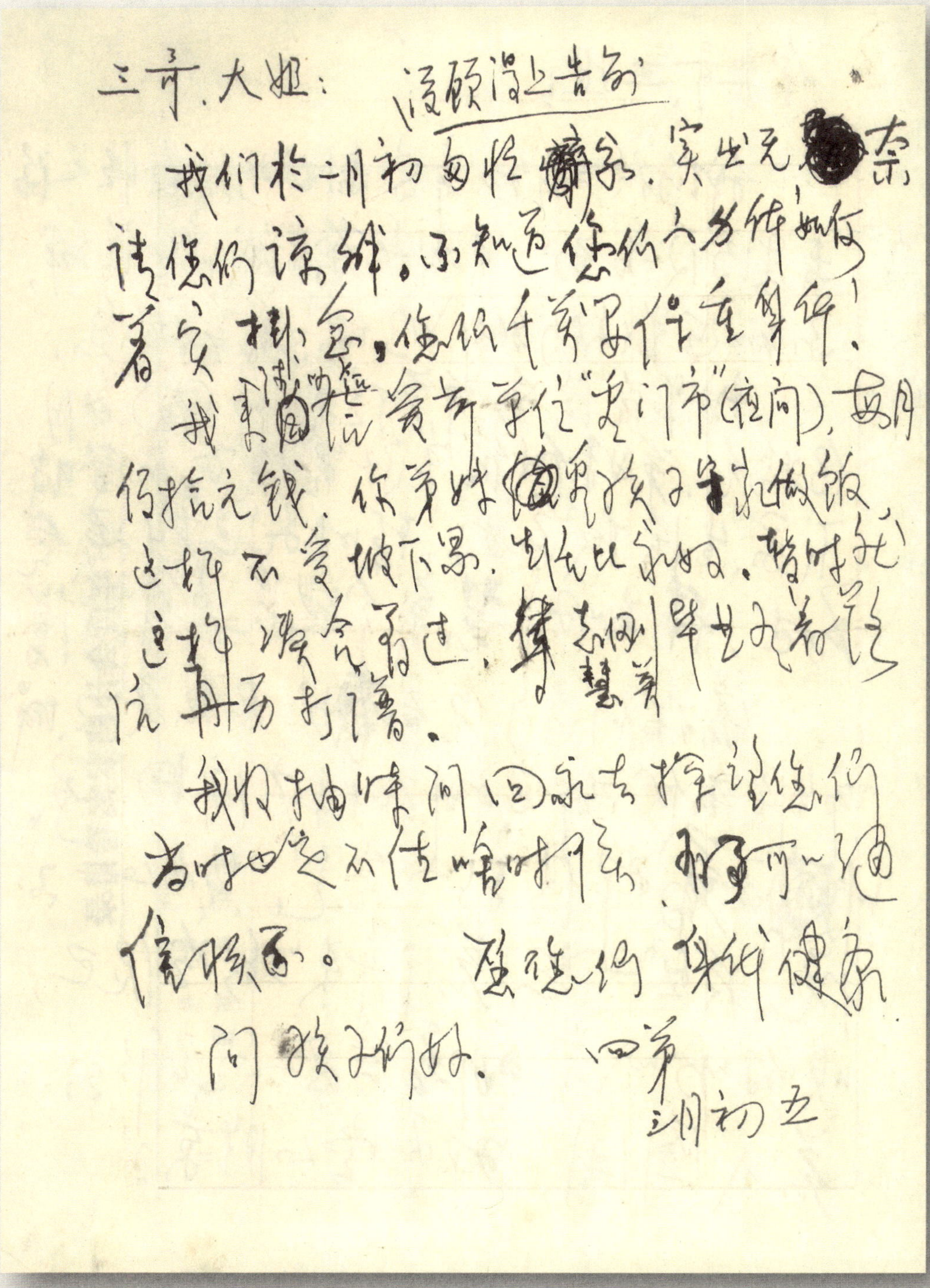

三哥、大姐：[illegible]

我们於二月初自[illegible]家。实出无奈，请您们谅解。不知道您们[illegible]如何，着实挂念。您们千万要保重身体。

我家[illegible]资产单位"老门市"(夜间)，每月给[illegible]元钱。你弟妹[illegible]孩子[illegible]做饭，这样不会被[illegible]。生活比[illegible]好。暂时我这样凑合着过。[illegible]毕业[illegible]后再另打算。

我将抽时间回来去探望您们，有时也是不便，啥时候[illegible]再通信联系。祝您们身体健康，问孩子们好。

四弟

三月初五

先君又有三位姐姐，即吾之三位姑姑。二姑早逝。大姑年长先君二十余岁，居于本乡邻村。三姑居于隔壁无棣县城。先君待诸位兄姊极为恭敬，离乡赴德，事出仓促，未及当面告知，乃于安顿后致函，以表无限牵挂与思念。

信中反复叮咛，希望二位姐姐“千万要保重身体”，感慨：“离你们远了，见面越少，思念更切。城市生活虽优，却见不到农村广阔田野，吸不着那清新的空气，实有些不悦。反然一想，若干年来……，哪有赏心胜景？”人生无定，然月是故乡明，乡音难改，亲情难舍。

释　文 / 第一通

三哥[①]、大姐：

我们于二月初没顾得上告别，匆忙弃家，实出无奈，请您们谅解。不知道您们的身体如何？着实挂念，您们千万要保重身体！

我来德州后，给爱芹[②]单位“看门市”（夜间），每月佰拾元钱。你弟妹看孩子，守家做饭，这样不受坡下累，生活比家好。暂时就这样凑合着过，等慧英[③]、志刚毕业有着落后，再另打谱。

我将抽时间回家去探望您们，当时也定不住啥时候，有事可以通信联系。

愿您们身体健康。问孩子们好！

四弟

三月初五

①“三哥”，乃先君对吾大姑父之称呼。

②“爱芹”，吾二姐名字。

③“慧英”，吾四姐名字。

金安哥、三姐：

我们于三月初来京(未出城)，自收之后未来得及告诉你，实在抱歉，请谅解。不知近来你们身体如何，为之挂念。

我来后[illegible](林)[illegible]仍[illegible]，弟妹[illegible]。不曾[illegible]下乡生活[illegible]，[illegible]。

离你们远了，见面难了，不应又离城市生活而住在农村广阔田野，[illegible]，[illegible]若干年来的泥巴，[illegible]，那[illegible]，若入圈圈，那又当心[illegible]？

释　文 / 第二通摘句

离你们远了，见面越少，思念更切。城市生活虽优，却见不到农村广阔田野，吸不着那清新的空气，实有些不悦。反然一想，若干年来……，哪有赏心胜景？[①]

①书信上款“金娈哥”，乃先君对吾三姑父之称呼。

先君致母亲祝寿诗

二首

一九九六年七月

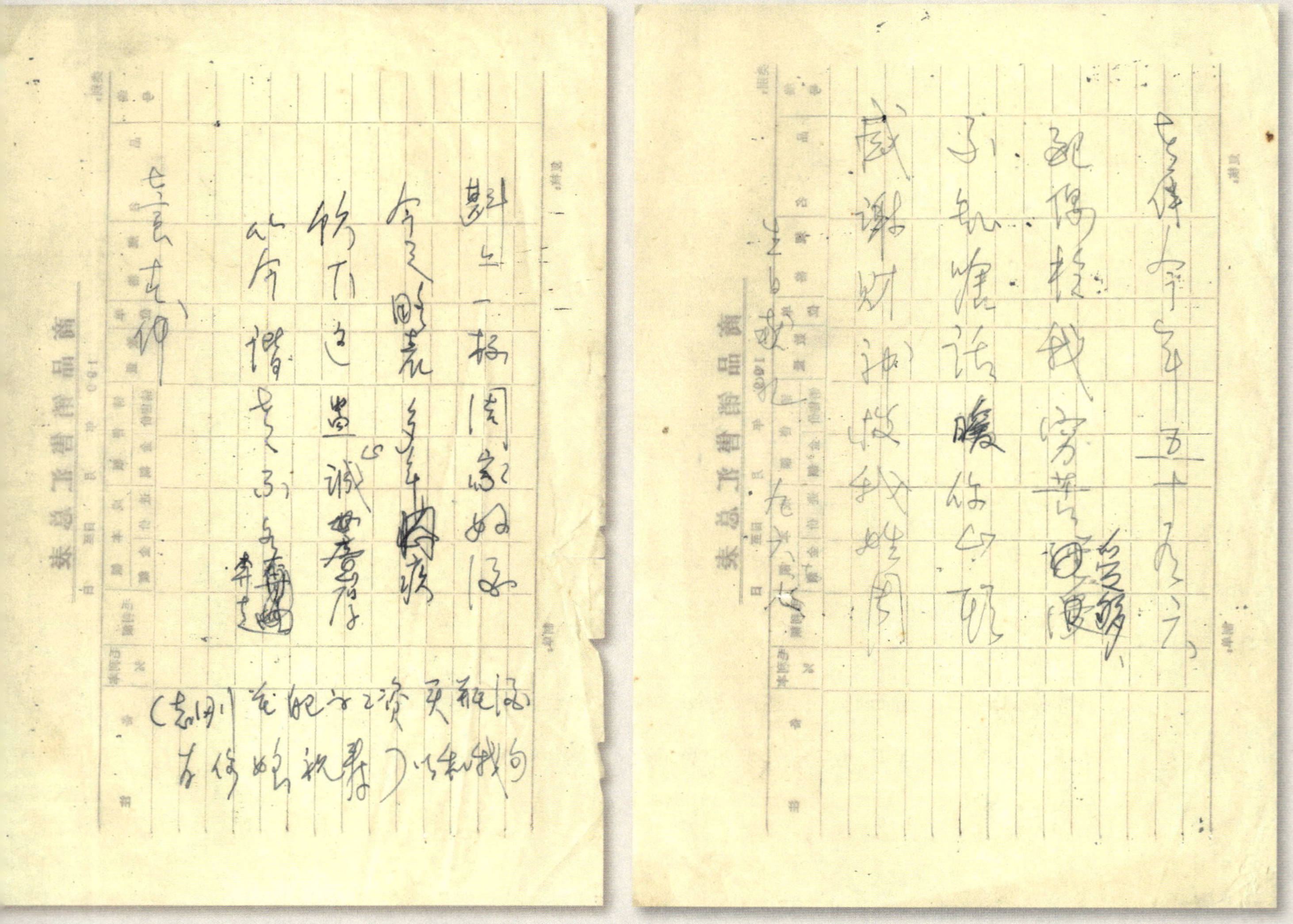

“哀哀父母，生我劬劳”，母亲贤良淑德，勤苦耐劳，养育吾姐弟五人成材，历尽苦辛！先君威严，不擅表达，母亲日常遂偶有抱怨。先君仙逝后，吾翻检旧物，得先君为母亲贺寿诗两首，虽为“打油”，然发自肺腑。由此一一可见父母感情质朴深挚，又可见先君情感之细腻丰富也。谨录如下：

一、生日献礼

老伴今年五十有六，

配偶于我穷苦受够。

不知啥话暖你心头，

感谢财神救我姓周。

二、七言古体

斟上一杯周家好酒，

今天略表多年内疚。

饮下这盅心诚意厚，

从今谐老不各奔走。

（志刚花自己的工资买瓶酒为你娘祝寿，以和我句）

九六·七

先君致儿志刚（之一）

一通

一九九〇年八月五日

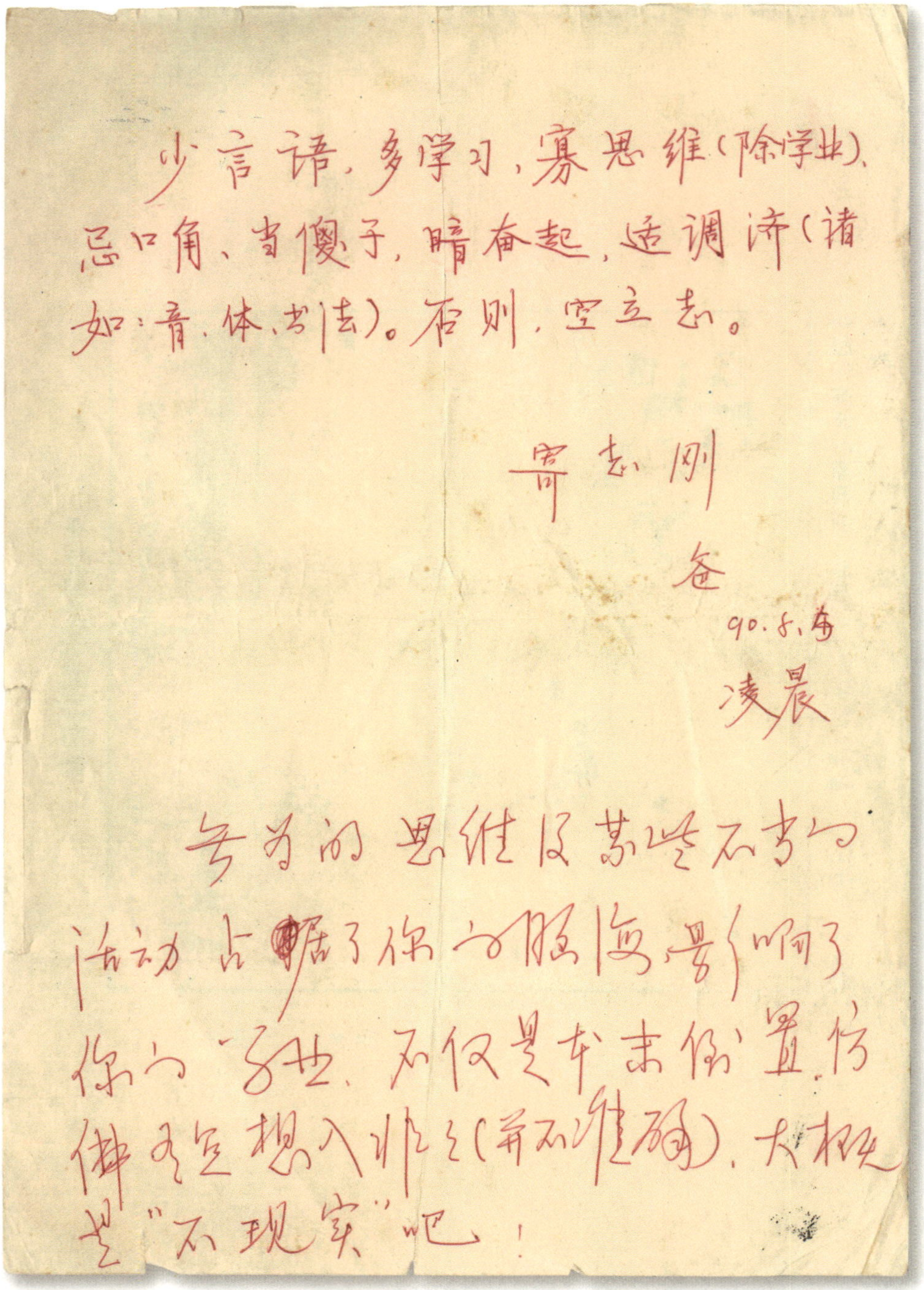

少言语，多学习，寡思维（除学业），忌口角，当傻子，暗奋起，适调济（诸如：音、体、书法）。否则，空立志。

寄志刚

爸

90.8.5

凌晨

无为的思维及某些不当的活动占据了你的脑海，影响了你的学业，不仅是本末倒置，仿佛是在想入非非（并不准确），大概是“不现实”吧！

吾乳名“志刚”，1990年，吾正在山东省北镇中学读高一。学校位于滨州市里，距阳信老家逾百里，数月方得归家一次。高中生活起初颇不适应，焦躁烦闷，未曾安心学业，成绩一塌糊涂。此一情状，吾多记于日记中。

高一暑中还家，吾之日记被先君偶然发现。八月五日凌晨，先君乃有此纸谆谆告诫。“空立志”“想入非非”“不现实”之批评，令吾蓦然警醒，自此端正态度，一心向学焉。

释　文

寄志刚：

少言语，多学习，寡思维（除学业），忌口角，当傻子，暗奋起，适调济（诸如：音、体、书法）。否则，空立志。

无为的思维及某些不当的活动占据了你的脑海，影响了你的学业，不仅是本末倒置，仿佛有点想入非非（并不准确），大概是“不现实”吧！

爸

90.8.5 凌晨

先君致儿志刚（之二）

一通

一九九一年五月

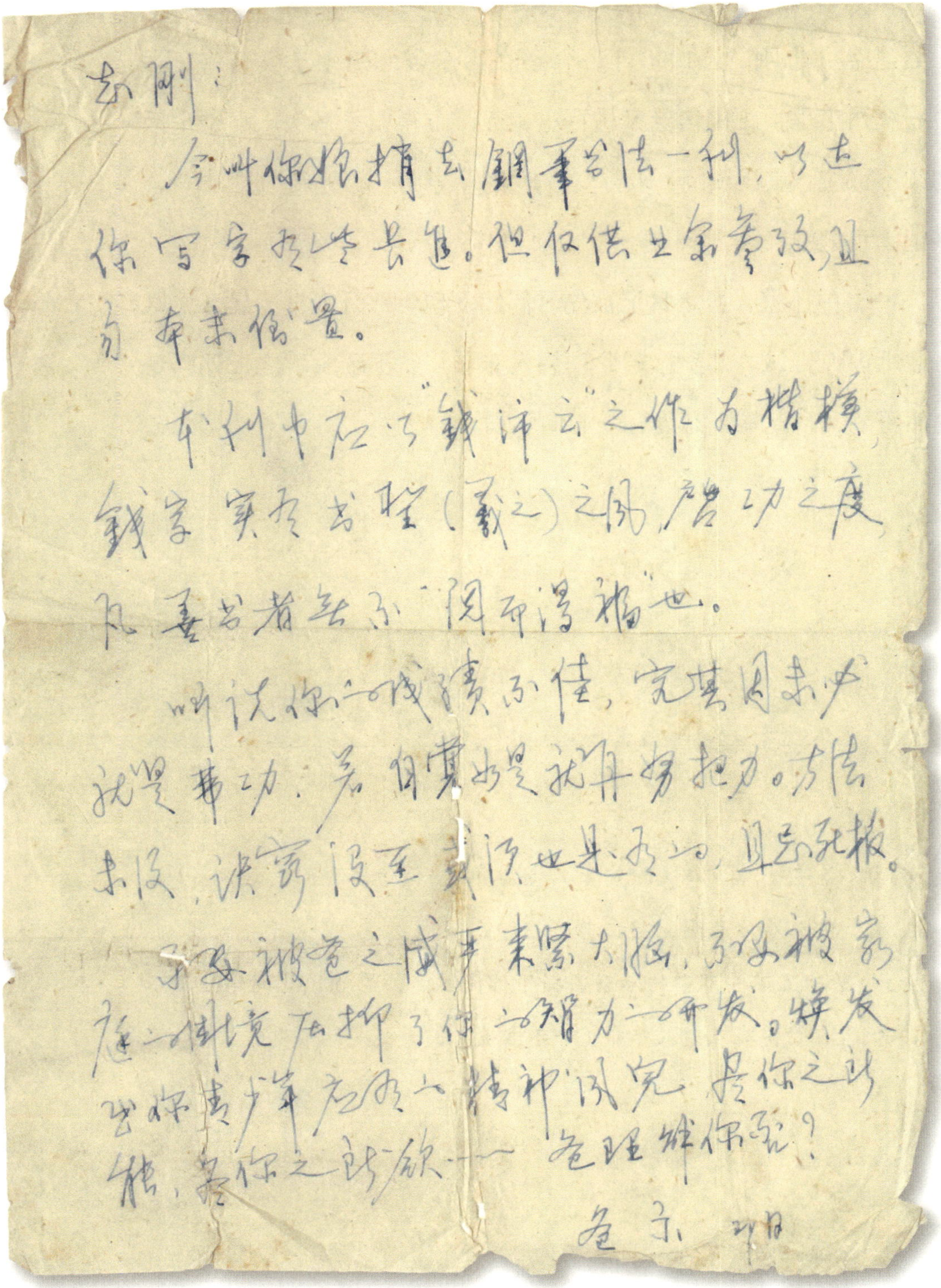

志刚：

今叫你姐捎去《钢笔书法》一刊，以适你写字练习之需。但仅供业余参考，且勿本末倒置。

本刊中后以"钱沛云"之作为楷模，钱字实有书圣（羲之）之风，启功之度，凡喜书者无不"阅而得福"也。

听说你的成绩不佳，究其因未必就是笨功，若自觉加强就再努把力。方法未得，读书得至尽须也是不可，且忌死板。

不要被爸之威严束紧大脑，不要被家庭之困境压抑了你的智力之开发。焕发出你青少年应有之精神风貌，是你之潜能，是你之所欲——爸理解你呢？

爸示 廿日

1991年，吾读高二，虽亦努力然成绩不佳。先君曾托母亲将此札送至滨州校内，一则推荐上海书法家钱沛云之硬笔书帖要吾临习，因其书“实有书圣（羲之）之风、启功之度”，堪作楷模；二则缓解吾之学业压力，指导吾之学习方法。如在目前，永生难忘！

“不要被爸之威严束紧大脑，不要被家庭的困境压抑了你的智力的开发。焕发出你青少年应有的精神风貌，尽你之所能，尽你之所欲——爸理解你否？”先君之所言，字字中的，切中肯綮。吾捧之热泪盈目，又豁然开朗，自此成绩稳步提升。

释　文

志刚：

今叫你娘捎去钢笔书法一刊，以达你写字有些长进。但仅供业余参考，且勿本末倒置。

本刊中应以“钱沛云”之作为楷模，钱字实有书圣(羲之)之风、启功之度，凡善书者无不“阅而得福”也。

听说你的成绩不佳，究其因未必就是弗功。若自觉如是，就再努把力。方法未及，诀窍没至，或须也是有的，且忌死板。

不要被爸之威严束紧大脑，不要被家庭的困境压抑了你的智力的开发。焕发出你青少年应有的精神风貌，尽你之所能，尽你之所欲——爸理解你否？

爸示，即日

先君致儿志刚（之三）

一通

一九九二年七月

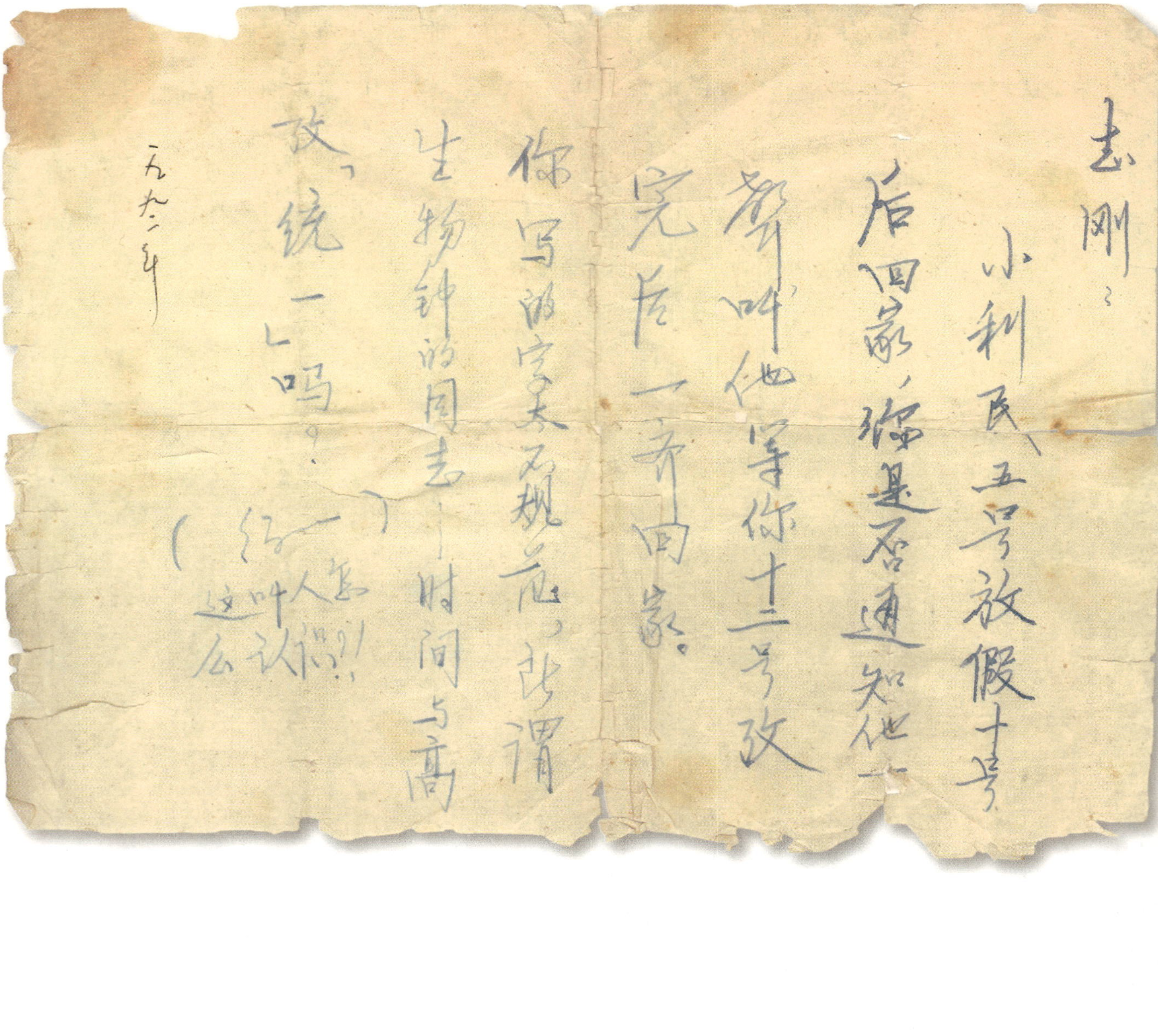

志刚：

小利民、五号放假，十号后回家，你是否通知他一声，叫他等你十二号放完后一齐回家。

你写的字太不规范，所谓生物钟的同志——时间与高放，统一一下吗？

（你——这叫人家怎么认识?!）

一九九二年

吾于1992年7月9日高考结束后，即赴省城济南，参加在山东师范大学举行的山东省首届艺术专长考试，加试书法。高考前，吾曾致函先君报告行程。先君复信给出安排建议，并批评吾之书写甚不规范。自此，每到书写“统”字，皆忆先君教诲，不敢有丝毫马虎也。

济南之行，吾之书法加试获第二等次，高考总分获加二十分。

释　文

志刚：

小利民五号放假，十号后回家，你是否通知他一声？叫他等你十二号考完后一齐回家。

你写的字太不规范，所谓生物钟的同志——时间与高考“统一”吗？（□一），这叫人怎么认识？！

一九九二年

先君教晚辈之语

一通

一九九三年元宵节

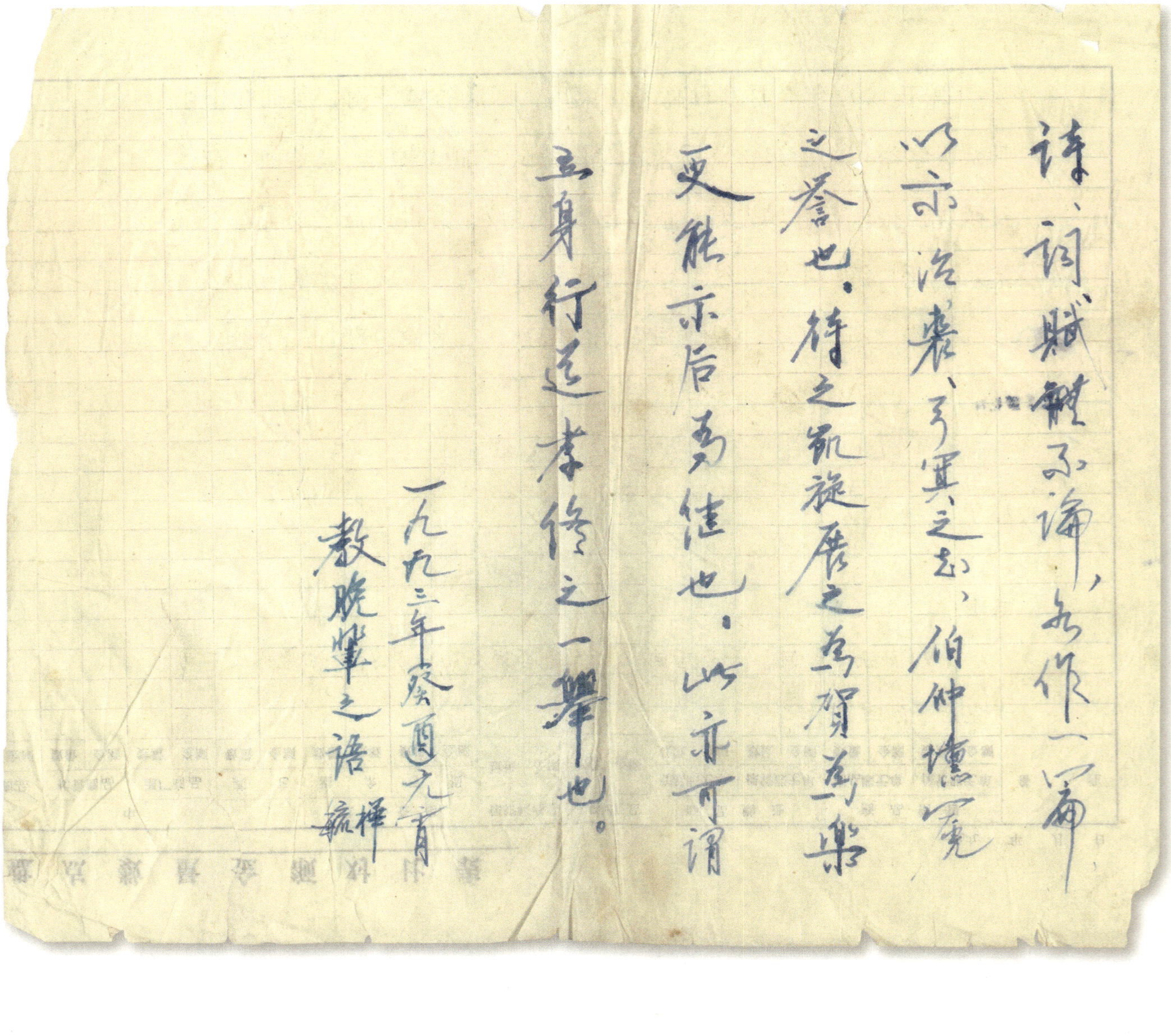

詩、詞、賦體不論，各作一篇

以示治家、子冥之志，伯仲壎篪

之誉也。待之凱旋居之為賀為樂

更能示后勇健也。此亦可謂

立身行道孝修之一舉也。

一九九三年癸酉元宵

教晚輩之語

毓樺

先君雅好诗词，虽在乡间教学，亦常与同道雅集，吟诗属对。1992年，吾考取滨州师专中文系，四姐慧英、堂哥春伟亦于同年考取大学。

大一寒假还家，癸酉元宵佳节当天，先君备好佳肴，为吾姊弟三人出题，规定："诗、词、赋体不论，各作一篇，以示冶裘弓箕之志，伯仲埙篪之誉也。"先君之意，盖一在锻炼写作，二在涵养德行，培育志向。三人现场各有撰作，虽甚粗疏，然获如此庭训，亦吾辈之幸也！

释　文

诗、词、赋体不论，各作一篇，以示冶裘弓箕之志，伯仲埙篪之誉也。待之凯旋，展之为贺为乐，更能示后为继也。此亦可谓立身行道，孝终之一举也。

一九九三年（癸酉）元宵

教晚辈之语 毓桦

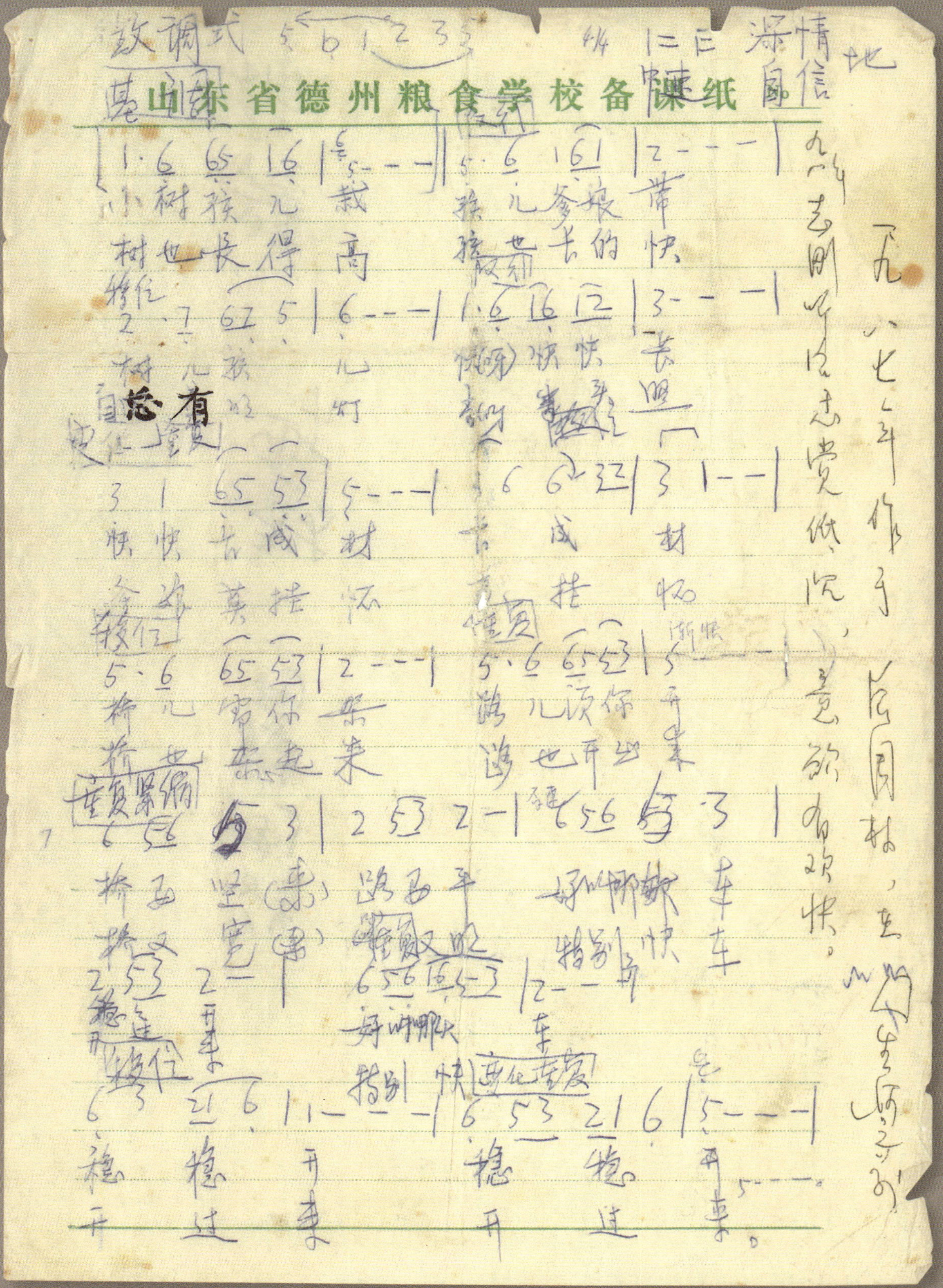
山东省德州粮食学校备课纸

先君自创歌曲《栽树育儿》

一首

一九八七年

先君博学多识，曾于县文化馆学习音乐两年，能创制新曲，并能演奏和制作二胡、京胡、琵琶、笛子等乐器，早年亦曾随县、乡文艺宣传队演出。

犹忆 1987 年，吾读初二，某日自县城一中还家，先君乃以此曲见示。词曲深情，寓意深刻，吾与四姐迅即学会，吾又以口琴反复演奏。先君从教多年，桃李天下，深知教育于家国之重要意义。第二段歌词所谓“桥又宽来路又明，特别快车开过来”，正寓指中国改革开放之伟大事业也。

歌词曰——

小树孩儿栽，孩儿爹娘带。树儿孩儿，快呀快快长。快快长成材，长成材。桥儿需你架，路儿须你开。桥要坚来路要平，好叫那火车稳稳开，好叫那火车稳稳开。

树也长得高，孩也长的快。总有明灯，当呀当头照。爹娘莫挂怀，莫挂怀。桥也架起来，路也开出来。桥又宽来路又明，特别快车开过来，特别快车开过来。

男志刚致先君祝寿诗

一首

二〇〇六年二月

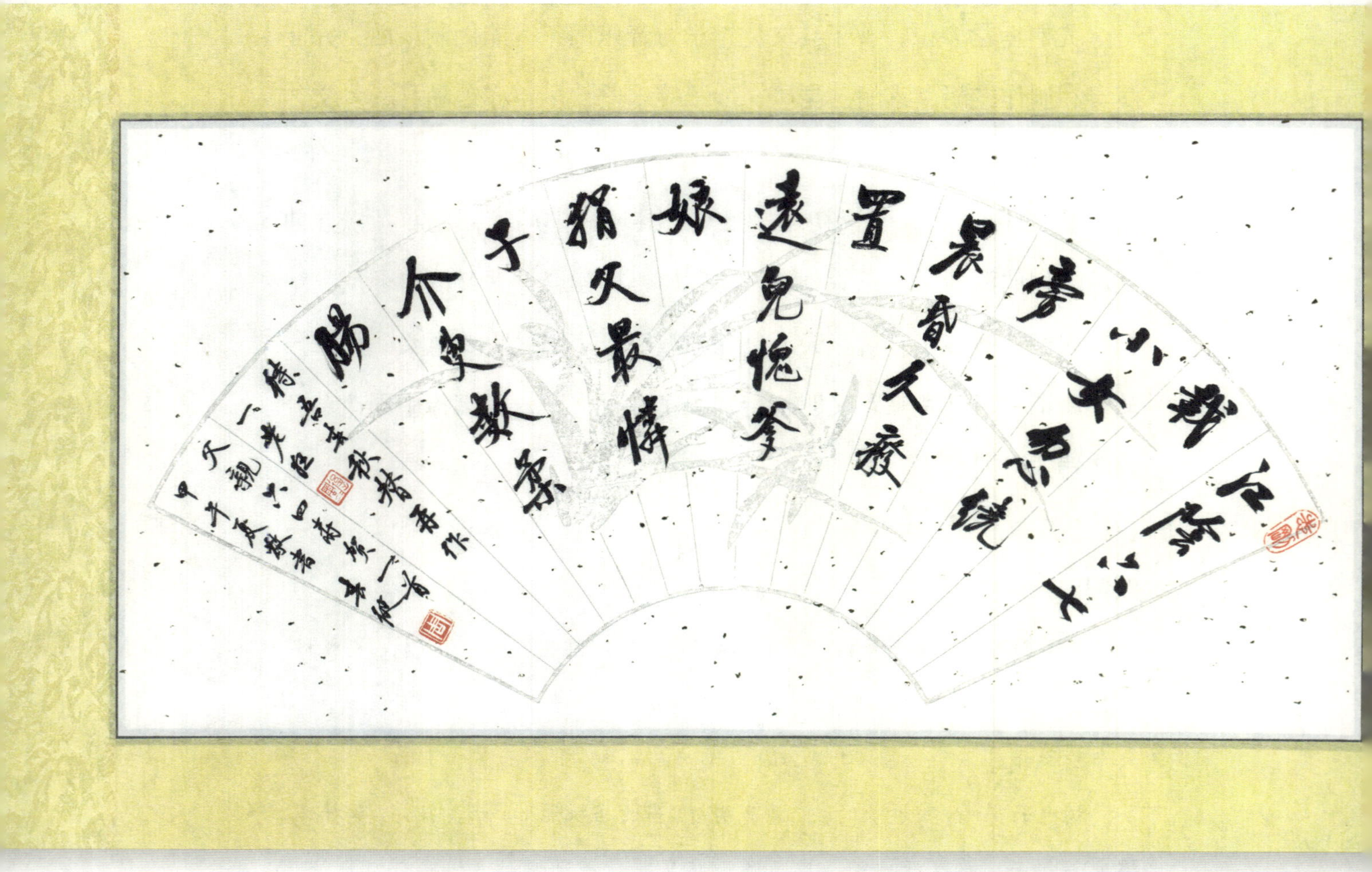

此诗作于2006年，乃吾为先君64岁生日专门创作。其时吾尚在武汉工作，小女年甫两周岁。小女绕膝，更知父母养育之劳瘁；加之湖北、山东千里之隔，尤以“晨昏废置”为愧。先父自称“狷父”，而吾则感其“怜子”“柔肠”矣。

诗曰：

江阴六七载，小女忽绕旁。
晨昏久废置，远儿愧爹娘。
狷父最怜子，介叟数柔肠。
待吾春秋替，再作一老狂。

父亲六四寿贺一首
甲午夏敬书 春健

男志刚撰先君诗文集《弁言》

一篇

二〇〇九年七月

2009 年 4 月，吾自湖北大学古籍所调至中山大学哲学系任教。教学科研之余，曾整理先君之诗文而成《人生河》一册。文集编成，乃撰《弁言》一篇，于先君之诗文成就及教育贡献多所揭示。

去岁孟秋，吾又将此《弁言》认真抄录一过，以示对先君之无限纪念焉。

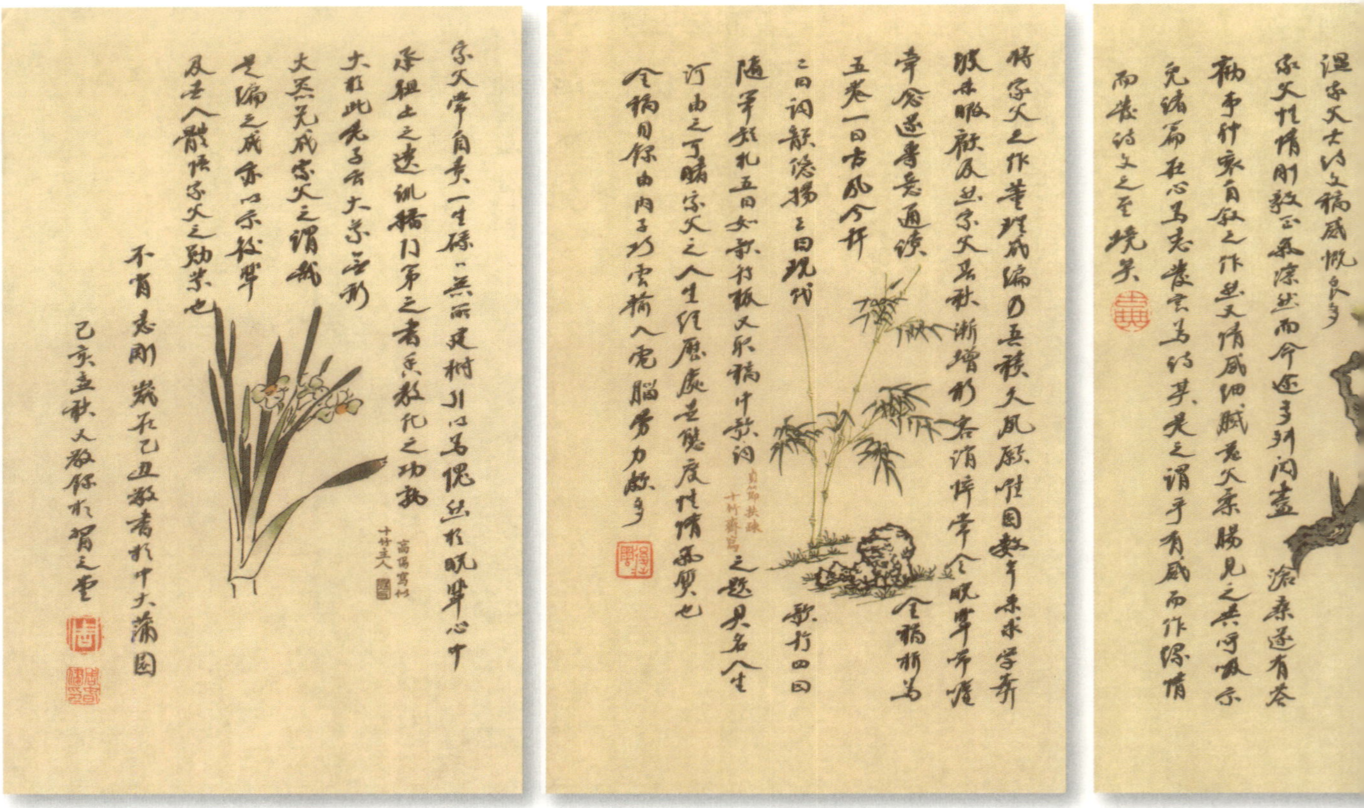

释　文

先君《人生河》诗文集弁言

家父云亭先生，经纶满腹，笃好经史，尤喜创制诗文。数十载间，竟积稿百六十篇。己丑孟夏，余自武汉徙居岭南，承乏中山大学讲席。搬迁整理旧籍，乃得重温家父古诗文稿，感慨良多。家父性情刚毅，正气凛然，而命运多舛，阅尽沧桑，遂有《答劝事》《神衰自叙》之作。然又情感细腻，慈父柔肠，见之《共呼吸》《示儿》《悬乡》诸篇。“在心为志，发言为诗”，其是之谓乎！有感而作，缘情而发，为诗文之至境矣。

将家父之作董理成编，乃吾积久夙愿，惟因数年来求学奔波，未暇顾及。然家父春秋渐增，形容消悴，常令晚辈唏嘘牵念。遂专意通读全稿，析为五卷，一曰“古风今律”，二曰“词韵悠扬”，三曰“现代歌行”，四曰“随笔短札”，五曰“如歌行板”。又取稿中歌词之题，具名《人生河》，由之可睹家父之人生经历、处事态度、性情气质也。全稿目录，由内子巧云输入电脑，劳力颇多。

家父常自责：一生碌碌，无所建树，引以为愧。然于晚辈心中，承祖上之遗训，播门第之书香，教化之功，孰大于此？《老子》云：“大象无形”“大器免成”，家父之谓哉！是编之成，亦以示后辈及世人，体悟家父之勋业也。

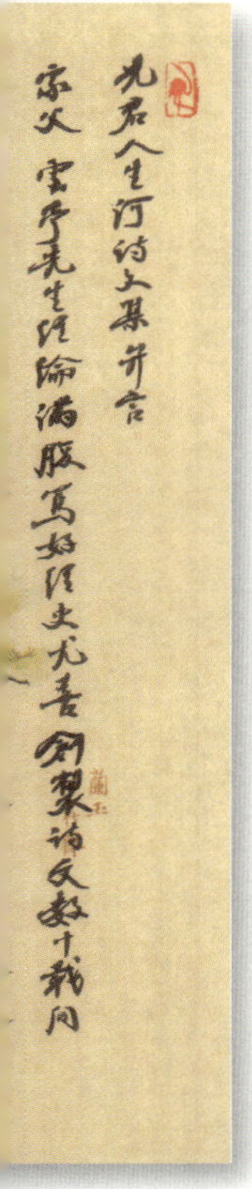

不肖　志刚

岁在己丑，敬书于中大蒲园

己亥孟秋又敬录于习之堂

春健为小女临《富春山居图》作跋语

一篇

二〇一六年五月

自小学始，吾有意引导小女谈艺临习中国书画，以体知中华之优秀传统文化。小女随暨南大学艺术学院研究生田珊君学艺有年，曾花半年时间完整临摹元人黄公望之山水名作《富春山居图》。虽笔法稚嫩，然嘉其不懈之精神，遂为其撰作跋语，以示鼓励。

又请暨南大学陈志平教授、重庆大学黄铭教授、广东外语外贸大学黄林君（今读研于华南师范大学）惠赠跋语。于后辈之诱掖奖励，诚有必要也。

跋小女谈艺作《富春山居图》

小女谈艺随暨大艺术学院田珊君习画已逾三载，曾仿白石老人民情小品数种，亦略涉沈周、徐渭诸名家手笔，均为小制并嫌零散。乙未夏，余乃以黄公望《富春山居图》示小女，冀其完整临之。未料竟获慨然应允，勇气之壮，令人惊叹。惟要求画成之后，以价值不菲之礼物奖之。吾意此乃孩童纯洁天性，无限可爱，亦慨然允之。

每周课业，以一小时习字，一小时临画。每次临仿《富春图》一截，成宣卡一张，绵延十数周，从未中绝。自暑徂寒，不觉已近岁末，积宣卡十二张，总长三丈有余。《富春图》浩浩长卷，竟得完全。铺展赏玩，虽笔法稚嫩，然远山近树，沙汀平畴，渔舟溪泉，村舍云烟，竟亦鲜活灵动，自然可怜。阅此图，顿觉咫尺千里，尽显莽苍之致；应接不暇，饱含空灵之真。明人董其昌曾言原图令人“心脾俱畅”，小女之作，亦著实令吾与内子巧云激动宝爱。非惟舐犊，诚感喟于凡事执著坚持之不易也。

小女所临版本，乃台北故宫博物院所藏“无用师卷”与浙江省博物馆所藏“剩山图”之山水合璧本，为吾二〇一一年在台访学时所购。画成，又请指导老师田珊君（为吾硕士同年陈志平兄之高足，擅国画）于卷端题写《富春山居图》画名，请广外艺术学院黄林君题写图中“乾隆御识”，吾则题写卷末黄公望自跋。又作此数语，以表对诸友之谢意，亦表对小女习画之鼓励，并示纪念云。

乙未冬至日

春健识于中大锡昌堂

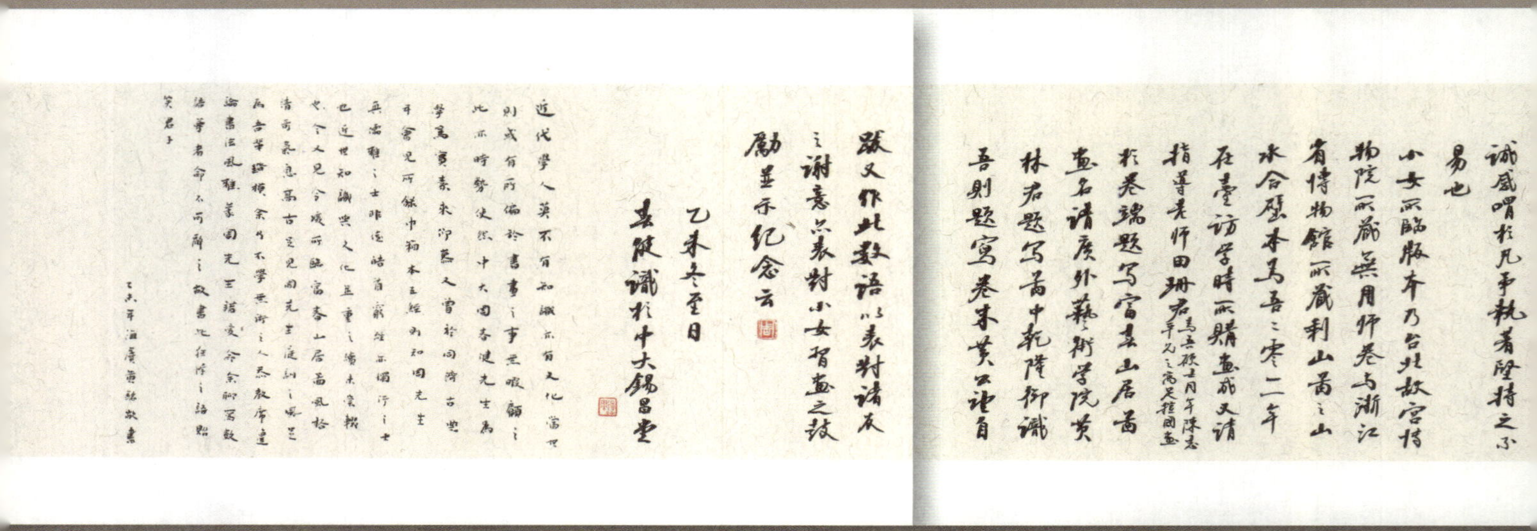
誠感喟於凡事執着堅持之不
易也
小女所臨版本乃台北故宮博
物院所藏吳用卿卷與浙江
省博物館所藏剩山圖之山
在臺訪學時所購畫冊又請
於卷端題寫富春山居圖
畫名請廣州藝術學院黃
林君題寫圖中乾隆御識
跋文作此數語以表對諸友
之謝意亦表對小女習畫之鼓
勵並示紀念云
乙未冬至日
嘉陵識於中大錫昌堂

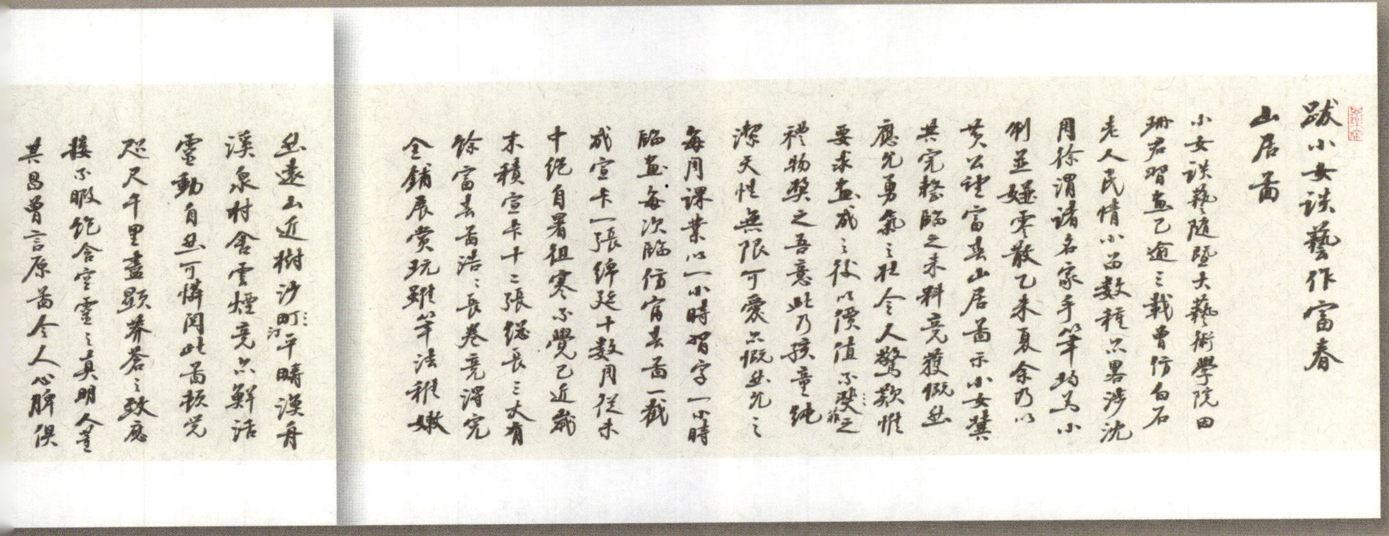
跋小女詇藝作富春
山居圖
小女詇藝隨堅夫藝術學院田
珊君習畫已逾三載，曾仿白石
老人民情小品數種，只略涉沈
周、徐渭諸名家手筆，均爲小
制並綴零散。乙未夏，余乃以
黄公望富春山居圖示小女，囑
其究摹臨之，未料竟獲慨然
應允，勇氣之壯，令人驚歎。惟
要求畫成之後，以裱褙不奬之
禮物獎之。吾意此乃孩童純
潔天性，無限可愛，亦慨然允之。
每周課業以一小時習字，一小時
臨畫，每次臨仿富春圖一截，
成宣卡一張，綿延十數月，從未
中綴。自暑徂寒，不覺已近歲
末，積宣卡十二張，綴長三丈有
餘，富春圖浩浩長卷，竟得完
全鋪展。賞玩雖筆法稚嫩，
然遠山近樹，沙汀平疇，溪舟
溪泉，村舍雲煙，亦竟點鮮活，
靈動自然，可憐閱此圖，頓覺
咫尺千里，盡顯莽蒼之致，應
接不暇，能令空靈之真，明令童
其昌曾言原畫令人心脾俱

春健致小女书作（唐诗宋词）

二幅

二〇一九年二月初一

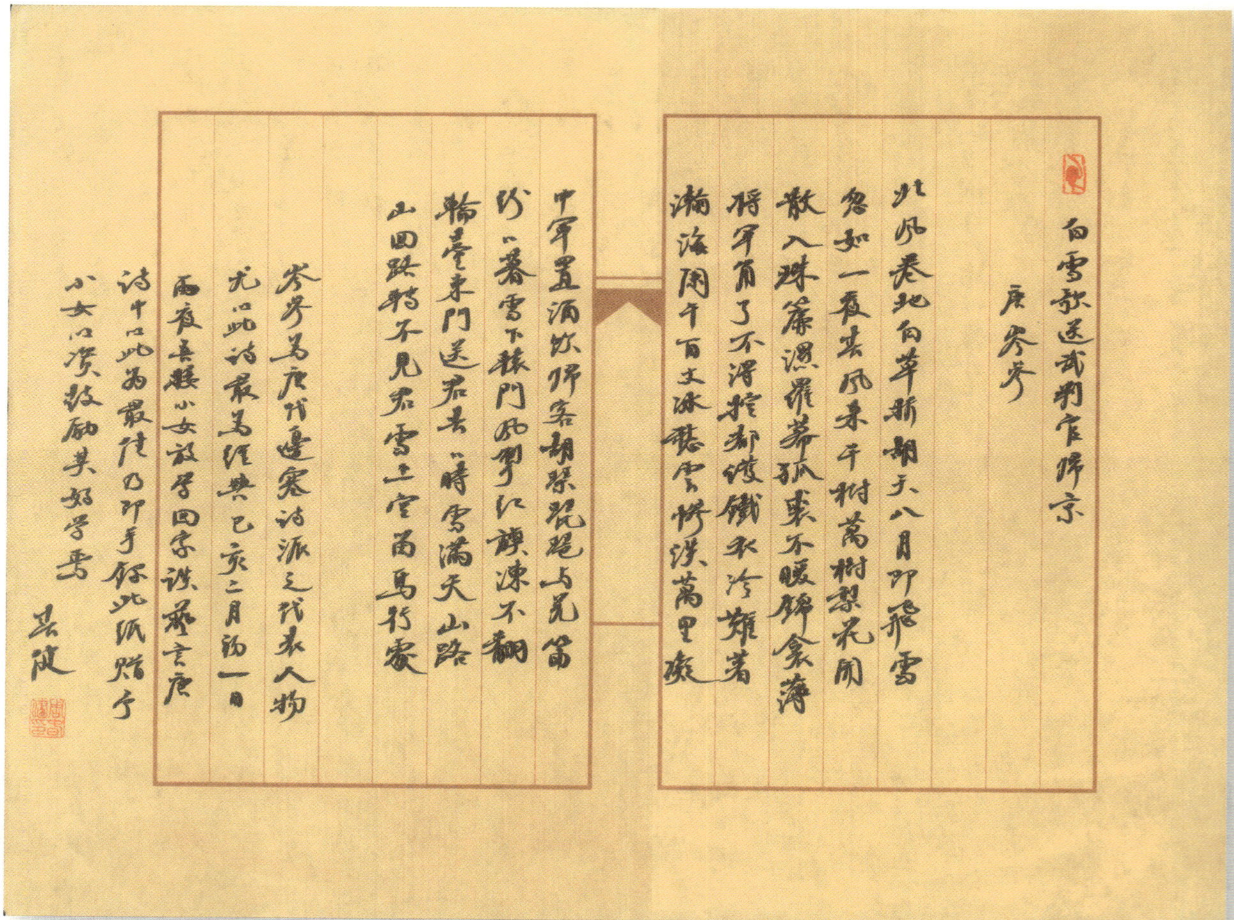

小女谈艺初中就读于中大附中，初三后需上晚自习。2019 年二月初一日雨夜，吾接小女还家。途中与小女闲聊，小女言唐诗中最喜岑参之《白雪歌送武判官归京》，宋词中最喜苏轼之《定风波》。返家后，吾即将此二首创为书法小品赠予小女，并引导小女阐说喜爱之理由，实即引导小女作文学鉴赏焉。

“不愤不启，不悱不发”，此亦所谓因势利导者也。

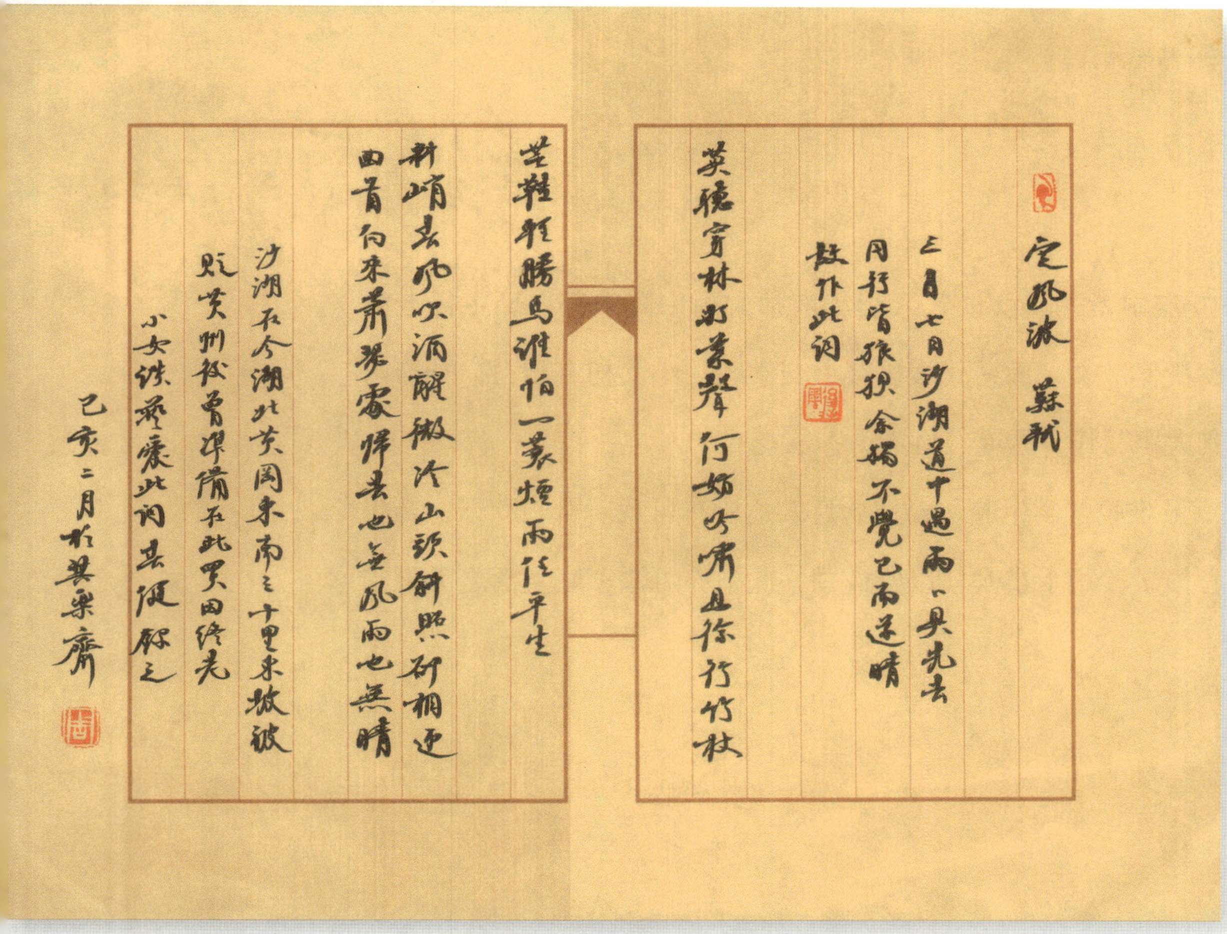

春健致小女书作（《画卷》）

一幅

二〇一九年九月

2019 年中考，小女谈艺入读华南师大附中高中部。班主任老师曾要小女撰作散文一篇，代表班级上交学校。小女初有压力，吾与内子鼓励其大胆写作，乃有《画卷》一文。

文章虽难脱“学生腔”，然立意表达皆有可观。吾颇欣慰，乃将全文精心抄录，赠予小女，以资鼓励，此举亦可添家庭生活之无限雅趣焉。

畫卷

己亥中秋假中小女謨參加之從察極後所發來信息照名
無小女撰作散文一篇代表班級與參學校小女甫獲任務大呼
意外继而聚精會神花費半個小時撰作散文一篇無論立意
结構以至語言表達皆在其意料之外堪稱佳作矣内中蕴含
之獨立思想勤以生機令吾驚覺小女漸長成終生可畏矣
為表鼓勵吾乃以此陰紙鈔錄一過以見先樹之欣慰並期於
枝之茂盛文章亦未命名吾據内容名之曰畫卷

伊其相謔贈之

等要讓這束火苗照亮最閃耀的自己的青春我從愛上了學

校裡的夜晚

書與這幅最美的畫卷還〻不止有些景色的綺麗我自認為最美麗的莫過於這其中每一個生靈散發出的生命的光輝在既有習的教室中可以看到埋頭苦学的一群青少年有的拿著練習冊苦思冥想有的正襟危坐寫著當天学到的知識有的將課本捧在桌子上雙眼看似遊離實際上內心在不斷默念要求背誦的課文我們四十多個人身處的教室對於大千世界來說就像大眾會了一樣不但我們然可以看到那不會被掩蓋的各自為求知的穿透世界的光芒來到這裡的每個人都曾經是星〻不論現在黯〻猶多廣闊小我依然相

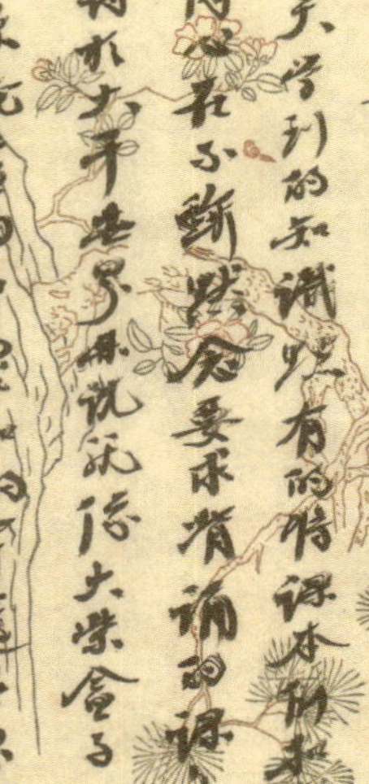

信每個默〻努力的人都會成為太陽的一天我被這樣的畫卷包圍著不會忘記過去的感恩也不會執拗前進的步伐也會放棄當下的美景也不會以未來作為代價我要做的就是在這樣的名畫中有己化身影那創造出的的一筆時光將再一次如白駒過隙天空流雲萬里飄飛我們在行的起點出發邁到人生的山巔

華南师大附中二零一九級高一十一班

周讓蔚撰文

乙亥中秋若徙書於帽之堂

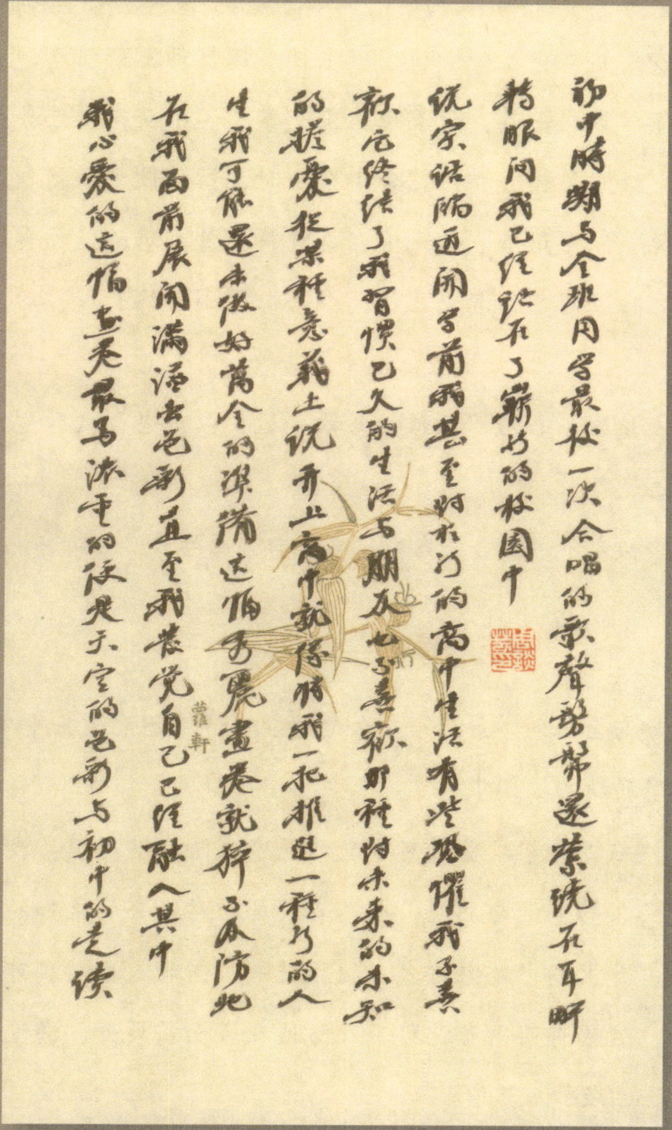

初中时期与全班同学最后一次合唱的歌声整齐地萦绕在耳畔
转眼间我已经站在了崭新的校园中
说实话刚进入高中时我甚至对于新的高中生活有些恐惧我不喜
欢,它终结了我习惯已久的生活与朋友,也不喜欢那种对于未来的不知
的抵触感,但某种意义上说,开始高中就像将我一把推进一种新的人
生,我可能还未做好万全的准备,这幅美丽画卷就铺展开来仿佛
在我面前展开,满溢出色彩,直至我发觉自己已经融入其中
我心底的这幅画最为浓重的段是天空的色彩与初中的延续

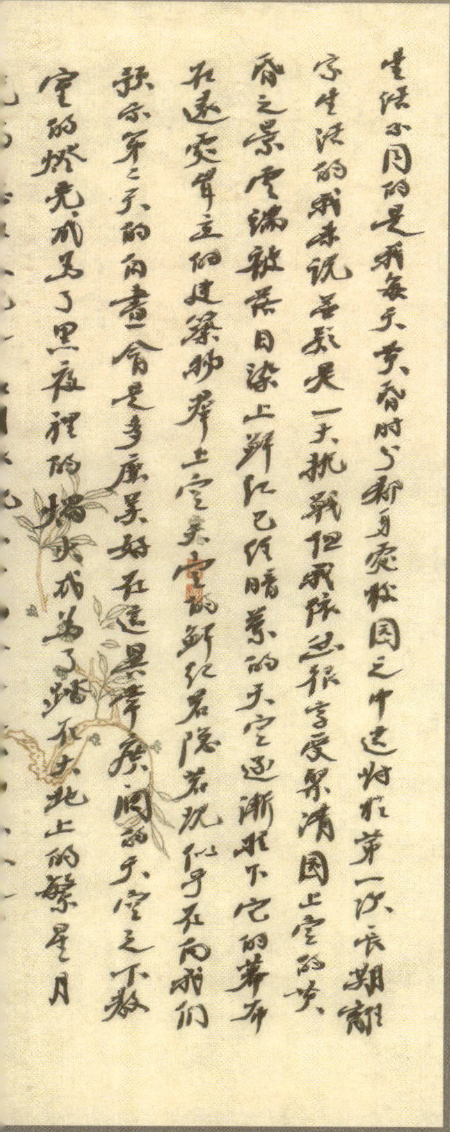

生活不同的是我每天黄昏时分都身处校园之中这对于第一次住校
寄宿生活的我来说无疑是一大挑战,但我依然很享受校园上空的黄
昏之景,云端被落日染上鲜红,已经暗紫的天空逐渐拢下它的帷幕
在远处背景的建筑衬着上空夹杂的鲜红若隐若现,似乎在向我们
预示第二天的白昼会是多么美好,在这片广阔的天空之下,教
室的灯光成为了黑夜里的烛光,成为了撒在大地上的繁星月

画 卷

己亥中秋假中，小女谈艺班主任蔡恒信师发来信息，点名要小女撰作散文一篇，代表班级上交学校。小女甫接任务，大呼意外，继而聚精会神，花费半个小时，撰作散文一篇。无论立意结构，以至语言表达，皆在吾意料之外，堪称佳作矣。内中蕴含之独立思想、勃勃生机，令吾惊觉小女终长成，后生可畏矣。

为表鼓励，吾乃以此佳纸钞录一过，以见老树之欣慰，并期新枝之茂发。

文章初未命名，吾据内容，名之曰“画卷”。

初中时期与全班同学最后一次合唱的歌声仿佛还萦绕在耳畔，转眼间，我已经站在了崭新的校园中。

说实话，临近开学我甚至对于新的高中生活有些恐惧。我不喜欢它终结了我习惯已久的生活与朋友，也不喜欢那种对未来的未知的担忧。从某种意义上说，升上高中就像将我一把推进一种新的人生，我可能还未做好万全的准备，这幅秀丽画卷就猝不及防地在我面前展开，满溢出色彩，直至我发觉自己已经融入其中。

我心爱的这幅画卷，最为浓重的便是天空的色彩。与初中的走读生活不同的是，我每天黄昏时分都身处校园之中。这对于第一次长期离家生活的我来说，无疑是一大挑战。但我依然很享受聚清园上空的黄昏之景：云端被落日染上鲜红，已经暗蓝的天空逐渐拉下它的幕布，在远处耸立的建筑物群上空，天空的鲜红若隐若现，似乎在向我们预示第二天的白昼会是多么美好。在这异常广阔的天空之下，教室的灯光成为了黑夜里的烛火，成为了踏在大地上的繁星。月亮高高悬在夜色之中，以明眼观天下万象。在这样的景致之下，学生们与铃声赛跑似地向教室冲去，仿佛是急着要去征服一座座顶峰，要让这束火苗照亮最闪耀的自己的青春。我便爱上了学校里的夜晚。

当然，这幅众生的画卷远远不止自然景色的绮丽。我自认为最美丽的，莫过于这其中每一个生灵散发出的生命的光辉。在晚自习的教室中，可以看到埋头苦学的一群青少年。有的拿着练习册苦思冥想，有的正整齐地钞写着当天学到的知识点，有的将课本倒扣在桌子上，双眼看似游离，实际上内心在不断默念要求背诵的课文。我们四十多个人，身处的教室，对于大千世界来说就像火柴盒子一样小，但我仍然可以看到那不会被掩盖的，名为“求知”的穿透世界的光芒。来到这里的每个人都曾经是星星。不论现在显得多么渺小，我依然相信，每个默默努力的人都有成为太阳的一天。

我被这样的画卷包围着，不会忘记过去的感恩，也不会抗拒前进的步伐；不会放弃当下的美景，也不会以未来作为代价。我要做的，就是在这样的名画中，自己化身颜料，创造出新的一笔。

时光将再一次如白驹过隙，天空流云万里。愿我们在新的起点出发，达到人生的山巅。

华南师大附中二零一九级高一十一班 周谈艺 撰文

己亥中秋 春健于习之堂

跋 语

今天是农历四月十三，斗指东南，维为立夏。自今日始，意味着正式告别春天，进入“万物至此皆长大”的夏季。

去年年底以来席卷全球的新冠肺炎疫情，迄今仍未消除。此次疫情对整个人类社会造成的冲击，前所未有，影响深远，发人深思！

本计划四月初在广州图书馆举办的家书展览，因疫情之故被迫延期；本计划在展览之前即出版的《百年家书》，也因春节期间限制外出而无法及时扫描编校。

幸运的是，经过全国上下的齐心努力，中国已成功控制住疫情扩散，吾亦得以自珠海返回广州，开始着手家书的整理工作。

因“习之堂”所藏家书多为常人所写，书写多有不规范处，辨识颇为不易，整理难度超出预期。幸蒙华南师范大学硕士研究生黄林君襄助，又得暨南大学艺术学院陈志平教授和中山大学博士生陈华指正，终于解决了一大部分文字释读上的疑难。

书中所收信札，年代最早者已逾百年，且因绝大部分撰者属普通百姓，甚而有的不知书写者籍贯名姓，因而无法与其后人取得联系。书中亦有数通乃出名人手笔，本着对著作权的尊重，本人尽力联系了部分原作者或其后人。

感谢上海社科院司马朝军教授、周武教授，感谢北京师范大学孟琢兄，感谢中山大学吴京洪主席、黄毅书记，在他们的热心帮助下，终于得以联系到陈寅恪先生的女儿陈流求、陈美延教授，联系到张元济先生的嫡孙张人凤先生，以及中山大学前任校长黄达人教授等，并得到各位的慨然应允，在此谨表诚挚谢意！在与诸位前辈联络的过程中，后学也切实体会到诸位先生深厚之家学渊源，典雅之修养气度，令人肃然起敬！

因种种原因，尚有多位书信撰写者本人或其后人，一时未能取得联系。在此谨郑重发表声明：一者衷心期望得到各位作者的原谅，二者也恭请阁下获睹此书后与在下联系，以便有机会向您表示感谢！在下之联系方式为：广东省广州市海珠区新港西路135号，中山大学哲学系，周春健，电子邮箱：chunjian66@hotmail.com。

衷心感谢中山大学哲学系资深教授冯达文先生，感谢中国文化产业促进会·文化遗产保护工作委员会会长宋伟光先生，感谢文艺评论家、中山大学传播与设计学院杨小彦教授！三位前辈热情为拙稿撰写推荐语，对后学奖掖扶持，令人感怀！

2020年4月11日，本人应广州图书馆“羊城学堂”和《南方都市报》之邀，曾做过一次网络直播课，讲题为“从习之堂藏百年家书看传统家庭伦常”。直播当天即有20多万人收看，这表明大众对于家书、对于传统的喜爱与关注。讲座播出后，西南大学教育学部一位博士生还来信表示，希望将相关家书作为学术研究素材。这些，都给在下以莫大鼓舞！

2015年，中山大学哲学系陈少明教授出过一部很有影响的书——《做中国哲学》。陈老师在书中指出：“其‘中国哲学’概念意指体现中国文化精神或经验的哲学。这一思路拓展比传统哲学史更宽的取材范围，致力于古典思想与现代生活经验的沟通。”我想，这一论断既可以作为编纂这部《百年家书》的一个思想指导，其实又正是本人近些年来努力创办“习之堂”的不忘之“初心”。

庚子立夏

春健于习之堂

习之堂儒学馆

习之堂儒学馆是中山大学哲学系周春健教授创立的家庭式私人博物馆，馆名取自《论语》首句“学而时习之”，意在强调古典学问之践行特色。

儒学馆的定位在于，以实物形式彰显中国优秀传统文化魅力，增强文化自信，助力民族复兴。本馆以学人手稿的收藏、展览与研究为特色，目前已有藏品2000余种。2019年5月，成功举办“爝火不息——习之堂藏老讲义百种特展”，引起较大社会反响。

周春健　男，1973年生，山东阳信人。现为中山大学哲学系教授、博士生导师，主要从事四书学、诗经学、文献学研究，著有《元代四书学研究》《诗经讲义稿》《经史之间》等。近年来注重中国优秀传统文化的普及与传播，创立家庭式私人博物馆——“习之堂儒学馆”，举办展览多场，在社会上引起广泛关注。

谭巧云　女，湖北随州人。曾在文化传播公司、报社任编辑，从事教育培训工作多年，曾任广州时代华商教育中心首任教务长。现任“习之堂儒学馆”副馆长，自由撰稿人。自中学时代起，在报刊发表文学作品数种，出版有诗集《和你在一起》、散文集《无处告别》等。